"十二五"普通高等教育本科国家级规划教材

车用内燃机排放与污染控制

黄锦成　沈　捷　主编

科学出版社
北　京

内 容 简 介

本书全面介绍了车用内燃机的排放污染及控制技术，包括最新排放控制理论和技术发展成果。书中系统阐述了内燃机排放污染物的危害、生成机理和影响因素；深入分析了汽油机和柴油机的低排放设计理论及污染物控制技术、催化转化及微粒捕集等排放后处理技术；介绍了替代燃料及其对排放污染的改善、新一代燃烧理论与技术对内燃机排放污染的影响、发动机排放模拟研究等，并对汽车的排放标准等作了系统的介绍。

本书可作为热能与动力工程、车辆工程及相关专业本科生和研究生的教材，也可供从事相关专业研究、设计、制造和使用的工程技术人员参考。

图书在版编目（CIP）数据

车用内燃机排放与污染控制/黄锦成，沈捷主编. —北京：科学出版社，2012.3

"十二五"普通高等教育本科国家级规划教材

ISBN 978-7-03-033747-4

Ⅰ.①车…　Ⅱ.①黄…②沈…　Ⅲ.①汽车-内燃机-排放污染物放-空气污染控制 Ⅳ.①X511

中国版本图书馆 CIP 数据核字(2012)第 037262 号

责任编辑：朱晓颖　于　红/责任校对：朱光兰

责任印制：徐晓晨/封面设计：迷底书装

科学出版社出版

北京东黄城根北街 16 号

邮政编码：100717

http://www.sciencep.com

北京捷迅佳彩印刷有限公司 印刷

科学出版社发行　各地新华书店经销

*

2012 年 3 月第 一 版　　开本：720×1000　1/16

2024 年 2 月第九次印刷　　印张：14

字数：285 000

定价：59.00 元

（如有印装质量问题　我社负责调换）

前　言

内燃机所产生的空气污染已成为全世界普遍关注的一大公害，内燃机排放污染问题也是内燃机技术发展面临的严峻挑战。因此，无论是大学相关专业学生还是生产企业工程技术人员，都需要对内燃机排放污染及控制技术进行深入的学习和研究，以提高内燃机技术水平，并实现对环境的保护。

本书的编写采用了产学研相结合的方式，在注重系统阐述和分析排放污染物的危害、生成机理和影响因素以及内燃机的排放污染物及其控制、内燃机排放后处理等的基础上，更注意将新的研究与探索、国内外的理论和成果等编入教材，特别是编入了与广西玉柴机器股份有限公司合作的试验研究成果，以及参与的国家973项目新燃烧理论与技术对内燃机排放污染的影响和替代燃料对排放的影响等最新研究成果，使教材所述知识具有正确性、系统性、先进性和适用性。希望本书能对我国内燃机排放污染净化等相关专业的学生和从事该方面工作的技术人员的学习与研究有所裨益。

本书融入了编者多年的教学成果，力求理论与实际相结合，拟实现教材与电子和网络出版物有机配套，为教师教学和学生自学提供较为完善的解决方案，使学生能够较好地理解内燃机排放污染物的生成机理和控制原理与方法。

本书由广西大学机械工程学院黄锦成和广西玉柴机器股份有限公司沈捷担任主编并统稿，参加编写的有：何云信（第1章）、黄锦成（第2、7章）、李会芬（第3章）、黄豪中（第4、8章）、莫春兰（第5、6、9章）、沈捷（第10章）、黄惠兰（第11章）。

在编写过程中，本书参考和引用了大量相关文献资料，在此向这些作者表示衷心的感谢。

感谢广西教育厅广西高校重点建设教材项目对本书编写的支持。

由于编者水平有限，书中难免有不足之处，敬请广大读者和同仁批评指正。

编　者

2011年12月

目　　录

第 1 章　内燃机排放污染物

了解汽车与环境污染的关系，了解各种内燃机排放物对人类与自然的危害，总结内燃机排放控制的发展历程，明确我们在环境保护中的责任。

1.1　大气污染与环境保护

人类赖以生存的环境包括大气、水、土、光等，任何一环出现问题都会影响人类的生存质量，同时影响地球生物的生存。对于大气而言，其正常的成分主要有：植物生长需要的氮气 N_2，占 78.09%；人体和动物需要的氧气 O_2，占 20.95%；惰性气体氩 Ar，占 0.93%；二氧化碳 CO_2，占 0.03%～0.04%。大气成分中还存在极少量的其他气体（正常浓度）：氖 Ne（18ppm（1ppm＝10^{-6}））、氦 He（5.2ppm）、氢 H_2（0.4～1.0ppm）、氙 Xe（0.086ppm）、一氧化碳 CO（0.01～0.02ppm）、二氧化硫 SO_2（<0.02ppm）、二氧化氮 NO_2（<0.003ppm）等。

随着人类生产和生活的不断发展，大量的有害物质被排放到空气中，改变了空气的正常组成。大气污染物是大气中能够直接或间接、近期或远期引起大气质量变坏的物质、能量和微生物。每年进入大气的污染物数量十分惊人，种类繁多，已发现有明显危害或已引起人们注意的大致有一百多种，其中对环境质量影响较大的有悬浮颗粒物（SPM）、含硫化合物、含氮化合物、碳的氧化物、碳氢化合物、光化学氧化剂等。

关于大气污染存在不同的描述（或定义），但总体是趋于一致的。

描述一：当向大气中排放的多种物质、能量、生物的量超过环境所能允许的限度，大气质量就会恶化，使人类生活、工作、健康、精神状态、设备财产以及生态环境受到恶劣影响和破坏，此类现象称为大气污染。

描述二：由于人类活动或自然过程引起某些物质进入大气中，呈现出足够的浓度，达到了足够的时间，并因此危害了人体健康或环境的现象称为大气污染。人类活动不仅包括生产活动，也包括生活活动，如做饭、取暖、交通等。自然过程包括火山活动、山林火灾、海啸、土壤和岩石的风化及大气圈中空气运动等。

一般说来，由于自然环境有自净作用，自然过程造成的大气污染，一定时间后可以自动消除。所以说大气污染主要是人类活动造成的。当然，由于目前人类认识的局限性，还有未知的污染没有发现。

目前，全球的环境问题主要表现为温室效应、臭氧层的耗损与破坏、酸雨蔓延、能源危机、生物多样性的减少、森林锐减、土地沙漠化、水污染和海洋污染以及危险性废物越境转移等。这些环境问题带来的危害是明显的，现在各国政府正在按照制定的可持续性发展战略、计划和政策进行环境保护，人类将进入合理利用和保护环境的时代。

1.1.1 大气污染的分类

为了便于研究，人类对大气污染进行了不同的分类。按照污染的范围，大气污染可分为四类：

(1) 局限于人范围的大气污染。如受到某些烟囱排气的直接影响。

(2) 涉及一个地区的大气污染。如工业区及其附近地区或整个城市大气受到的污染。

(3) 涉及比一个城市更广泛地区的广域污染。

(4) 必须从全球范围考虑的全球性污染。如大气中的飘尘和 CO_2 不断增加，已成为全球性污染，受到世界各国的关注。

按照污染物质的来源，大气污染源可分为两类：

(1) 天然污染源。

(2) 人为污染源。

1.1.2 大气污染源

这里的大气污染源是指向大气环境排放有害物质或对大气环境产生有害影响的场所、设备和装置。

1. 天然污染源

自然界中某些自然现象向环境排放有害物质或造成有害影响的场所，是大气污染物的一个很重要的来源。大气污染物的天然污染源主要有：

(1) 火山喷发。排放出 SO_2、H_2S、CO_2、CO、HF 等气体及火山灰等颗粒物。

(2) 森林火灾。排放出 CO、CO_2、SO_2、NO_2、HC 等气体。

(3) 自然尘。砂石、尘土等。

(4) 森林植物释放。主要为萜烯类碳氢化合物。

(5) 海浪飞沫。颗粒物主要为硫酸盐与亚硫酸盐。

2. 人为污染源

人类的生产活动和生活活动是大气污染的主要来源。通常所说的大气污染源就是指由人类活动向大气输送污染物的发生源。大气的人为污染源可概括为四方面：

(1) 燃料燃烧。煤、石油、天然气等燃料的燃烧是向大气输送污染物的重要发生源。以煤为例，作为主要的工业和民用燃料，其主要成分是碳，并含有氢、氧、氮、硫及金属化合物。煤燃烧时除产生大量烟尘外，还会形成 CO、CO_2、SO_2、氮氧化物、有机化合物等物质。火力发电厂、钢铁厂、焦化厂、石油化工厂和有大型锅炉的工厂等用煤量大的工矿企业，根据工业企业的性质、规模不同，对大气产生污染的程度也不同。家庭炉灶排气也是一种排放量大、分布广、排放高度低、危害性不容忽视的空气污染源。

(2) 工业生产过程排放。工业生产过程中排放到大气中的污染物种类多、数量大，是城市或工业区大气的重要污染源。

工业生产过程中排放废气的工厂很多。石油化工企业排放 SO_2、H_2S、CO_2、氮氧化物、有色金属冶炼工业排出 SO_2、氮氧化物以及含重金属元素的烟尘、磷肥厂排出氟化物、酸碱盐化工工业排出 SO_2、氮氧化物、HCl 及各种酸性气体、钢铁工业在炼铁、炼钢、炼焦过程中排出粉尘、硫氧化物、氰化物、CO、H_2S、酚、苯类、烃类等。总之，工业生产过程排放的污染物的组成与工业企业的性质密切相关。

(3) 交通运输过程排放。汽车尾气排放已构成大气污染的主要污染源。机动车的发展速度很快，1950 年全球机动车保有量为 7000 万辆，2009 年增长到 18 亿辆，其中汽车有 10 亿辆。汽油车排放的主要污染物有 CO、NO_x、HC 和铅（如果使用含铅汽油）；柴油车排放的主要污染物有 NO_x、微粒（PM）、HC、CO 和 SO_2。汽车污染物量排放因各国执行不同的排放标准而有较大的区别，世界平均水平为：100 万辆机动车年排放 CO 和 NO_x 分别为 80 万吨和 9 万吨。

(4) 农业活动排放。农药及化肥的使用对提高农业产量起着重大的作用，但也给环境带来了不利影响，施用农药和化肥的农业活动也是大气的重要污染源。

田间施用农药时，一部分农药会以粉尘等颗粒物形式散逸到大气中，残留在农作物上或黏附在农作物表面的也可挥发到大气中。进入大气的农药可以被悬浮的颗粒物吸收并随气流向各地输送，造成大气农药污染。化肥在农业生产中的施用给环境带来的不利因素正逐渐引起关注。例如，氮肥在土壤中经一系列的变化过程会产生氮氧化物释放到大气中；氮元素在反硝化作用下可形成 N_2 和 N_2O，并释放到空气中，N_2O 不易溶于水，可传输到平流层，与臭氧相互作用，破坏臭氧层。

此外，为了分析污染物在大气中的运动，按照污染源性状特点可将其分为固定式污染源和流动式污染源。固定式污染源是指污染物从固定地点排出，如各种工业生产及家庭炉灶排放源排出的污染物，其位置是固定不变的；流动式污染源是指各种交通工具（如汽车、轮船、飞机等）在运动中排放废气，向周围大气环境散发出的各种有害污染物质。

按照排放污染物的空间分布方式，可将其分为点污染源（即集中在一点或一个可当做一点的小范围排放的污染物）和面污染源（即在一个大面积范围排放污染物）。

在某些情况下，天然源比人为源影响更大，有人曾对全球的硫氧化物和氮氧化物的排放作了估计，认为全球氮氧化物排放中的 93%、硫氧化物排放中的 60% 来自天然源。

1.1.3 空气质量标准

1. 空气质量标准及区域划分

空气是指包围在地球周围的气体，它维护着人类及生物的生存。对人类及生物生存起重要作用的是距地面 12km 以内的空气层，也就是对流层。清洁的空气由 N_2（78.09%）、O_2（20.95%）等气体组成，其中，N_2 和 O_2 约占空气总量的 99.04%，其他气体总和不到 1%。但是，随着人类生产和生活的不断发展，大量的有害物质被排放到空气中，改变了空气的正常组成，使空气质量变差。生存在受到污染的空气中，动植物会受到危害，人类健康也会受到影响。

为了改善空气质量、防止生态破坏、创造清洁适宜的环境、保护人体健康，世界各国都积极制定和执行环境保护法规，并努力促成全球的一致行动。我国也制定了《中华人民共和国环境保护法》、《中华人民共和国大气污染防治法》、《环境空气质量标准》（GB3095—1996）等法律法规及标准。《环境空气质量标准》中规定了环境空气质量功能区划分、标准分级、主要污染物项目和这些污染物在各个级别下的浓度限值等（表 1-1），是评定空气质量好坏的科学依据。

表 1-1 各项污染物浓度限值

污染物名称	取值时间	浓度限值			浓度单位
		一级标准	二级标准	三级标准	
二氧化硫（SO_2）	年平均	0.02	0.06	0.10	mg/m³（标准状态）
	日平均	0.05	0.15	0.25	
	1h 平均	0.15	0.50	0.70	
总悬浮物颗粒（TSP）	年平均	0.08	0.20	0.30	
	日平均	0.12	0.30	0.50	
可吸入颗粒物（PM_{10}）	年平均	0.01	0.10	0.15	
	日平均	0.05	0.15	0.25	
氮氧化物（NO_x）	年平均	0.05	0.05	0.10	
	日平均	0.10	0.10	0.15	
	1h 平均	0.15	0.15	0.30	
二氧化氮（NO_2）	年平均	0.04	0.04	0.08	
	日平均	0.08	0.08	0.12	
	1h 平均	0.12	0.12	0.24	
一氧化碳（CO）	年平均	4.00	4.00	6.00	
	1h 平均	10.00	10.00	20.00	
臭氧（O_3）	1h 平均	0.12	0.16	0.20	
铅（Pb）	季平均	1.50			
	年平均	1.00			

续表

污染物名称	取值时间	浓度限值			浓度单位
		一级标准	二级标准	三级标准	
苯并［α］芘 B［α］P	日平均	0.01			μg/m³（标准状态）
氟化物	日平均	7①			μm/(dm²·d)
	1h 平均	20①			
	月平均	1.8②		3.0③	
	植物生长季平均	1.2②		2.0③	

注：① 适用于城市地区。

② 适用于牧业区和牧业为主的半农半牧区，蚕桑区。

③ 适用于农业和林业区。

《环境空气质量标准》将有关地区按功能划分为三种类型区域：

一类区为自然保护区、林区、风景名胜区和其他需要特殊保护的地区；

二类区为城镇规划中确定的居住区、商业交通居民混合区、文化区、一般工业区和农村地区；

三类区为特定工业区。

环境空气质量标准也分为三级，一类区执行一级标准，二类区执行二级标准，三类区执行三级标准。

衡量某个区域的空气质量达到几级标准主要看该地区空气中各种污染物浓度，如总悬浮颗粒物、SO_2、NO_x 的浓度达到几级标准。

2. 大气污染的危害

大气污染的危害主要有以下几个方面。

1）对人体健康的危害

人需要呼吸空气以维持生命。一个成年人每天呼吸大约 2 万多次，吸入空气达 15～20 m^3。因此，被污染了的空气对人体健康有直接的影响。

大气污染物对人体的危害是多方面的，主要表现为呼吸道疾病与生理机能障碍，以及眼、鼻等的黏膜组织受到刺激而患病。

例如，1952 年 12 月 5～8 日英国伦敦发生的煤烟雾事件，造成 4000 人死亡。人们把这个灾难中的烟雾称为“杀人的烟雾”。据分析，因为那几天伦敦无风有雾，工厂烟囱和居民取暖排出的废气烟尘弥漫在伦敦市区经久不散，烟尘最高浓度达 4.46mg /m^3，SO_2 的日平均浓度竟达到 3.83 mL/m^3。SO_2 经过某种化学反应，生成硫酸液沫附着在烟尘上或凝聚在雾滴上，随呼吸进入器官，使人发病或加速慢性病患者的死亡。

由上例可知，大气中污染物的浓度很高时，会造成人的急性污染中毒或使病状恶化，以至于在几天内夺去几千人的生命。其实，即使大气中污染物浓度不高，但人体成年累月呼吸这种污染了的空气，也会引起慢性支气管炎、支气管哮喘、肺气肿及肺癌等疾病。

据2004年的统计，中国每年因为城市大气污染而造成呼吸系统门诊病例已达35万，急诊病例达到680万。在2004年，中国城市由于大气污染，共造成近35.8万人死亡。城市空气污染调查显示，汽车尾气是首要污染源头。

大气被污染后，由于污染物质的来源、性质和持续时间的不同，被污染地区的气象条件、地理环境等因素的差别，以及人的年龄、健康状况的不同，对人体造成的危害也不尽相同。大气中的有害物质主要通过下述三种途径侵入人体并造成危害：

(1) 通过人的直接呼吸进入人体；

(2) 附着在食物上或溶于水中，随饮食而侵入人体；

(3) 通过接触或刺激皮肤而进入人体。

其中，通过呼吸而侵入人体是主要的途径，危害也最大。大气污染对人的危害大致可分为急性中毒、慢性中毒和致癌三种。

2）对动物的危害

大气污染对动物的危害与对人类的危害类似，这里不再赘述。

3）对植物的危害

大气污染物，尤其是SO_2、氟化物等对植物的危害是十分严重的。当污染物浓度很高时，会对植物产生急性危害，使植物叶表面产生伤斑，或者直接使叶枯萎脱落；当污染物浓度不高时，会对植物产生慢性危害，使植物叶片褪绿，或者虽然表面上看不出什么危害症状，但植物的生理机能已受到了影响，造成植物产量下降、品质变坏。

4）对天气和气候的影响

大气污染物对天气和气候的影响是十分显著的，可以从以下几个方面加以说明。

(1) 到达地面的太阳辐射量减少：大气中的大量烟尘微粒，使空气变得非常浑浊，遮挡了阳光，使得到达地面的太阳辐射量减少。据观测统计，在大工业城市烟雾不散的日子里，太阳光直接照射到地面的量比没有烟雾的日子减少近40%。大气污染严重的城市，天天如此，就会导致人和动植物因缺乏阳光而生长发育不良。

(2) 降水量增加：大气中的微粒，其中有很多具有水气凝结核的作用。因此，当大气中有其他降水条件与之配合的时候，就会出现降水。在大工业城市的下风地区，降水量更多。

(3) 酸雨：有时从天空落下的雨水中含有硫酸，这种酸雨是大气中的污染物SO_2经过氧化形成硫酸，随降水下落形成的。酸雨能使大片森林和农作物毁坏，使纸品、纺织品、皮革制品等腐蚀破碎，使金属的防锈涂料变质而降低其保护作用，还会腐蚀、污染建筑物。

(4) 大气温度升高：在城市上空，由于有大量废热排放到空中，因此，近地面空气的温度比四周郊区要高一些。这种现象在气象学中被称为“热岛效应”。

(5) 对全球气候的影响：近年来，人们逐渐注意到大气污染对全球气候变化的影响问题。经过研究，人们认为在有可能引起气候变化的各种大气污染物中，CO_2具有重大的作用。排放到大气中的 CO_2，约有 50% 留在大气里。CO_2 能吸收来自地面的长波辐射，使近地面层空气温度增高，这叫做“温室效应”。粗略估算，如果大气中 CO_2 含量增加 25%，近地面气温可升高 0.5～2℃；如果增加 100%，近地面温度可升高 1.5～6℃。有专家认为，若大气中的 CO_2 含量按现在的速度增加，若干年后南北极的冰会融化，导致全球的气候异常。

1.2 内燃机排放污染物及危害

根据《汽车排放术语和定义》(GB/T5181—2001)，汽车排放物是汽车排气排放物、蒸发排放物和曲轴箱排放物的总称。汽车排放污染物主要是汽车发动机的排放污染物，即内燃机排放污染物。

1.2.1 内燃机排放污染物的种类

内燃机排气中含有数百种不同的物质，其中有害物质主要有 CO、SO_2、形成光化学烟雾的氮氧化物 (NO_x) 及碳氢化合物 (HC)，以及会致癌的附着在微粒上面的多环芳香烃等物质。

1.2.2 内燃机排放污染物的危害

1. CO

CO 是不完全燃烧的生成物，它是一种无色、无味的有毒气体，与血红蛋白 (Hb) 的亲和力比氧气与血红蛋白的亲和力要大 210 倍，一旦侵入人体便很快与血液中的血红蛋白相结合而成为 CO 血红蛋白，大大降低红细胞的供氧能力。当其占到人体内总血红蛋白的 10% 时，就会对人的学习、工作带来不良影响；当占到 20% 时，人就会感到头痛、头晕，出现中毒现象；占到 60%～65% 时，人就会死亡。即使 CO 的浓度很低，也能伤害神经系统的功能及视力。大气中过高的 CO 含量对于人体的危害很大，达到百万分之十时，人长期接触就会慢性中毒；当含量达到 1% 时，人只能活 2 分钟。

2. SO_2

当其浓度为 1～5ppm 时可闻到臭味，吸入可引起心悸、呼吸困难等心肺疾病。重者可引起反射性声带痉挛，喉头水肿以致窒息。

3. NO_x

氮氧化物 NO_x 是 NO 及 NO_2 的总称。汽车尾气中 NO_x 的排放量取决于气缸内燃烧温度、燃烧时间和空燃比等因素。NO 占燃烧过程排放的 NO_x 的 95% 以上，NO_2 只占少量。NO 是无色无味气体，只有轻度刺激性，毒性不大，高浓度时会造成中枢神经的轻度障碍，NO 可被氧化成 NO_2。NO 与血液中的血红蛋白的结合能力比 CO 还强。NO_2 是一种红棕色气体，对呼吸道有强烈的刺激作用，对人体影响甚大。NO_2 被吸入人体后和血液中血红蛋白结合，使血液输氧能力下降，会损害心脏、肝、肾等器官。同时，NO_2 还是产生酸雨和引起气候变化、产生光化学烟雾的主要原因。另外，HC 和 NO_x 在大气环境中受强烈太阳光紫外线照射后，会生成新的污染物——光化学烟雾。

4. HC

碳氢化合物（HC）（也称烃）包括未燃和未完全燃烧的燃油、润滑油及其裂解产物和部分氧化物，如苯、醛、酮、烯、多环芳香族碳氢化合物等 200 多种复杂成分。饱和烃一般危害不大，甲烷气体无毒性，乙烯、丙烯和乙炔主要会对植物造成伤害。但是，不饱和烃却有很大的危害。苯是无色、有类似汽油味的气体，会引起食欲不振、体重减轻、易倦、头晕、头痛、呕吐、失眠、黏膜出血等症状，也会引起血液变化、红细胞减少、贫血，还会导致白血病。而甲醛、丙烯醛等醛类气体对眼、呼吸道和皮肤有强刺激作用，超过一定浓度，会引起头晕、呕心、红细胞减少、贫血和急性中毒。而应当引起特别注意的是带更多环的多环芳香烃，如苯化合物及硝基烯都是强致癌物。同时，烃类成分还是引起光化学烟雾的重要物质。

5. 微粒

内燃机排出的微粒主要由碳粒、未燃的碳氢化合物、硫化物、氧化物及含金属成分的灰分等组成。通常将颗粒直径大于 0.002μm 的任何固体或液体粒子称为微粒（particulate matter，简写为 Part 或 PM）。

为了区别对待，采取适合的净化措施以及深入研究的需要，大体上可将微粒分为三类：①碳粒；②硫化物；③可溶有机成分。它们在微粒中都占有相当的比例。

能够达到欧州排放标准欧 I（欧 I 型式认证排放限制）的有代表性的柴油机排放物质量比组成如下：碳粒 71.1%；可溶有机物 24.0%（润滑油产生的占 19.1%，燃油产生的占 4.9%）；硫化物及水 4.9%；而达到欧 II（欧 II 型式认证和生产一致性排放限制）排放标准的具有代表性的柴油机，上述三部分排放物相应所占比例分别为 57.5%、35.8% 及 6.7%。在占 35.8% 的可溶有机物中由润滑油产生的占 24.6%，由燃油产生的占 11.2%。

微粒对人体健康的影响取决于颗粒的浓度和其在空气中暴露的时间。研究数据表明，因上呼吸道感染、心脏病、支气管炎、哮喘、肺炎、肺气肿等疾病到医院就诊人数的增加与大气中微粒浓度的增加是相关的。

微粒的粒径大小是危害人体健康的另一重要因素，它主要表现在两个方面：

(1) 粒径越小越不易沉积，长期漂浮在大气中容易被吸入体内，而且容易深入肺部。一般粒径在 100μm 以上的微粒会很快在大气中沉降；10μm 以上的可以滞留在呼吸道中；5～10μm 的大部分会在呼吸道沉积并被分泌的黏液吸附，可以随痰排出；小于 5μm 的能深入肺部；0.01～0.1μm 的，有 50% 以上将沉积在肺腔中，引起各种尘肺病。

(2) 粒径越小，微粒比表面积越大，物理、化学活性越高，越易加剧生理效应的发生和发展。此外，微粒的表面可以吸附空气中的各种有害气体及其他污染物，成为它们的载体，如可以承载强致癌物质苯化合物及细菌等。

6. 光化学烟雾

光化学烟雾是排入大气的氮氧化物和碳氢化合物受太阳紫外线作用产生的一种具有刺激性的浅蓝色烟雾。它包含臭氧（O_3）、醛类、硝酸酯类（PAN）等多种复杂化合物。这些化合物都是光化学反应生成的二次污染物。当遇到低温或不利于扩散的气象条件时，烟雾会积聚不散，造成大气污染事件。

在光化学烟雾中，O_3 约占 85% 以上。日光辐射强度是形成光化学烟雾的重要条件，因此每年夏季是光化学烟雾的高发季节；在一天中，下午 2 时前后光化学烟雾达到峰值。在汽车排气污染严重的城市，大气中 O_3 浓度的增加，可视为光化学烟雾形成的信号。

光化学烟雾对人体最突出的危害是刺激眼睛和上呼吸道黏膜，引起眼睛红肿和喉炎，这与产生的醛类等二次污染物的刺激有关。光化学烟雾对人体的其他危害则与 O_3 浓度有关：当大气中 O_3 的浓度达到 200～1000$\mu g/m^3$ 时，会引起哮喘发作，导致上呼吸道疾病恶化，同时也会刺激眼睛，使视觉敏感度和视力下降；浓度达到 400～1600$\mu g/m^3$ 时，只要接触两小时就会出现气管刺激症状，引起胸骨下疼痛和肺通透性降低，使机体缺氧；浓度再高，就会出现头痛现象，并使肺部气道变窄，出现肺气肿。接触时间过长，还会损害中枢神经，导致思维紊乱，引起肺水肿等。臭氧还可引起潜在性的全身影响，如诱发淋巴细胞染色体畸变、损害酶的活性和溶血反应、影响甲状腺功能、使骨骼早期钙化等。所以我们必须采取一系列综合性的措施来预防和减轻光化学烟雾给人类造成的损害。

1.2.3 内燃机排放与温室效应

内燃机排放物中的 CO_2，在大气层上空形成气层，吸收地球表面的红外辐射，又以波长辐射的形式将其能量返回到地球表面。这就像将地球罩在温室里，使地面实际损失能量比其长波辐射返回的能量要少，对地面起了保温作用，故称之为温室效应。

1. CO_2 排放与地球温室效应

1）合适的温室效应

太阳辐射主要是短波辐射，地面辐射和大气辐射则为长波辐射。大气对长波辐射的吸收力较强，对短波辐射的吸收力较弱。白天，太阳光照射到地球时，部分能量被大气吸收，部分被反射回宇宙，大约47%的能量被地球表面吸收。夜晚，地球表面以红外线的方式向宇宙散发白天吸收的能量，大部分被大气吸收。结果，大气层就如同覆盖着玻璃的温室一样，可以保存一定的热量，使地球不至于像月球一样，被太阳照射时温度急剧升高、不见日光时温度急剧下降。

如果没有温室效应，地球将会冷得不适合人类居住。据估计，如果没有大气层，地球表面温度将为－18℃。正是有了温室效应，才使地球平均温度维持在15℃。我们所熟知的月球，由于没有大气层，白天在阳光垂直照射的地方温度可达127℃，而夜晚温度却能降到－183℃。

2）过度的温室效应

地球变暖，是因为热量收支不平衡。地球获得的收入（热量）大于花费（辐射出去的能量），自然温度就升高了。由于温室气体增加引起的全球变暖，已经对自然生态系统和人类生存产生了严重的影响，成为当今人类社会亟待解决的问题。

导致过度温室效应的一大主因就是温室气体的排放。温室气体的增加，加强了温室效应，而CO_2是数量最多的温室气体。如今，地表排放出的CO_2，远远超过了过去的水平。另一方面，由于对森林乱砍滥伐，大量农田建成城市和工厂，破坏了植被，减少了将CO_2转化为有机物的条件。再加上地表水域逐渐缩小，降水量大大降低，减少了吸收溶解CO_2的条件，破坏了CO_2生成与转化的动态平衡，使大气中的CO_2含量逐年增加，致使地球气温发生了改变。

2. CO_2排放限额

为了应对地球变暖，全球共192位国家领导人于2009年12月7～18日，在丹麦首都哥本哈根召开“气候大会”，会议主要目的是商讨《京都议定书》一期承诺到期后的后续方案，即2012年～2020年的全球减排协议。虽然哥本哈根气候大会上各国争论不休，但减排的目的明确，低碳经济产业链将在全球兴起，低碳经济产业链中的核电、光伏、智能电网、新能源动力汽车将会大受重视。以下是主要国家宣布的减排目标：

中国，2020年减排目标碳排放下降40%～45%；

美国，2020年温室气体比2005年减排17%；

日本，2020年温室气体排放量减少25%；

印度，2020年排放量比2005年少24%；

德国，2020年温室气体的排放量比1990年减少40%；

俄罗斯，完全有实力达到减排40%的目标；

澳大利亚，2020年温室气体排放削减25%；

巴西，排放量在预期基础上减少36.1%～38.9%；

非洲，寻求650亿美元环境赔偿；

岛国联盟，呼吁发达国家减排幅度提高至45%。

产生温室效应的气体除 CO_2 外，还有甲烷（CH_4）、N_2O、O_3 及氟氯烃等（CFCs）。内燃机排放气体中含有前面四种气体。氟氯烃通常称为氟利昂，在制冷装置及某些去污剂、清洁剂中含有，在汽车维修及损坏时，会排放到大气中。氟利昂除了产生温室效应外，还会破坏高空的臭氧层。臭氧层能阻挡太阳光紫外线，人们受到较多紫外线的辐射，则可能引发白内障、皮肤癌及免疫系统受到破坏等问题。国际上已要求不能使用氟利昂。

此外，其他领域也会产生温室气体。CO_2 也是煤炭、生物质等燃烧的产物。大气中约 40% 的甲烷来自于湖泊、沼泽地、冻土地带，以及动物排泄物、生物废料分解。动物排泄物经细菌分解后也会产生 N_2O。对于地球温度变高的根源及其是否绝对有害等问题，现在尚有不同看法，但是多数科学家认为降低汽车 CO_2 等气体的排放是十分必要的。

不同温室效应气体对地球变暖的影响程度是不同的，影响程度从大到小依次为 CO_2、CFCs、CH_4、N_2O 及 O_3。

1.2.4 内燃机排放控制法规的发展

内燃机排放控制法规主要体现在汽车排放控制法规上。

汽车排放对社会的影响，首先表现在经常与排放物接触的人们的健康受到不同程度的伤害，产生一些慢性病症，有的则导致肿瘤及癌症的发生。据美国的资料统计，尽管空气中有害排放物已经达到甚至低于目前法规要求。美国每年仍约有 6 万人因空气中含有有害微粒等而死亡，这些因排放引发的病症及死亡必然会增加个人及社会在医药等方面的开支。

一些学者根据统计资料分析，建立数学模型，分析研究不同排放物会增加社会多少费用开支，以及在整个汽车使用期间中的总费用所占的比例是多少。研究发现：不同排放物对人类健康和环境的影响、危害程度不同，所产生的经济损失也不同；各个地区空气被污染的程度不同，所产生的经济损失也不同。美国一份研究报告表明，因排放的影响所造成的费用开支，约占整个汽车使用期间费用开支的 2%～12%。

一些研究工作者在仔细研究了现有的大量居民健康档案资料后，得出结论认为，在汽车行驶 10 万英里*（16 万 km）的期间，如能降低 1g/mile（0.625g/km）柴油机微粒或者 NO_x 排放，那么每辆车就可以分别产生 11432 美元或 1175 美元的经济效益。

上面这些对因降低车用内燃机有害排放物而产生的经济效益的定量分析，可能不十分准确，但是在客观上，这种经济上的因果关系是存在的，而且在从定量的角度分析汽车排放物对社会影响方面迈出了有意义的一步。努力降低汽车有害排放物，不仅带来社会效益，而且也能创造经济价值。

---

* 1 英里＝1609.344m。

1. 世界汽车排放控制法规的历史

汽车在给人们的生活带来巨大便利的同时，也产生了许多负面效应，其中汽车尾气排放已成为环境的最大污染源之一，给人类生活投下了阴影。自美国加利福尼亚州空气资源委员会从20世纪50年代开始，为限制汽车废气对环境的污染制订并公布了有关的法规以来，全世界的法规制订均参照采用，所以美国汽车排放法规的历史进程，大体也是世界汽车排放法规的历史进程。

1955年美国联邦大气污染控制法授权调查大气污染产生的原因和引起的后果。

1959年加利福尼亚州（以下简称加州）通过法律规定车辆排放控制和大气质量标准。

1963年第一部联邦清洁空气法根据科学研究定义了大气质量评判标准。

1965年增补后的清洁空气法纳入了汽车排放标准。

1966年加州首次制订了有关碳氢化合物和CO的尾气标准。

1967年联邦法律允许加州执行自订的排放标准。

1970年美国环保署成立，清洁空气法增补有关CO、碳氢化合物和氮氧化物的标准。

1971年美国环保署为主要污染物制订国家环境大气质量标准。

1977年清洁空气法增补更严格的氮氧化物标准，该标准1988年起执行。

1990年加州提出低排放和零排放车辆的要求，联邦清洁空气法进一步修改，要求1994年达到一级标准，2004年达到二级标准。

1998年汽车制造商同意在1999年先在东北部自愿制造低排放车辆，在2001年扩大到49个洲。

纵观美国汽车排放控制法规制订的历程，可见汽车排放控制的法规制订确实是个不断发展的过程。它不能一劳永逸，即使像美国这样的“轮子上的国家”也仍在不断地完善和改进。另外，法规还有先导的作用，它能带动技术进步，造福人类。

近十几年，欧洲对汽车排放控制标准越来越严，步伐也不断加快，其主要进程为：1992年执行欧Ⅰ排放标准，1996年执行欧Ⅱ排放标准，2000年执行欧Ⅲ排放标准，2005年执行欧Ⅳ排放标准，2009年执行欧Ⅴ排放标准。

2. 我国汽车排放控制法规的现状

我国也相继提高了汽车的排放标准，经济型环保车越来越受到人们的普遍关注，汽车也在越变越干净。

1984年执行GB3842～3847—83汽车排放标准，1994年实施GB14761.1-14761.7-93等七项汽车排放标准，2000年实施GB14761-1999《汽车排放污染物限值及测试方法》（国Ⅰ），2004年实施GB18352.2-2001《轻型汽车污染物排放限值及测量方法（Ⅱ）》（国Ⅱ），2007年实施GB18352.3-2005《轻型汽车污染物排放限值及测量方法（Ⅲ）》（国Ⅲ），2010年实施GB18352.3-2005《轻型汽车污染物排放限值及测量方法（Ⅳ）》（国Ⅳ）。

在全国国Ⅳ标准尚未实行前，深圳地区根据《关于珠江三角洲地区执行第四阶段国家机动车大气污染物排放标准的通告》自2010年9月1日起，在珠江三角洲地区正式实行了机动车国Ⅳ排放标准。

1.3 内燃机排放的评价指标

1.3.1 排放物浓度

在确定的排气容积中，有害排放物所占的容积（或质量）比例，称为排放物的浓度。表示体积浓度的常用单位有：容积百分数（%），通常用于高浓度组分；容积百万分数（ppm），通常用于低浓度组分；容积十亿分数（ppb），通常用于浓度极低的组分。常用的表示质量浓度的单位有 kg/m^3、kg/L 和 mg/m^3 和 mg/L。质量浓度一般用于表征内燃机固态污染物的排放，如柴油机的微粒排放等。为了保证数据的一致性，应将气体体积换算到大气标准状态。

1.3.2 质量排放量

内燃机单位时间内的质量排放量（G），常用的单位有 g/h；或按某排放标准规定的办法进行一次测试的排放量，常用的单位为 g/次；或者按安装内燃机的车辆的行程质量排放量，常用的单位为 g/km。

1.3.3 比排放量

每单位功率小时（kW·h）排放出的污染物质量（g），单位用 g/(kW·h）表示，即 $g=G/P_e$。其中，P_e 为发动机的有效功率（kW）。

发动机的比排放量可以客观地评价不同种类、不同大小内燃机的排放性能。

1.3.4 排放指数

每千克燃料燃烧时所排放的污染物质量（EI），常用 g/kg 表示。排放指标是从排放方面评价内燃机燃烧过程完善程度的指标。

习 题

1-1 大气污染的定义是什么？

1-2 大气污染有哪些危害？

1-3 人为污染源主要由哪些方面构成？

1-4 为什么说汽车排放污染物是城市的主要污染源？

1-5 内燃机 CO、HC、NO_x 排放物对环境和人体的危害是什么？

1-6　柴油机排放的微粒有什么危害？

1-7　什么是光化学烟雾？光化学烟雾会给人体带来怎样的危害？

1-8　产生温室效应的气体是指哪些气体？过度的温室效应会产生哪些危害？

1-9　内燃机排放的评价指标有哪些？各自的主要作用是什么？

第 2 章　内燃机排放污染物的生成机理和影响因素

了解汽油机与柴油机排放污染物有何异同，通过分析和掌握内燃机排放污染物的生成机理，即可依据生成机理对内燃机排放的各种影响因素进行正确的排放分析。

2.1　汽油机排放污染物生成机理及其影响因素

2.1.1　汽油机排放污染物的生成机理

1. CO 的生成机理

CO 是烃燃料在燃烧过程中生成的中间产物。

一般烃燃料的燃烧反应可经以下过程：

$$C_mH_n+\frac{m}{2}O_2 \longrightarrow mCO+\frac{n}{2}H_2 \tag{2-1}$$

燃气中的 O_2 充足时，CO 将继续按链式反应机理进行反应，而生成最终燃烧产物 CO_2：

$$CO+OH \longrightarrow CO_2+H \tag{2-2}$$

$$2H_2+O_2 \longrightarrow 2H_2O \tag{2-3}$$

$$2CO+O_2 \longrightarrow 2CO_2 \tag{2-4}$$

燃气中的 O_2 量充足时，理论上燃料燃烧后不会存在 CO。但燃烧过程中局部空间或瞬时存在下列条件之一时，则 CO 不能继续反应生成 CO_2：

(1) 反应时的氧气量不足；

(2) 反应时的温度突然过低；

(3) 反应物处在适合反应条件的时间过短。

如图 2-1 (a) 所示为 11 种 H/C 比值不同的燃料成分在汽油机中燃烧后 CO 生成摩尔分数 x_{CO} 与空燃比 α 的关系。若以过量空气系数 ϕ_a 作为横坐标，这些曲线几乎合成一条曲线，如图 2-1 (b) 所示，表明 CO 的生成主要与 ϕ_a 有关，与燃料的成分关系较小。

在浓混合气中 ($\phi_a<1$)，CO 的排放量随 ϕ_a 的减小而增加，这是因为缺氧使 C 不能完全氧化成 CO_2；在稀混合气中 ($\phi_a>1$)，CO 的排放量都很小，这主要是混合不均匀造成局部区域缺氧所致；或者已成为燃烧产物的 CO_2 在高温时产生热离解反应生成 CO；只有在 $\phi_a=1.0\sim1.1$ 时，CO 的排放量才会随 ϕ_a 有较复杂的

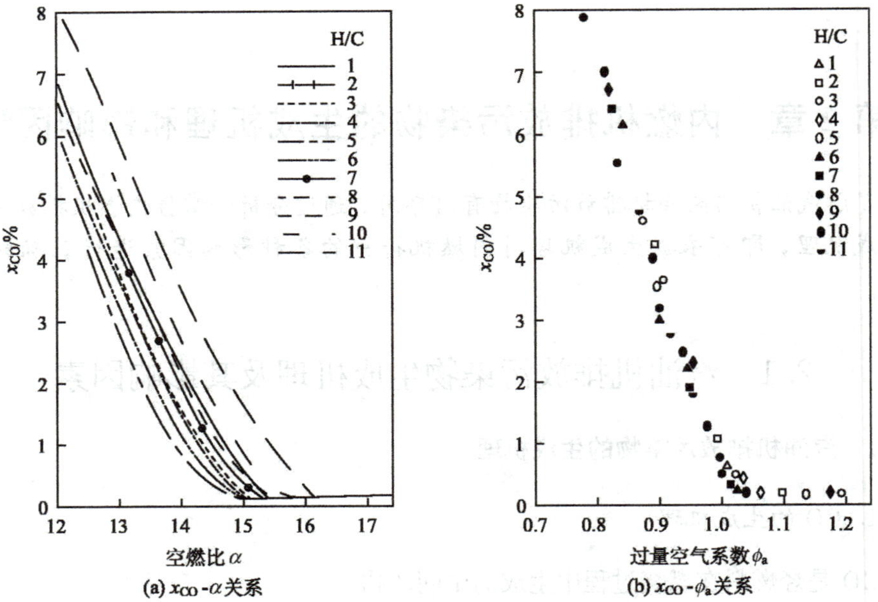

图 2-1　CO 摩尔分数 x_{CO} 与空燃比 α 及过量空气系数 ϕ_a 的关系

变化。

汽油机排气中 CO 含量要比在燃烧室中测得的最大值低，但比按相应排气状态的化学平衡值高很多，这是由于发动机膨胀过程中缸内温度下降很快，以至于温度下降速度远快于气体中各成分建立新的平衡过程的速度，表明了 CO 的生成受化学反应动力学机理控制，产生了“冻结”现象，汽油机排气中的 CO 浓度近似等于1700K 时 CO 平衡浓度。汽油机启动暖机、急加速和急减速时，CO 排放比较严重。

2. NO_x 的生成机理

NO_x 包含 NO、NO_2、N_2O、N_2O_3、N_2O_4、N_2O_5 以及 NO_3。在汽油机排放气体中大部分是 NO，NO_2 的浓度比 NO 低得多，约占 5%。NO 和 NO_2 对环境的危害性非常大。

1) NO 的生成机理

NO_x 生成的化学动力学理论基础是泽尔多维奇（Zeldovich）于 1946 年提出的链式反应机理。在化学计量混合比（$\phi_a=1$）附近导致生成 NO 和使其消失的主要反应式为

$$O_2 \longrightarrow 2O \tag{2-5}$$

$$N_2 + O \longrightarrow N + NO \tag{2-6}$$

$$N + O_2 \longrightarrow O + NO \tag{2-7}$$

$$N + OH \longrightarrow H + NO \tag{2-8}$$

在内燃机的高温燃烧过程中，混合气中的氮和氧进行反应，从反应完成至 NO 浓度达到平衡浓度存在着明显的时间滞后，这反映了 NO 的生成受化学反应动力学速率的制约，NO 浓度不能立即达到平衡，NO 主要不在火焰区而是在焰后区生成。

NO 的生成主要与温度和过量空气系数有关。图 2-2 表示正辛烷与空气的均匀混合气在 4MPa 压力下等压燃烧时，计算得到的燃烧生成的 NO 平衡摩尔分数 x_{NOe} 与温度 T 及过量空气系数 ϕ_a 的关系。从图中可以看出：在 $\phi_a>1$ 的稀混合气区，x_{NOe} 随温度的升高而迅速增大；在温度一定时，x_{NOe} 随混合气的加浓而减少。当 $\phi_a<1$ 以后，由于 O_2 不足，x_{NOe} 随 ϕ_a 的减小而急剧下降。因此可以得出以下结论：NO 的生成量在稀混合气区内主要是温度起支配作用，在浓混合气区主要是氧浓度起支配作用。

生成 NO 的总量化学反应式为

$$N_2 + O_2 \rightarrow 2NO \tag{2-9}$$

达到 NO 的平衡摩尔分数需要较长的时间。图 2-3 给出了在不同温度下反应进展的快慢，用 NO 摩尔分数的瞬时值 x_{NO} 与其平衡值 x_{NOe} 之比表示。从图中可以看出，反应温度越低，则达到平衡摩尔分数所需的时间越长，并且 NO 的生成反应比发动机中的燃烧反应慢。由此可知：温度越高、氧浓度越高，反应时间越长，NO 的生成量越多。

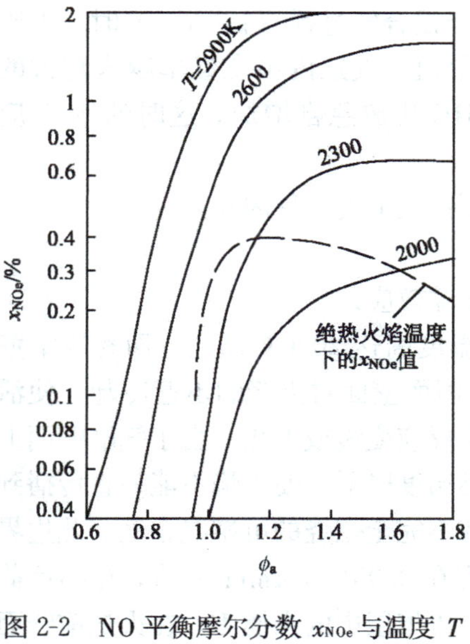

图 2-2 NO 平衡摩尔分数 x_{NOe} 与温度 T 及过量空气系数 ϕ_a 的关系

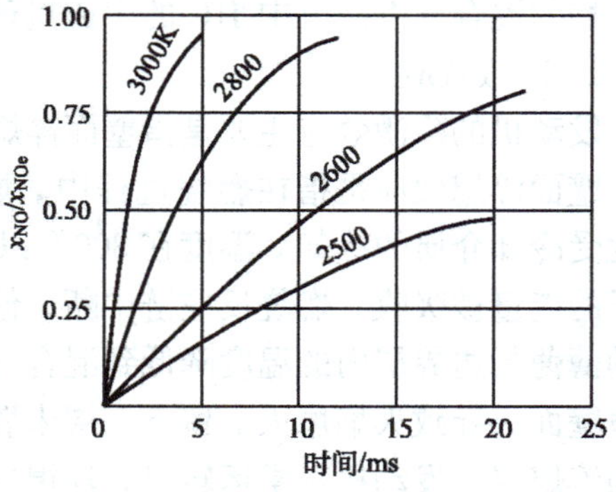

图 2-3 温度对总量化学反应进展快慢的影响（$\phi_a=1.1$，压力 10MPa）

2）NO_2 的生成机理

汽油机排气中的 NO_2 浓度与 NO 的浓度相比可忽略不计，排气中生成 NO_2 的

一个可能机理是：在火焰区生成的NO可以迅速转变为NO_2，即

$$NO + HO_2 \longrightarrow NO_2 + OH \tag{2-10}$$

在NO_2生成后，若与较冷的气体相混合被冷却而“冻结”，NO_2才能保存下来，因此汽油机长期怠速会产生大量NO_2。

3. HC的生成机理

不同的排放法规对HC的定义有所不同，在我国将内燃机排放中未燃烧和部分燃烧的所有碳氢化合物的总量统称为总碳氢化合物（total hydrocarbon，THC），如无特殊说明，书中HC排放意指THC。

汽油机中HC的生成与排放有如下三种渠道。

(1) 排气。在缸内工作过程中生成并随废气排出，该部分HC主要是燃烧过程中未燃烧或燃烧不完全的碳氢燃料，称为HC的排气排放物。

(2) 曲轴箱。从燃烧室通过活塞组与气缸之间的间隙漏入曲轴箱的窜气，其中含有大量未燃HC，如果排入大气中则构成HC的曲轴箱排放物。

(3) 蒸发。从汽油机的燃油系统蒸发的燃油蒸气，如果排入大气中则构成HC蒸发排放物。

汽油与空气形成的均匀混合气在$\phi_a \geqslant 1$条件下燃烧时，理论上不产生未燃HC，但实际上不管ϕ_a多大都排放HC，在混合气略稀（$\phi_a = 1.1 \sim 1.2$）时，HC体积分数φ_{HC}最小。随着ϕ_a的减少，φ_{HC}迅速增加。当混合气过稀（$\phi_a > 1.2$）时，由于燃烧恶化，HC排放不断增加。当ϕ_a达到某一限值，气缸内出现概率越来越大的缺火循环。由于燃料未经燃烧就排出排气管，HC排放急剧增加，这时的ϕ_a对应燃烧稀限。

均匀混合气汽油机中HC的生成机理主要涉及下列多种因素。

1) 冷激效应

发动机的冷激效应主要是指壁面淬熄和狭隙效应。

壁面淬熄效应是指在燃烧过程中，燃气温度高达2000℃以上，而燃烧室壁面温度受冷却介质的冷却，温度在300℃以下，因而壁面对火焰的迅速冷却，使活化分子的能量被吸收，燃烧反应链中断，使化学反应变缓或停止。由于气缸壁面上形成的薄薄的边界层内的温度降低到混合气自燃温度以下，使火焰不能一直传播到燃烧室壁面，导致火焰熄灭，留下一层未燃烧或不完全燃烧的可燃混合气，此边界层称为淬熄层。发动机正常运转时，淬熄层厚度在0.05～0.4mm变动，在小负荷或温度较低时淬熄层较厚。在正常运转工况下，淬熄层中的未燃HC在火焰前锋面掠过后，大部分会扩散到已燃气体主流中并完成氧化反应，只有极少一部分成为未燃HC排放。但是在发动机冷启动、暖机和怠速等工况下，因燃烧室壁面温度较低、形成的淬熄层较厚，同时已燃气体温度较低及混合气较浓，使后期氧化作用较弱，因此壁面火焰淬熄是此类工况下未燃HC的重要来源。

狭隙效应是由于燃烧室内有各种狭窄缝隙，如活塞组与气缸壁之间的间隙、进

排气门与气门座面形成的密封带狭缝、火花塞中心电极与绝缘子根部周围狭窄空间和火花塞螺纹之间的间隙、气缸盖垫片处的间隙等。在压缩过程中缸内压力升高，可燃混合气挤入各间隙中，这些间隙的容积很小但具有很大的面容比，进入其中的未燃混合气因壁面传热导致温度下降。在燃烧过程中压力继续上升，又有一部分未燃混合气进入各间隙。当火焰到达间隙处时，火焰有可能传入使间隙内的混合气得到全部或部分燃烧，或者火焰在缝隙入中处淬熄。当气缸内压力在膨胀过程中下降到缝隙压力以下时（大约从压缩上止点后 15℃A 之后），缝隙内气体流回气缸内，但这时气缸内温度已下降，氧的浓度也很低，流回气缸的可燃气再氧化的比例不大，有一半以上的未燃 HC 直接排出气缸。狭隙效应产生的 HC 排放可占其总量的 50%～70%。

2）润滑油膜吸附与解吸

在进气过程中，气缸壁面和活塞顶面上的润滑油膜溶解并吸收了进入气缸的可燃混合气中的 HC 蒸气，直至达到其环境压力下的饱和状态，这种溶解和吸收过程在压缩和燃烧过程中的较高压力下继续进行。在燃烧过程中，当燃烧室燃气中的 HC 浓度由于燃烧而下降至很低时，油膜中的 HC 开始向已燃气解吸，该过程将持续到膨胀和排气过程。一部分解吸的燃油蒸气与高温的燃烧产物混合并被氧化，其余部分与较低温度的燃气混合，因不能氧化而成为 HC 排放源。这种类型的 HC 排放与燃油在润滑油中的溶解度成正比。不同的燃料和润滑油对 HC 排放的影响不同，使用气体燃料则不会生成这种类型的 HC。当润滑油温度升高时，燃油在其中的溶解度下降，可降低了润滑油在 HC 排放中所占的比例。由润滑油膜吸附和解吸机理产生的未燃 HC 排放占其总量的 25% 左右。

3）燃烧室内沉积物的影响

发动机运转一段时间后，会在燃烧室壁面、活塞顶、进排气门上形成沉积物，从而使 HC 排放增加。对于使用含铅汽油的发动机，HC 排放可增加 7%～20%。沉积物的作用机理可用其对可燃混合气的吸附及解吸作用来解释，当然，由于沉积物的多孔性和固液多相性，其生成机理更为复杂。当沉积物沉积于间隙中，由于间隙容积的减少，可能使由于狭隙效应而生成的 HC 排放量下降，但同时又由于间隙尺寸减小而可能使 HC 排放量增加。这种机理所生成的 HC 占总排放量的 10% 左右。

4）火焰淬熄

在发动机冷启动和暖机工况下，由于发动机温度较低，使燃油雾化、蒸发和混合气形成质量变差，导致燃烧变慢或不稳定，有可能在火焰未到达燃烧室壁面之前因气体膨胀使气缸压力和温度降低，造成混合气大面积淬熄而产生未燃 HC。

发动机在怠速或小负荷工况下，转速低、相对残余废气量大，使滞燃期延长、燃烧恶化，也易引起熄火。若因发动机工作不可靠而出现气缸缺火，则使未燃烧的可燃混合气直接排入排气管，造成未燃 HC 排放急剧增加。

2.1.2 汽油机排放污染物生成的影响因素

1. CO 生成的影响因素

1）混合气形成质量的影响

混合气形成的质量取决于燃油的雾化蒸发程度和混合气的均匀性。由于燃油和空气混合存在不均匀性，即使 $\phi_a \geqslant 1$，仍有局部不均匀的情况，局部空燃比的变化促使 CO 生成，使排气中仍有少量 CO。

2）进气温度的影响

进气温度上升，空气密度下降，而汽油的密度变化很小，对于化油器式汽油机，混合气随进气温度的上升而变浓，排出的 CO 将增加。因此，发动机排放情况在冬季和夏季有很大的不同。

3）大气压力的影响

空气密度 ρ 和大气压力 P 成正比，空燃比和空气密度的平方根成正比，所以进气管压力降低时，空气密度下降，则空燃比下降，CO 排放量将增大。

4）汽油机工况的影响

汽油机在部分负荷运转时，混合气的过量完全系数 ϕ_a 接近于 1，CO 排放量不高。对于多缸机，如果各缸 ϕ_a 不均匀，会出现有的缸 $\phi_a<1$，则 CO 排放量增加。全负荷或者冷启动时，混合气较浓，ϕ_a 可小到 0.8 以下，CO 排放量很大。汽油机加速时混合气突然加浓会使 CO 排放量迅速增加，如图 2-4 所示。汽油机急剧减速时，进气管真空度突然增大，到 68kPa 以上时会造成进气系统中的燃料瞬间蒸发，混合气瞬时过浓，致使燃烧状况恶化，CO 排放量迅速增加，如图 2-5 所示。

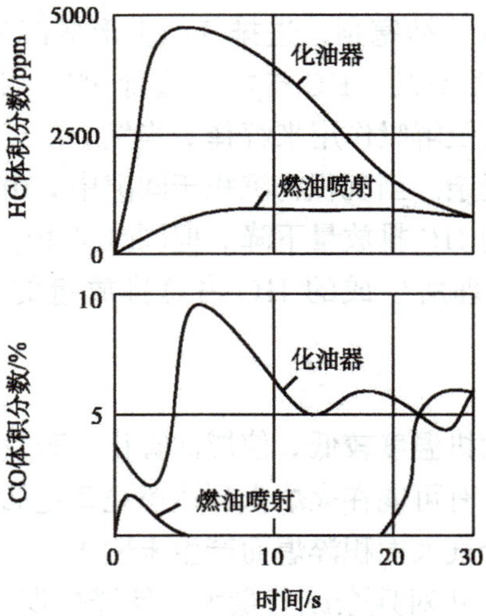

图 2-4 汽油机加速时 CO、HC 排放变化

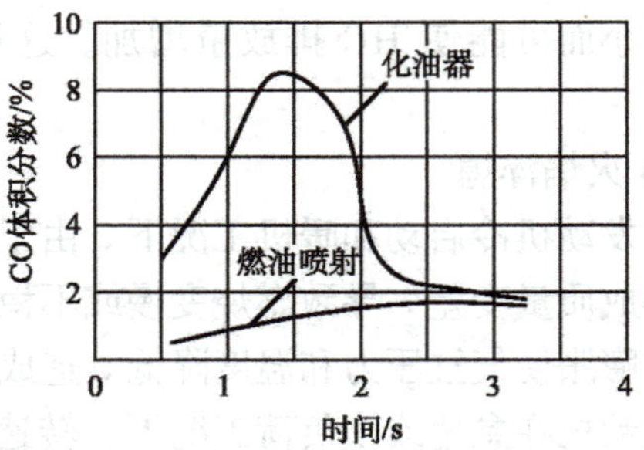

图 2-5 汽油机减速时 CO 排放变化

5）怠速转速的影响

图 2-6 表示了怠速转速和排气中 CO、HC 浓度的关系。怠速转速为 600r/min 时，CO 浓度为 1.4%；700r/min 时，降为 1% 左右。这说明提高怠速转速，可有效地降低排气中 CO 浓度，但是，怠速过高会影响经济性。

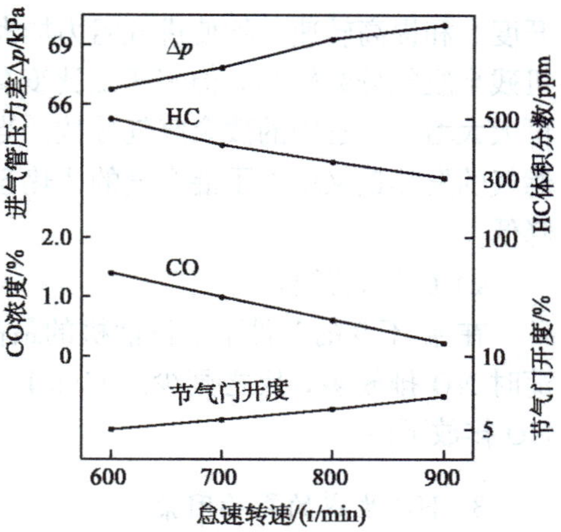

图 2-6　怠速转速对 CO 和 HC 排放的影响

2. NO_x 生成的影响因素

1）过量空气系数的影响

由于 ϕ_a 既影响燃烧时的气体温度，又影响燃烧产物中的氧含量，所以对 NO_x 的排放影响很大。已燃混合气最高燃烧温度对应 $\phi_a=0.9$ 左右的略浓混合气，此时由于缺氧而抑制了 NO_x 的生成，即使燃烧室内温度很高，氧浓度起着决定性作用；但当 ϕ_a 大于 1 时，氧增加的效果使 NO_x 生成量随温度升高而迅速增大，此时温度起着决定性作用。NO_x 排放峰值出现在 $\phi_a\approx1.1$，此时有适量的氧浓度和较高的温度。如果 ϕ_a 进一步增大，温度下降的效果占优势，导致 NO 生成量减少。因此，稀薄燃烧是降低 NO_x 排放的重要手段。

2）点火定时的影响

由于点火时刻对燃烧室内温度和压力有明显影响，故其强烈影响汽油机 NO 的排放量。图 2-7 表示了不同空燃比下排气中 NO 的比排放量随点火提前角 θ 的变化关系。从该图可以看出：随着 θ 的减小，NO 排放量不断下降。

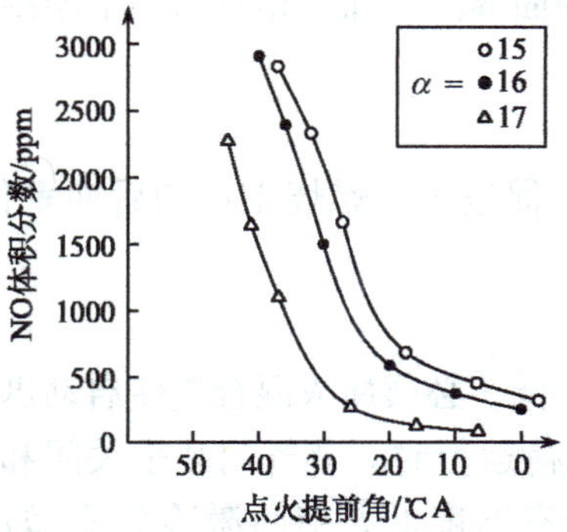

图 2-7　排气中 NO 排放量与点火提前角的变化关系

增大点火提前角使燃烧提前，最高燃烧压力升高，从而导致较高的燃烧温度，并增加了已燃气在高温下停留的时间，促使 NO 排放量增大。反之，推迟点火提前角，上止点后燃烧的燃料增多，燃烧的等容度降低，燃烧的最高温度下降，NO 排放降低。但过迟的点火会导致发动机热效率降低，严重影响发动机经济性、动力性和运转稳定性。

3）残余废气分数的影响

汽油机中燃烧室内的混合气由空气、燃油蒸气和已燃气组成，后者是前一工作循环留下的残余废气，或加上排气再循环系统（EGR）的回流气组成。

残余废气分数主要取决于发动机负荷和转速。减小发动机负荷（即减小节气门开度）和提高转速，均使进气阻力加大，使残余废气分数增大。压缩比较高的发动机残余废气分数较小，但因压缩比变化范围不大，此项因素影响不大，通过 EGR 可大大增加气缸中的残余废气分数。当可燃混合气中废气分数增大时，既减小了可燃气的发热量又增大了混合气的比热容，都使最高燃烧温度下降，从而使 NO 排放降低。

4）负荷的影响

在 ϕ_a 不变的条件下，汽油机的最高燃烧温度与负荷有强烈的直接关系，大负荷时 NO 排放多，反之则少。实际上，汽油机在接近全负荷时加浓混合气，可使 NO 排放下降。

3. HC 生成的影响因素

1）过量空气系数的影响

当过量空气系数小于 1.1 时，随着混合气变浓，燃烧越来越不完全，HC 排放就越多。当过量空气系数大于 1.2 之后，由于混合气逐渐过稀，燃烧中断或者火花塞点不着火，使 HC 的生成量大幅上升。若废气相对过多也会使火焰中心的形成与火焰的传播受阻甚至出现断火，致使 HC 排放量增加。

2）压缩比的影响

压缩比高，膨胀比也大，膨胀后期的燃气温度下降，HC 的氧化速率下降，使更多的燃料以未燃烧的 HC 形式排出。压缩比高，排气温度低，使壁面温度降低，冷激效应增加，HC 排放增多。

压缩比增加，压缩压力增大，使狭隙效应、润滑油膜和沉积物的吸附作用增加，生成的未燃 HC 增加。压缩比增加，燃烧室的面容比增加，相对增加了激冷面积，未燃 HC 增加。

3）点火定时的影响

减少点火提前角，燃烧推迟，排气温度升高，促进了未燃烧 HC 的后期氧化。同时，也减少了激冷壁面面积，HC 排放下降。

4）负荷的影响

在发动机冷启动时，由于温度低，汽油挥发率低，必须加浓混合气使启动迅速可靠，此时，HC 排放量必然较多。在怠速和小负荷运行时，节气门几乎关闭和小开度位置，残余废气相对较多，同时，由于燃烧室温度低，壁面激冷效应增加，HC 排放增多。随着发动机负荷的增加，燃烧温度升高，燃烧室的淬熄效应减少，HC 排放减少。

5）壁温的影响

燃烧室的壁温直接影响了激冷层厚度和 HC 的排气后反应。据研究，壁面温度每升高 1℃，HC 排放浓度相应降低 $0.63\times10^{-6}\sim1.04\times10^{-6}$。因此提高冷却介质温度有利于减弱壁面激冷效应，降低 HC 排放。

6）燃烧室面容比的影响

燃烧室面容比大，单位容积的激冷面积也随之增大，激冷层中的未燃烃总量必然也增大。因此，小面容比燃烧室有利于降低汽油机 HC 的排放。

2.2 柴油机排放污染物生成机理及其影响因素

2.2.1 柴油机排放污染物的生成机理

1. CO 的生成机理

CO 的生成主要由于燃油在气缸中燃烧不充分所致，因局部缺氧而产生的燃烧中间产物。过量空气系数和燃烧过程对 CO 氧化反应有很大的影响。CO 排放在柴油机中一般都较低，只有在接近冒烟极限时，才急剧增加。这主要是因为柴油机基本上是在稀混合气下运转的，其过量空气系数 ϕ_a 都在 1.5 以上，CO 排放量要比汽油机低得多。虽然柴油机总体过量空气系数始终大于 1，但由于柴油机燃料与空气混合不均匀，其燃烧空间总有局部缺氧和低温的地方，以及反应物在燃烧区停留时间较短，不足以完成燃烧过程而生成 CO 排放，这就可以解释图 2-8 在小负荷时尽管 ϕ_a 很大，CO 排放量反而上升。类似的情况也发生在柴油机启动后的暖机阶段和怠速工况中。

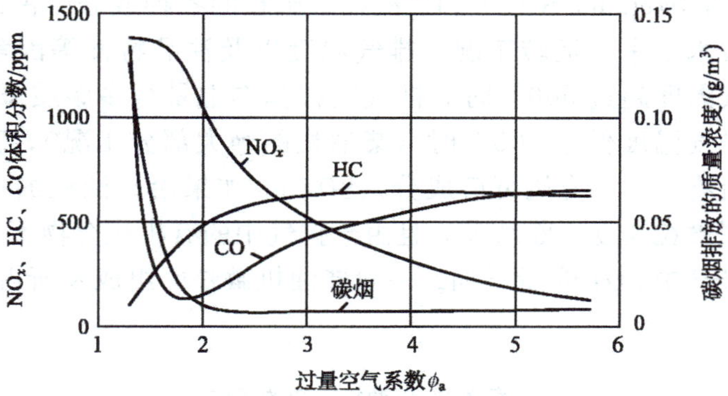

图 2-8 典型的车用直喷式柴油机排放污染物量与过量空气系数 ϕ_a 的关系

2. NO_x 的生成机理

汽油机未燃 NO 和 NO_2 的生成机理也适用于柴油机。

柴油机中 NO_2 可占到排气中总 NO_x 的 10%～30%。

柴油机在小负荷运转时，燃烧室中存在很多低温区域，可以抑制 NO_2 向 NO 的再转化而使 NO_2 的浓度增大。NO_2 也会在低速下在排气管中生成，因为此时排气在有氧条件下停留较长时间。

3. HC 的生成机理

由于柴油机的燃烧过程主要是短促喷油后的扩散燃烧，燃料在气缸内停留的时间比汽油机短得多，生成 HC 的相对时间也短，故其 HC 排放量比汽油机少。

柴油机绝大部分工况的过量空气系数远大于汽油机，混合气浓度梯度极大。燃油喷注与周围空气形成的混合气很不均匀，在喷注的中心，ϕ_a 接近于 0，在喷注的外围，可能形成过稀的混合气，成为未燃 HC 的排放源，而在燃烧室周边的 ϕ_a 趋向于∞，几乎没有燃油，因而受淬熄效应和油膜及积碳吸附的影响很小，这也是使柴油机 HC 比汽油机少的又一原因。柴油机未燃 HC 的排放量随着 ϕ_a 的增加而增加。ϕ_a 增大则混合气变稀，混合气的燃烧和火焰传播不能正常进行，HC 排放量增加。

4. 微粒的生成机理

1）排气微粒的组成与特征

柴油机排气微粒的概念是：柴油机排气经过稀释后，在低于 51.7°C 时，通过带有聚四氟乙烯树脂过滤纸所滤下来的物质即为柴油机排气微粒。

柴油机排气微粒由三部分组成，即碳粒（DS 或 soot）、可溶性有机物（soluble organic fraction，SOF）和硫酸盐。微粒的各种成分所占比例会随柴油机的类型、技术水平、运转工况、排气温度以及油品特性等因素的不同而变化。如当排气温度超过 500℃时，排气微粒基本上是很多碳质微球的聚集体，即碳粒；当排气温度低于 500℃时（柴油机的绝大部分工况），碳粒会吸附和凝聚多种有机物，即是有机可溶成分（SOF）。如果沿柴油机的排气管道测试取样，可发现微粒粒度不断增大，且由于排气中的有机化合物不断吸附冷凝在微粒上，使排气中 SOF 含量增加。一般柴油机微粒的组成及所占比例如表 2-1 所示。

表 2-1　柴油机微粒的组成

成分	质量分数/%
碳粒（DS，Soot）	40～50
可溶性有机物（SOF）	35～45
硫酸盐	5～10

柴油机排气微粒的微观形状是由很多原生微球的聚集体而成，总体结构为团絮状或链状。其粒度表征比较困难，一般用当量直径表达，微粒粒度大多在 0.02～1.0μm 范围内，其体积平均粒度为 0.1～0.3μm，微粒的表观密度在 0.25～1.0kg/L 范围内，可见其结构很疏松。

微粒中的 SOF 包括各种未燃碳氢化合物和未燃润滑油成分。SOF 在一定温度下可以挥发，而且绝大部分能溶解于一定的有机溶剂中。排气微粒通常用溶液萃取等分析方法分成 Soot 和 SOF 两部分。

2）微粒的生成机理

柴油机排放的微粒主要由柴油中的碳生成，其生成的条件是高温和缺氧，并受燃油种类、燃油分子中的碳原子数及氢原子比的影响。一般认为，柴油机微粒是燃料在高温缺氧条件下经过裂解脱氢以后的产物，根本原因是柴油机燃烧过程中存在非均相燃烧而形成碳核，这些碳核具有很强的亲和力，能凝聚和生长，再经过吸附和集聚过程而成为最终的排出微粒。

虽然对微粒的生成机理已进行了大量的基础研究，但至今对其详细机理，即从燃油分子到生成碳粒整个过程中的化学动力学反应及物理变化过程尚不太清楚。目前，对碳粒的产生也有不同观点，一种认为其是在扩散火焰中燃油较浓的燃烧区形成的，另一种认为生成在燃烧的早期、油束的中心部位。

柴油机微粒的生成过程十分复杂，经过一系列物理化学变化后形成，一般经历如下几个阶段：

(1) 裂解与成核。

在高温缺氧的状态下，柴油发生部分氧化和热裂解，生成各种不饱和烃类，如乙烯、乙炔及其较高阶的同系物 C_nH_{2n-2} 和多环芳香烃（polycyclic aromatic hydrocarbon ，PAH），通常认为 PAH 是生成碳粒的先导物，是产生微粒的基础。这些不饱和烃类不断脱氢形成原子级的碳粒子，逐渐聚合成直径 2nm 左右的碳粒的核心。

(2) 表面生长和凝聚。

气相的烃和其他物质在碳核表面凝聚，同时还发生脱氢反应，但不会改变碳粒数量。而聚集过程指通过碰撞使碳粒长大，碳粒数量减少，生成直径 1μm 以下的链状或团絮状的多孔性聚合物。

图 2-9 所示一些烃类燃料在燃烧器条件下，预混合火焰中生成碳粒的温度和过量空气系数 ϕ_a 的关系，组成柴油的各种烃类生成烟粒的条件基本上也在这个范围内。由该图可见，碳粒在极浓的混合气中生成，且在 1600～1700K 温度范围内，烟粒生成比例达到最大值。

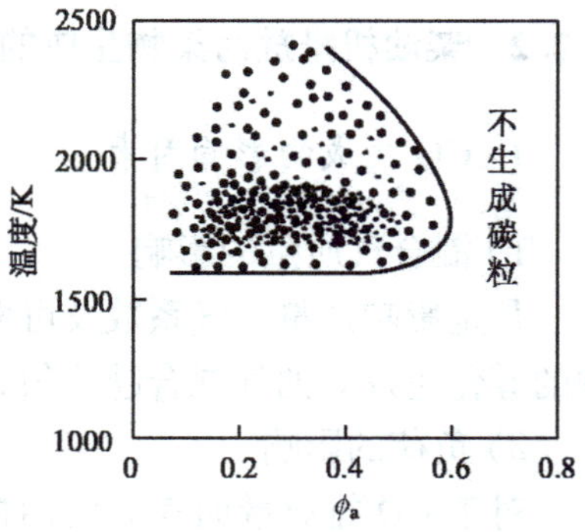

图 2-9　碳氢燃料燃烧时烟粒生成的温度与过量空气系数 ϕ_a 的关系

(3) 碳粒的氧化。

在碳粒的整个生成过程中，不论是先兆物、晶核还是聚集物，都可能发生氧化。用专门的测试方法可测得，柴油机气缸内的碳粒峰值浓度远远大于排放浓度，说明燃烧过程所生成的碳粒大部分已在排气过程开始前被氧化掉。在火焰中出现的多种化学物质，如 O_2、O、OH、CO_2、HO_2 等，可能参与碳粒的多相燃烧反应。在氧是重要氧化剂的稀混合气火焰中，由于大聚集物的破碎，碳粒的数目会增加；在 OH 基是主要氧化剂的浓混合气火焰中，OH 基以很高的反应活性起作用，而不会使聚集物破碎。由于碳粒的氧化为其表面的多相反应，故聚集作用对氧化不利。氧化作用需要有一定的温度，至少在 700～800℃，故只能在燃烧过程和膨胀过程进行。在柴油机气缸内高压条件下，碳粒的氧化速度很快，在开始氧化的 3ms 内，就可以氧化掉已生成碳粒总质量的 90% 以上。随后的氧化，则取决于碳粒与空气的混合速率，并随着膨胀过程逐渐缓慢下来。碳粒的多相氧化产物主要是 CO，而不是 CO_2，故排放的碳粒通常只占在燃烧室中出现数量的很小比例（<10%）。

（4）SOF 的吸附与凝结。

柴油机排气微粒生成过程的最后阶段，是组成 SOF 的重质有机化合物向碳粒聚集物的凝结与吸附，这个阶段主要发生在燃气从发动机排出并被空气稀释之时，通过吸附与凝结使碳粒表面覆盖 SOF。

吸附是未燃的 HC 或未完全燃烧的有机物分子通过化学键力或物理力（范德华）黏附在碳粒表面。这个过程取决于碳粒具有的可吸附物质的总表面以及驱动吸附过程的吸附质的分压力。当排气的稀释比增大、温度下降时，碳粒表面活性吸附点的增加起主要作用，SOF 增加。但当温度下降过多时，吸附质分压力减小，SOF 下降。

凝结发生在碳粒周围的气体有机物的蒸气压力超过其饱和蒸气压时。增大稀释比会减小气体有机物的浓度，从而降低其蒸气压。此外，降低温度也会使饱和蒸气压降低。最容易凝结的是排气中低挥发性的有机物，其来源为未燃燃油中的重馏分、已经热解但未燃烧的不完全燃烧有机物及窜入燃烧室的润滑油微粒。若柴油机排气中未解 HC 浓度高，则冷凝作用强烈。

2.2.2 柴油机排放污染物生成的影响因素

1. CO 生成的影响因素

1）混合气质量的影响

凡是影响过量空气系数及可燃混合气均匀程度的因素都会影响 CO 的生成。燃油的雾化越好，油气混合越均匀，燃烧越充分。

2）负荷的影响

对于 CO 排放量而言，柴油机有一个最佳负荷区。如图 2-10 所示，在小负荷时，由于喷油量少，混合气较稀，缸内气体温度低，CO 的继续氧化作用变弱，CO 排放量增加。在大负荷或全负荷时，局部缺氧加剧，使 CO 不能充分燃烧而形成 CO_2，从而 CO 排放量增加。

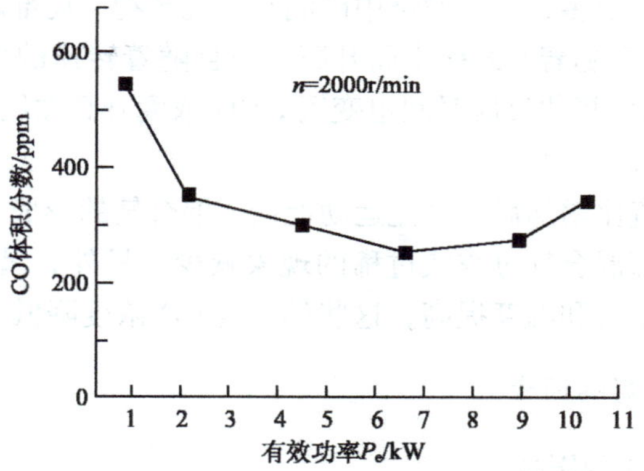

图 2-10 负荷对 CO 排放浓度的影响（S195 柴油机，0 号柴油）

3）转速的影响

柴油机转速的变化影响着缸内气体流动、燃油雾化与混合气质量的变化，CO 排放量在低速及高速时都较大。如图 2-11 所示，高速时，充气系数降低，在很短的时间内混合气的混合与燃烧较为困难，燃烧不完全，CO 排放量增大；而在低速时，由于缸内温度低，喷油速率不高，燃料雾化差，燃烧不完全，CO 排放量增大。

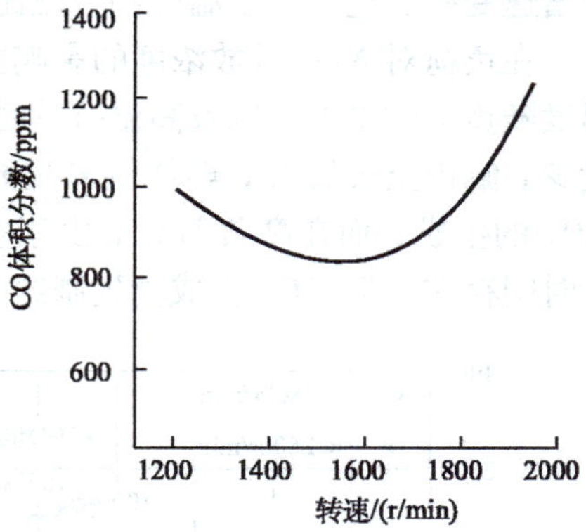

图 2-11 转速对 CO 排放浓度的影响

4）喷油提前角的影响

如图 2-12 所示，随着喷油提前角 θ 的缩小，滞燃期也缩短，参与预混燃烧的油量减

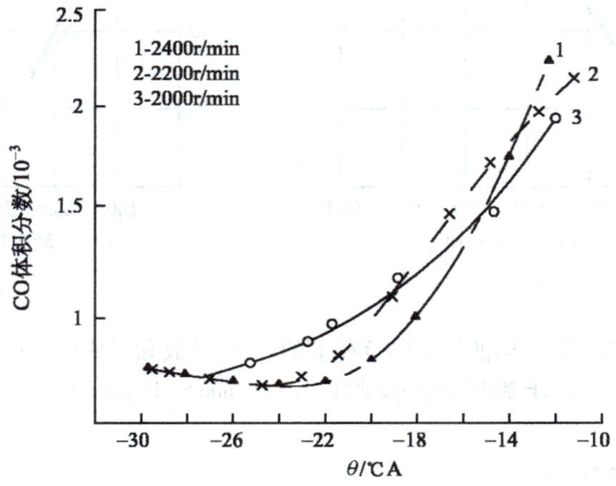

图 2-12 CO 排放量随喷油提前角 θ 的变化关系

少，扩散燃烧的油量增多。扩散燃烧中已混有燃烧产物，局部缺氧严重，而且燃烧时间也较短，CO 浓度随着 θ 的缩小而升高。而且随着转速的加快，混合气形成和燃烧的时间变短，CO 氧化反应时间也变短，CO 浓度升高曲线越来越陡峭。

5）涡流比的影响

燃烧室内的涡流比增加后，气流运动促进了混合气的形成，提高了混合气的均匀性，燃烧室内局部混合气过浓或过稀的现象减少。另外，涡流能加速燃烧过程，使缸内的最高燃烧压力和温度提高。这些都使得 CO 浓度降低。

2. NO_x 生成的影响因素

1）负荷和空燃比的影响

负荷越大，NO_x 排放量越高。图 2-13 给出了柴油机 NO_x 排放浓度随负荷的变化规律。从低负荷到中负荷时，NO_x 的增加速度快；从中负荷到高负荷时，NO_x 的增速变缓。这反映了温度和空燃比对 NO_x 排放浓度的综合影响。

在负荷对 NO_x 排放浓度的影响关系中，起关键作用的是火焰温度和缸内平均温度随负荷的增加，以及高温持续时间随负荷增加而延长。在低负荷时，循环供油量少，缸内空燃比大，燃烧供氧量充分，NO_x 生成三要素同时存在，所以促进了 NO_x 的生成；而在高负荷时，由于空燃比较小，氧浓度下降，尽管高温和高温持续时间存在，但 NO_x 生成受到制约。

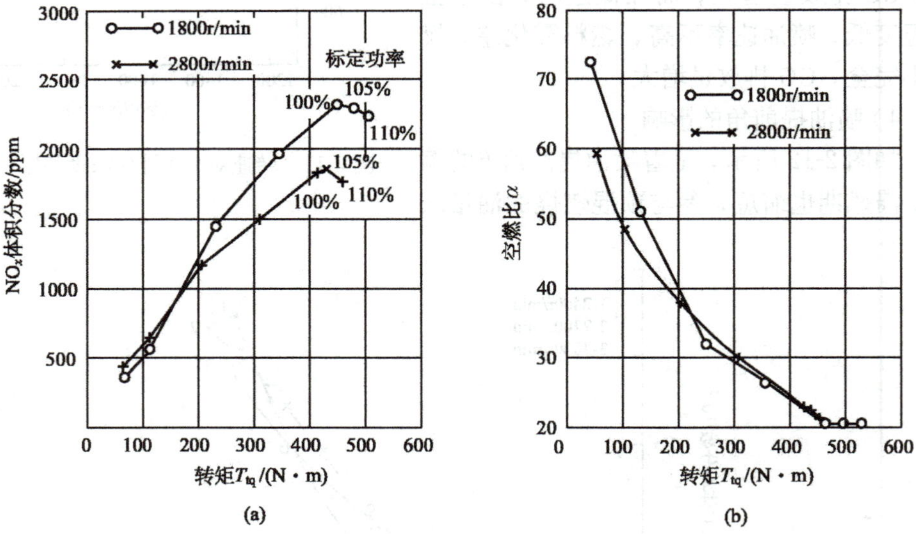

图 2-13　柴油机不同负荷下的 NO_x 排放和对应的空燃比

（直喷式自然吸气车用柴油机，6×102mm×118mm，$\varepsilon_c=16.5$）

2）喷油定时的影响

喷油定时对柴油机燃烧过程有很大影响，减小喷油提前角，使燃烧推迟，燃烧最高压力和温度下降，生成的 NO_x 减少。这种推迟喷油的方法是降低柴油机 NO_x 排放的最简单易行且有效的方法，但会使燃油消耗率略有提高。试验表明，柴油机气缸内 NO 生成率大约从燃烧开始后 20℃A 内达到最大值，其数值大小大致与预混燃烧期内燃烧的混合气数量成正比。图 2-14 表示现代车用柴油机的喷油定时在从上止点前 8～4℃A 范围内变化时，柴油机性能和排放的相对变化趋势。可见，喷油推迟 2℃A 可降低 NO_x 排放约 20%，但同时使 b_e 上升 5%。

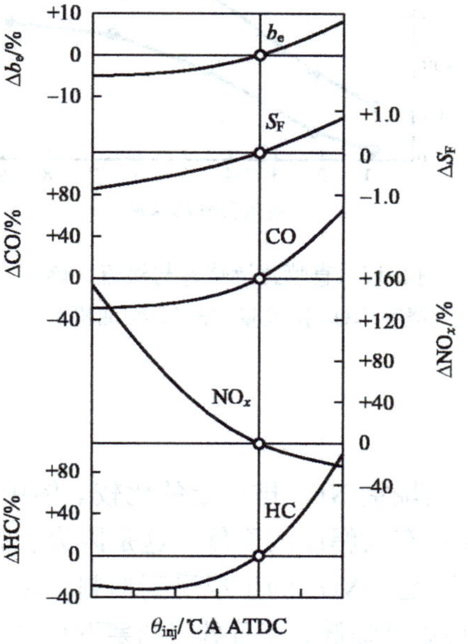

图 2-14　燃油消耗率 b_e、烟度 S_F、CO、NO_x、HC 排放随喷油提前角 θ_{inj} 的变化

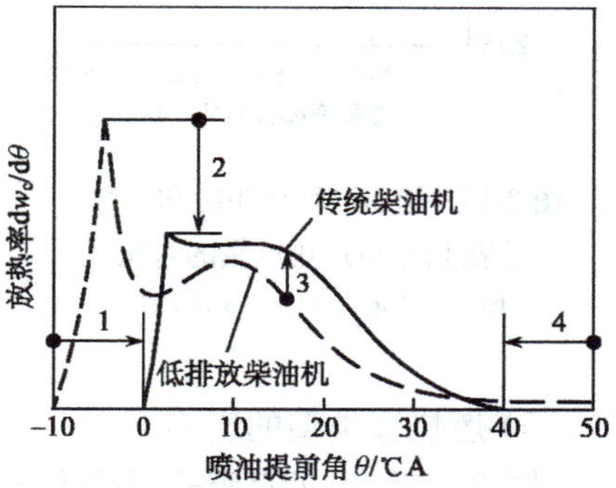

图 2-15　柴油机燃烧放热规律

1-推迟燃烧始点，降低 NO_x 排放；2-降低初始燃烧温度减少 NO_x 生成；3-维持中期快速燃烧和燃烧温度，降低微粒排放；4-缩短扩散燃烧期，降低燃料消耗率、排气温度和微粒排放

3）放热规律的影响

图 2-15 表示柴油机燃烧放热规律的两种模式：传统放热规律模式（虚线）和低排放放热规律模式（实线）。图中 w_e 为燃料已燃质量分数，$dw_e/d\theta$ 为放热率。传统模式在压缩上止点前即由于不可控预混合燃烧而出现一个很高的放热率尖峰，接着是由于扩散燃烧造成的一个平缓的放热率峰。前者导致生成大量 NO；而后者（缓慢拖拉的燃烧）导致柴油机热效率恶化，微粒排放增加。低排放放热模式一般都在上止点后开始放热，第一峰值较低，使 NO_x 生成较少；中期扩散燃烧尽可能加速，使燃烧过程提前结束，不仅提高热效率，也能降低微粒排放。

4）增压的影响

图 2-16 给出了增压、增压中冷和非增压柴油机 NO_x 排放量的对比，图中表明：在相同的空燃比下，增压柴油机的 NO_x 排放量比非增压柴油机高，其原因主要是增压柴油机的缸内燃烧温度高于非增压柴油机，而增压中冷技术的应用是指通过降低进气温度，从而降低最高燃烧温度，使 NO_x 排放量大幅度降低。

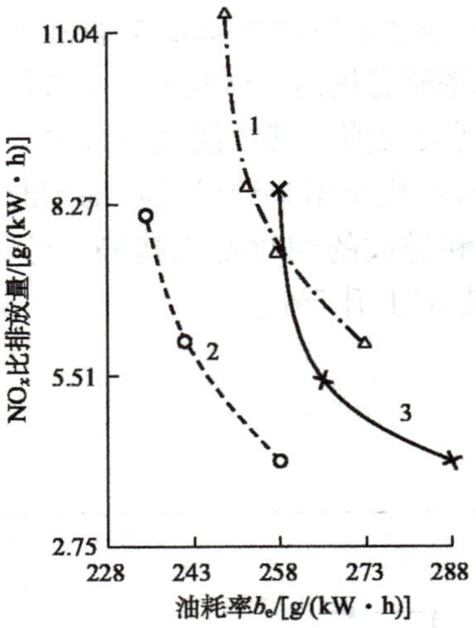

图 2-16 增压、增压中冷和非增压柴油机 NO_x 排放量的对比

1-增压；2-增压中冷；3-非增压

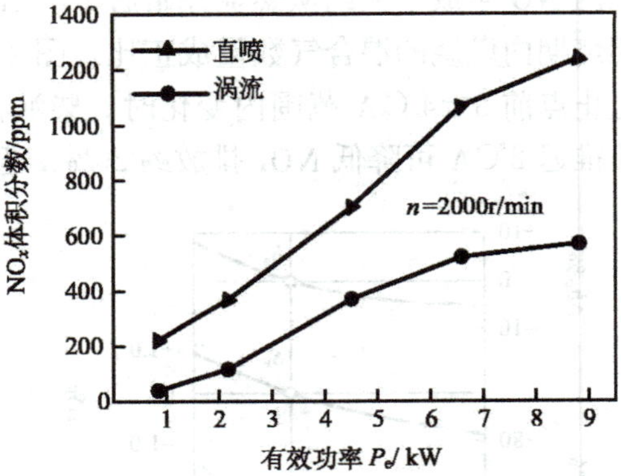

图 2-17 直喷式燃烧室与涡流式燃烧室 NO_x 排放量（S195 柴油机）

5）燃烧室类型的影响

图 2-17 给出了直喷式燃烧室与涡流式燃烧室 NO_x 排放量的比较，图中表明：涡流式燃烧室的 NO_x 排放量比直喷式燃烧室有大幅度的降低，这是因为：涡流燃烧室在副燃烧室燃烧时，过量系数小，O_2 不足，NO_x 的生成受到抑制。在主燃烧室燃烧时，由于是部分燃料燃烧，最高燃烧温度降低，而且处于活塞下行阶段，温度不断下降，高温滞留的时间缩短；另外，涡流燃烧室的散热面积较大，传热量较大，使燃气温度降低，进一步抑制了 NO_x 的生成。

3. HC 生成的影响因素

1）压力室容积的影响

喷油器嘴部的压力室容积（指喷油器嘴部针阀座下游的小容积加上各喷油孔道的总容积）对柴油机 HC 排放有很大影响。在喷油结束时，压力室容积仍充满燃油。在燃烧后期和膨胀初期，这部分被加热的柴油部分汽化，并以液态或气态低速穿过喷孔进入气缸，缓慢地与燃气混合，从而错过主燃烧期，只能在后燃期得到部分氧化，成为未完全燃烧的 HC 排放。

2）喷油定时的影响

柴油机喷油定时在不同的燃烧室形式下对 HC 排放的影响程度不同。对于直喷式柴油机，喷油提前角越大，混合气混合程度越好，缸内燃烧温度也越高，促使 HC 排放量下降。对于分隔式柴油机，由于有二次混合，混合燃烧较完善，喷油定时的影响小于直喷式柴油机。

3）负荷的影响

在怠速和小负荷时，喷油量少，缸内温度较低以及混合气较稀，燃料氧化反应速率慢，HC 排放浓度很高。随着负荷的增加，燃烧温度升高，氧化反应加快，HC 排放减少。涡轮增压柴油机缸内温度较高，随着负荷的增加，HC 排放低些。

4）进气温度和冷却液温度的影响

进气温度升高可缩短滞燃期，提高燃烧温度，促进 HC 的氧化，同时减少淬熄现象，HC 排放量会减少。冷却液温度降低，将导致气缸内温度降低。试验证明：以冷却液进口温度 75℃为参照，当进口温度下降到 65℃时，13 工况下的 HC 体积分数平均增加 37.21%。

4. 微粒生成的影响因素

1）过量空气系数的影响

图 2-18 则表示柴油机在燃烧中，生成烟粒和 NO_x 的温度与过量空气系数的关系，及柴油机压缩上止点附近各种 ϕ_a 的混合气在燃烧前后的温度。由图 2-18 可见，$\phi_a<0.5$ 的混合气燃烧后必定产生碳粒。要使柴油机燃烧后碳粒和 NO_x 都很少，ϕ_a 应在 0.6～0.9 之间。实际燃烧区内当 $\phi_a>0.9$ 时，NO_x 生成量增加；当 $\phi_a<0.6$ 时则碳粒生成量增加。

柴油机混合气在预混合燃烧中的各种典型状态的变化如图 2-18（a）上各箭头所示。在预混合燃烧中，由于燃油在空气中分布不均匀，既生成碳粒，也生成 NO_x，只有很少部分燃油形成 ϕ_a=0.6～0.9 的混合气。所以，为降低柴油机排放，应缩短滞燃期和控制滞燃期内的喷油量，将尽可能多的混合气的 ϕ_a 控制在 0.6～0.9 之间。

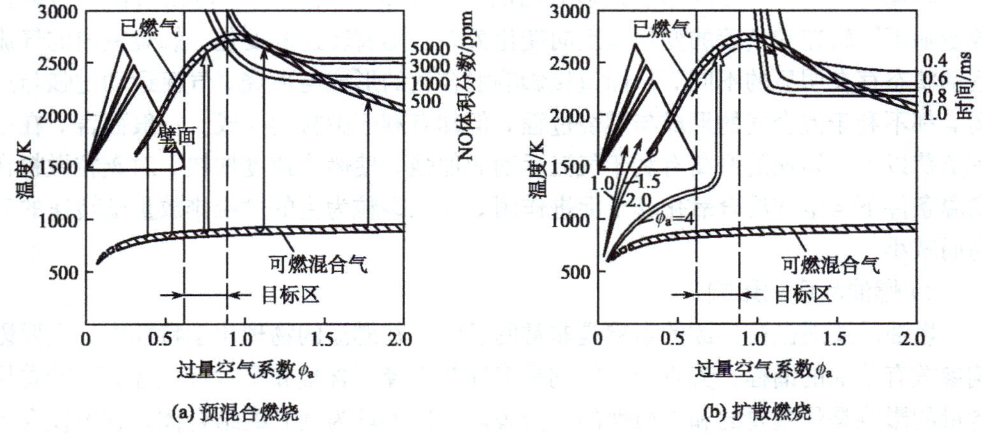

图 2-18　燃烧过程中生成碳粒和 NO_x 的温度与过量空气系数的关系及典型燃料单元状态变化

柴油机扩散燃烧中混合气的状态变化如图 2-18（b）中各箭头所示。变化路线上的数字表示燃油进入燃烧室时所直接接触的缸内混合气的 ϕ_a 值。从图上可以看出，喷入 $\phi_a<4$ 的混合气区内的燃油都会生成碳粒。在温度低于碳粒生成温度的过浓混合气中，将生成不完全燃烧的液态 HC。在扩散燃烧阶段，为减少生成的烟粒，应避免燃油与高温缺氧的燃气混合。强烈的气流运动和细微的燃油雾化，都有助于燃油与空气的混合均匀性、增大燃烧区的实际过量空气系数。喷油结束后，燃气与空气进一步混合，其状态变化趋势如图 2-18（b）上虚线箭头所示。

2）负荷与转速的影响

图 2-19 为柴油机的微粒排放量与负荷和转速的关系。由该图可看出：在小负荷时，单位油耗的微粒排放量较高，且随负荷的增加，微粒排放量降低，50%～75%的中等负荷时最低；而在大负荷时，微粒排放量又明显升高。

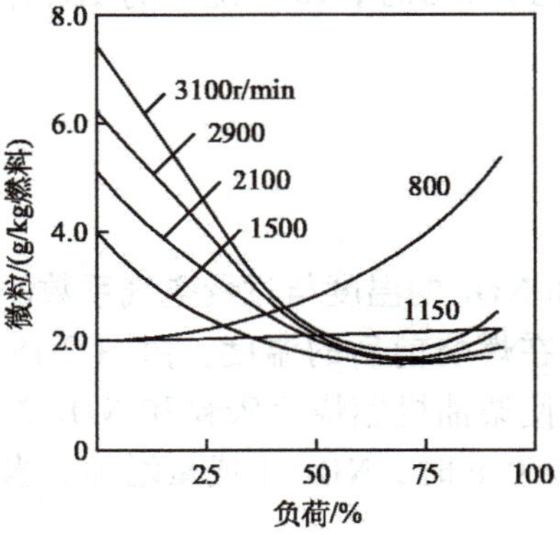

图 2-19　负荷与转速对微粒排放的影响

在小负荷时，由于空燃比大，缸内温度较低，燃烧室内稀薄混合气区较大，且处于燃烧界限之外而不能燃烧，构成了冷凝聚合的有利条件，从而有较多未燃燃油、润滑油以及部分氧化反应中间产物生成，这是低负荷区微粒排放率高的原因。在大负荷时，空燃比小和燃烧温度较高，喷油持续期延长，扩散燃烧的油量分量增加，构成了高温缺氧、裂解和脱氢的有利条件，使微粒（主要成分是碳粒）排放量又有了升高；在接近全负荷时微粒排放急剧增加（接近冒烟界限），这时虽然总体过量空气系数大于 1，但由于燃烧室内可燃混合气不均匀，局部过浓情况加剧，导致碳粒大量生成。

转速对微粒排放量的影响是多方面的和复杂的，从图 2-19 可以看出，微粒排放量随不同转速和负荷的变化呈反向变化关系。随着转速的变化，燃烧室内的气流运动状态存在明显的不同，从而直接影响混合气的形成与燃烧，气流运动过强与过弱，都不利于混合气的形成与燃烧过程，但却有利于微粒的生成。一般而言，在中等负荷以下，转速的升高有利于气流运动的加强，使燃烧速度加快，对碳粒微粒在高温条件下与空气混合氧化起了促进作用，故以碳粒为主的微粒排放量随转速的升高而减小。

3）燃油品质的影响

燃油品质对微粒排放的影响是非常明显的，在燃油的物理化学特性中，主要影响参数有柴油的馏程、芳香烃（特别是多环芳香烃）含量和十六烷值等，而芳香烃含量的影响是最主要的和本质性的。芳香烃是以苯环为基础的结合体，它不仅含碳量高，而且化学结构牢固，不易燃烧（与氢和烷烃相比），容易形成碳粒。试验表明，燃油中芳香烃含量及馏程越高，在相同的试验条件下，微粒排放量越大；而烷烃含量越高，微粒排放量越少。

燃油的十六烷值对烟粒排放也有明显影响。试验表明，柴油机的排烟浓度随十六烷值的提高而增大，其原因可能是由于十六烷值较高的燃油稳定性较差，在燃烧过程中碳的生成速率较高所致。

4）过后喷射的影响

由于燃油供给系统受燃油压力波的作用以及喷油嘴压力室容积的影响，在喷油结束出油阀落座后，仍有一部分燃油流出形成过后喷射，此时缸内温度仍然很高，喷射压力不高，已燃气体较多，燃油喷到燃烧区的缺氧处，导致大量碳粒的生成。柴油机的过后喷射对 CO、HC 的排放也是不利的，应尽力避免。

5）其他因素的影响

降低微粒排放的核心问题是减少碳粒的生成，高温缺氧是造成碳粒生成的重要条件，所以，提高充气效率、提高喷油压力、增加喷嘴喷孔数，改善燃油雾化和混合气宏观与微观均匀性、适当提高燃烧室内空气涡流和温度，可以改善燃料的燃烧状况，减少微粒排放。

习　题

2-1　汽油机和柴油机的主要污染物有何异同？

2-2　内燃机 CO、HC、NO_x 排放物的生成机理是什么？

2-3　柴油机微粒排放物的生成机理是什么？

2-4　内燃机 CO 排放的影响因素有哪些？

2-5　内燃机 NO_x 排放的影响因素有哪些？

2-6　内燃机 HC 排放的影响因素有哪些？

2-7　内燃机 PM 排放的影响因素有哪些？

第3章 汽油机排放污染物及其控制

通过分析汽油机的稳态和瞬态排放特性，了解汽油机各种工况下排放污染物浓度变化的趋势。理解汽油机如何通过改进发动机的燃烧过程来降低发动机的排放污染物。重点掌握低排放电控燃油喷射系统、低排放燃烧系统的工作原理、各种技术和结构对排放污染物浓度的影响关系和规律，掌握曲轴箱排放控制和蒸发排放控制技术。

3.1 汽油机的排放特性

发动机的排放特性是指各种排放污染物（CO、HC、NO_x 等）的排放量随发动机运转工况参数（转速 n、平均有效压力 P_{me} 等）的变化规律。根据工况的不同，排放特性可以分为稳态排放特性和瞬态排放特性。稳态排放特性是指转速和负荷保持不变时发动机的排放特性。瞬态排放特性是指发动机从一种工况过渡到另一种工况过程中的排放特性，即发动机的转矩和角速度随时间迅速变化时的工况（加速、启动等）的排放特性。

研究发动机的排放特性，可以找出其运转时排放最严重的工况区和影响因素，从而为低排放改造指出方向，以适应环保法规的要求。

3.1.1 稳态排放特性

图 3-1 是一台典型的进气道电子喷射汽油机 CO、HC 和 NO_x 排放特性图，用比排放量表示。从图 3-1（a）中可以看出，为了满足三效催化转化器高效率工作的要求，现代车用汽油机在常用工况区的过量空气系数 ϕ_a 一般在 1.0 左右，因此时可得到较低的 CO 排放；小负荷工况，加浓一些的混合气，会使 CO 的排放量略有上升；全负荷时，混合气被显著加浓，造成 CO 的比排放量急剧增加。

图 3-1（b）是汽油机未燃 HC 排放量的变化趋势曲线，HC 的变化趋势和 CO 类似，中等负荷时比排放量较小，大负荷和小负荷时相对较大。但与 CO 排放相比也有不同：一是 HC 排放在全负荷时增加量较小，没有像 CO 排放那样显著增加；二是小负荷时 HC 比排放量随负荷的减小增加得更快。这是因为：大负荷时，采用的是浓混合气，这时氧气含量相对较低，燃料燃烧不完全，生成的 CO 偏多，但此时每循环中的 HC 排放的变化并不大。当汽油机转速一定时，随着负荷增加，空燃比增大，混合气变稀，HC 的比排放量会下降。若负荷进一步加大，混合气越来越浓，到全负荷时排气中严重缺氧，使 HC 无法顺利进行后期氧化，其比排放量又会增加。在低速小负荷时，HC 比排放量也会增加，因为此时缸内温度低，对 HC 的

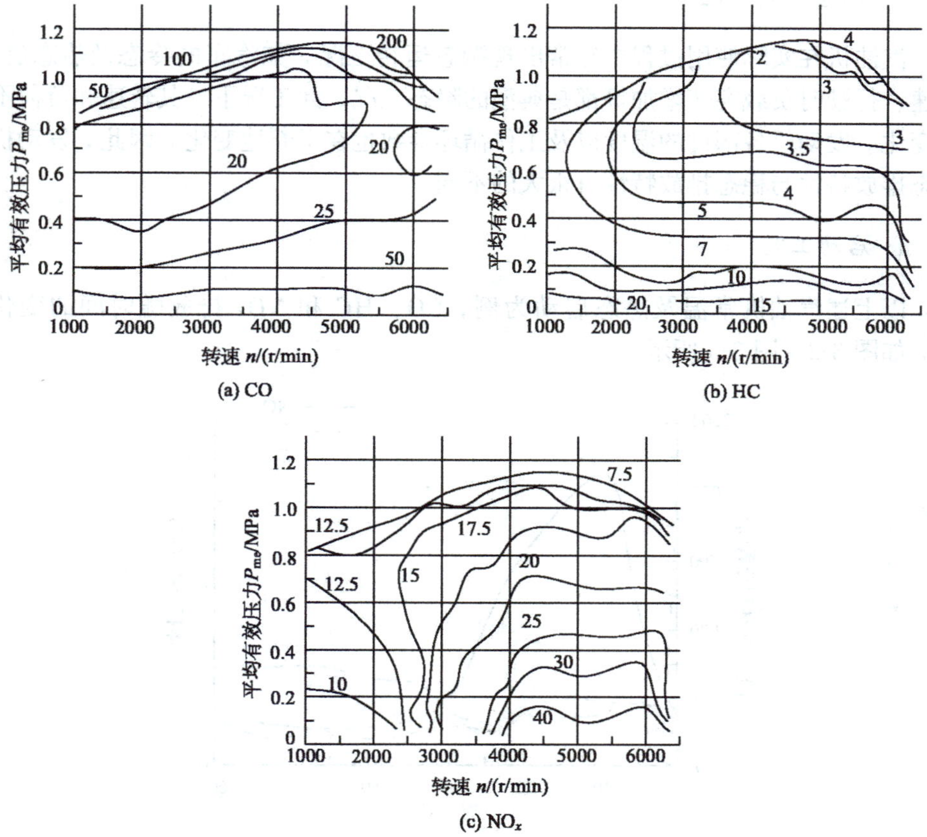

图 3-1　汽油机 CO、HC、NO_x 比排放［g/(kW·h)］特性

氧化作用减弱，缸壁的激冷作用变强。

汽油机 NO_x 的排放规律与 CO、HC 的排放规律不同，由图 3-1（c）所示，当转速一定时，NO_x 的比排放量随负荷增大而减小；中等负荷区，随着负荷的增大，NO_x 的绝对排放量增加，主要原因是缸内燃烧温度的提高，但 NO_x 的比排放量却是下降的，可见 NO_x 排放的增加与负荷是不成正比关系的。大负荷时，NO_x 的绝对排放量下降，其比排放量下降更快，原因是此时混合气过浓，氧含量相对不足，不利于 NO_x 的生成。图中还显示，汽油机负荷一定时，随着转速的增加，NO_x 的比排放量会增大，其绝对排放量更是显著增加。

由于影响汽油机排放的因素很多，不同汽油机的排放特性也会有很大不同，但有一些趋势是一致的，为了使车用汽油机排放的有害污染物较少，应尽量满足其在中等负荷工况下运行。

3.1.2 瞬态排放特性

汽油机在实际使用过程中经常出现瞬态运转工况，如汽车的冷态及热态启动、加速、行驶时负载突然增加等都是典型的瞬态工况。此工况下，其转速和负荷不断地变化，发动机各部件的温度以及工作循环参数也在不断地变化，因此，发动机的瞬态排放特性与稳态排放特性有很大的不同。

1. *启动工况*

以上述汽油机常温及热态启动为例，CO、HC 和 NO_x 排放随时间的变化情况，如图 3-2、图 3-3 所示。

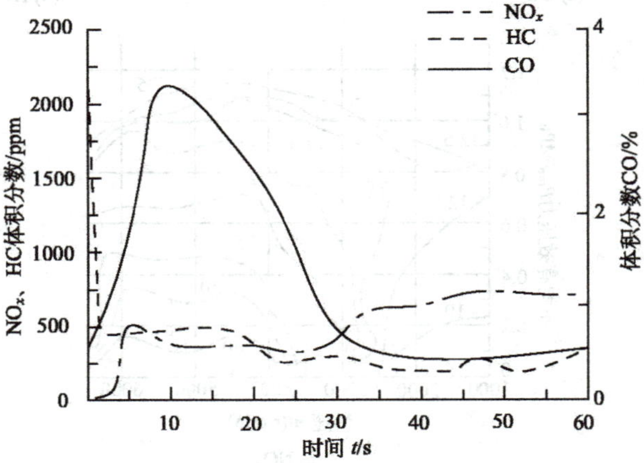

图 3-2　汽油机常温启动时 CO、HC 和 NO_x 随时间的变化

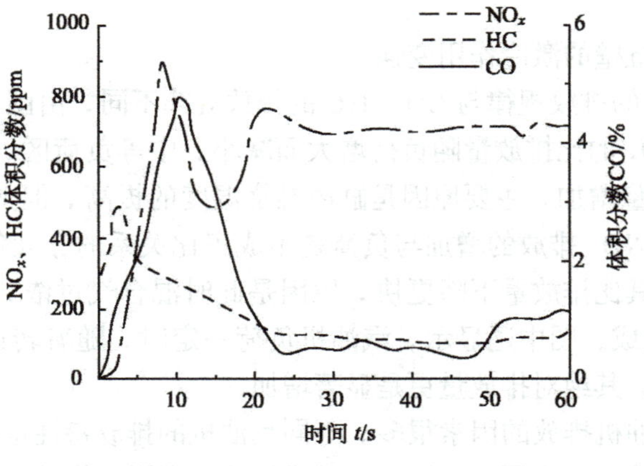

图 3-3　汽油机热启动时 CO、HC 和 NO_x 随时间的变化

由图 3-2 可知，常温启动时，CO 和 HC 的排放浓度较高，而 NO_x 排放浓度较低。这主要是因为：常温启动时汽油机的转速、进气系统和缸内温度以及空气流动

速度都较低，汽油很难完全蒸发，气缸壁面等处会造成汽油沉积而形成油膜，汽油雾化差，与空气混合不均匀。并且，较低的温度也使汽油的饱和蒸气压力下降，不易形成在着火界限内的可燃混合气。为了顺利启动，须向缸内提供很浓的混合气。浓混合气、低的压缩温度和壁面温度等，都会使燃烧不太完全，导致CO和HC的排放增加。另一方面，启动时混合气过浓及气体温度低、氧气不足也使得NO_x排放浓度低。

由图3-3可知，热启动时，CO和HC的排放浓度较低，而NO_x排放浓度较高。原因是汽油机热启动时由于温度条件改善、汽油雾化改善，形成的可燃混合气质量也得到改善，CO和HC的排放浓度会下降，但由于此时进气量少，混合气浓，CO的峰值偏高，同时也使得前期NO_x排放浓度没有增加，而是在热启动后大约半分钟的时间，NO_x排放浓度才高于常温启动。

2. 加、减速工况

汽油机在加速工况下转速会急剧升高。化油器式汽油机在化油器内设置加速泵进行短时间内额外供油，以弥补节气门突然开大造成的化油器和进气管内短期的混合气变稀现象。而混合气被加浓，会因燃烧不完全使CO和HC的排放增加。此外，浓混合气使燃烧温度增高，NO_x排放量增加。汽油喷射发动机由于控制精确或具备反馈控制功能，因此不需特别的加浓混合气，其排放与相应的各稳定工况相似。对于化油器式汽油机而言，汽车减速节气门开度突然减小时，进气管内产生较大的真空度，壁面上的燃油蒸发迅速。另外，供油由于惯性来不及降低流速，仍大量进入进气管，形成过浓的混合气，这样，不仅使汽油机燃油经济性变差，HC和CO浓度也会增加。对于汽油喷射式汽油机而言，减速时不再供油，进气系统中液态油膜少，排放的HC和CO量少。

3. 怠速工况

一般来说，在怠速工况时，CO和HC排放浓度高，而NO_x排放浓度则较低。这是由汽油机怠速运转时的特点决定的。怠速时转速低，节气门开度小，虽供油量较少，但雾化不良，混合气浓度较高。节气门开度小，使剩余废气相对较多，而且各缸差别较大。这种情况造成燃烧缓慢和不完全，甚至失火。另一方面，汽油机启动后，其构成燃烧室的主要零件以及润滑系、冷却系不能立即达到正常的工作温度，需要一个暖机的过程，这时也需采用浓混合气来弥补汽油在进气道和气缸壁面上的冷凝损失，保证燃烧正常。因此，此工况CO及HC排放浓度高，但由于燃烧温度不高，所以NO_x排放浓度不高。适当提高汽油机怠速转速，使进气节流度减小，新鲜充量增加，剩余废气量相对减少，对改善燃烧条件、降低CO及HC的排放是有利的。

3.2 低排放电子控制系统

3.2.1 电控燃油喷射系统

目前电控系统主要采用两种控制模式：开环控制和闭环控制。开环控制是根据输入电制单元（ECU）的信息直接按控制特性的预定数值输出执行；闭环控制是ECU输出执行的结果反馈到ECU中重新判别、调整，反复多次后以最佳值输出。越来越多的汽车发动机采用闭环控制。

1. 电控燃油喷射系统的结构

汽油机降低排气污染和提高热效率的一个关键措施是精确控制混合气的空燃比。电控燃油喷射（EFI）系统以电控单元（ECU）为控制中心，利用各种传感器检测发动机的各种状态（运行参数），经计算机按预存的控制程序进行判断和计算，使发动机在各种不同工况下均能获得最佳空燃比的混合气。

典型闭环EFI系统L-Jetronic燃油喷射系统的结构如图3-4所示，它以发动机的进气量和发动机转速作为基本控制参数，再利用其他多种传感器采集到的发动机各种工况的参数进行修正，经控制单元ECU计算处理后，确定出实际所要的燃油喷射量，大大提高了喷油量的控制精度。目前应用于某些汽车上的L-Jetronic系统一般都进行了改进，以提高发动机的经济性、动力性和排放性能等。

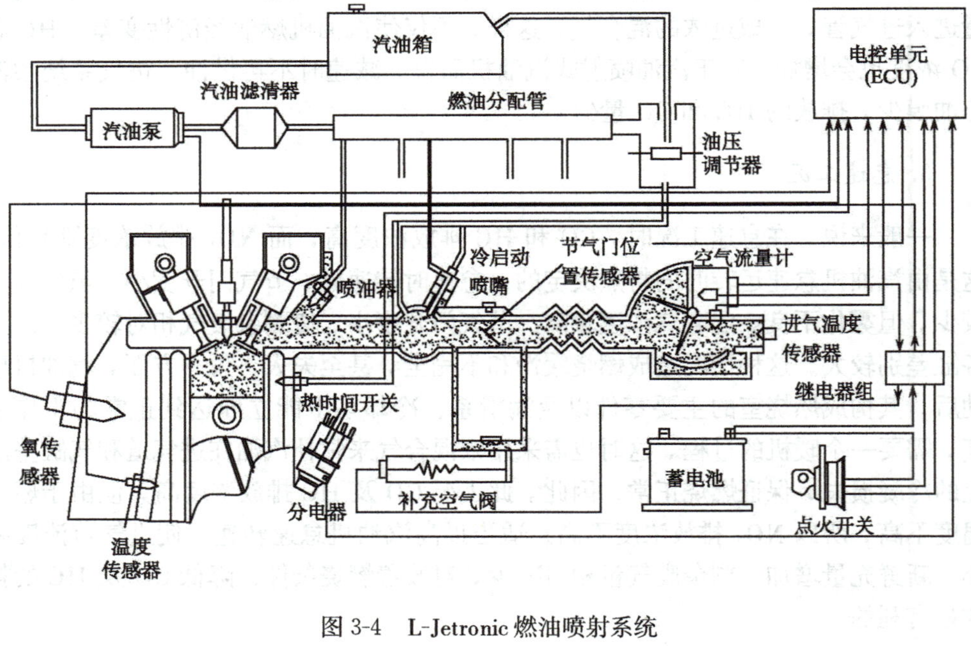

图3-4　L-Jetronic燃油喷射系统

2. 电控燃油喷射系统的工作原理

为了使发动机具有最佳的动力性和经济性，较好的排放性和行驶性，EFI 系统应该适应发动机不同工况运行的要求，具有混合气成分校正的功能。它通过各种附加传感器，将发动机温度、节气门位置等信息输入 ECU，并由此计算得到校正后的喷油量。L-Jetronic 燃油喷射系统的控制过程如图 3-5 所示。

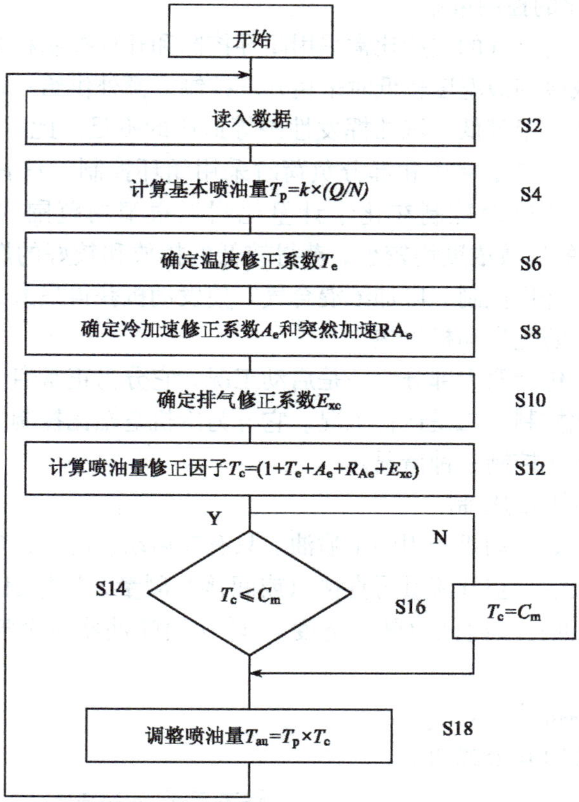

图 3-5　L-Jetronic 燃油喷射系统的控制过程

在控制过程中，程序首先读入各传感器检测到的发动机运行参数。其中包括空气流量计测得的进气量、曲轴位置传感器测得的发动机转速、发动机温度传感器测得的冷却液温度、进气温度传感器测得的进气温度、氧传感器测得的混合气的空燃比以及节气门位置传感器测得的节气门位置及其运动状态等。随后，在程序的步骤 S4 中，根据进气量和发动机转速计算出基本喷油量 T_p。在步骤 S6 中 ECU 根据进气温度和冷却液温度在内存的查值表中确定温度修正系数 T_e。在步骤 S8 中确定发动机在未充分预热的情况下加速和突然加速时的修正系数 A_e 和 RA_e。在步骤 S10 中电控单元根据氧传感器检测出的实际空燃比确定排气修正系数 E_{xc}。在步骤 S12 中综合各修正系数，计算基本喷油量的修正因子 T_c。然后，在步骤 S14 中将修正

因子 T_c 与其最大值 C_m 比较。如果 $T_c \leqslant C_m$，则以 T_c 值来修正基本喷油量；如果 $T_c > C_m$，则将 C_m 值赋给 T_c，再以 T_c 修正基本喷油量。这样就避免了发动机在低温加速和突然加速时喷油量过多。最后，在步骤 S18 中完成用 T_c 对基本喷油量 T_P 的修正，修正后的实际喷油量为 T_{au}。

3. 最佳空燃比控制

1）最佳空燃比的控制策略

实际使用中，混合气的空燃比常采用闭环控制和开环控制相结合的方法控制。

一是冷启动或冷却液温度较低时采用开环控制。额外供给一定量燃油，以弥补由于发动机转速低、温度低、汽油挥发性差等造成的不足。此后，随着温度增加，空燃比将逐渐增大。二是怠速和部分负荷时采用闭环控制。只有采用闭环控制方式，才能使空燃比严格地控制在化学计量比附近很窄的范围内，使有害排放物 CO、HC 和 NO_x 的排放浓度均较小，获得较低的排放和较好的燃油经济性。三是节气门全开时采用开环控制，以加浓混合气，使发动机获得最大的输出功率，同时降低发动机温度，防止发动机过热。

空燃比的控制包括两大部分：一是启动工况，它分为正常启动时的空燃比控制和溢油时的空燃比控制；二是运行工况，它分为冷机空燃比控制、暖机空燃比控制和化学当量比空燃比控制三种情况。

2）喷油持续时间的控制

大多数工况下，发动机采用同步喷油，只有在启动、起步、加速等工况下，发动机才采用异步喷油。空气流量可直接（或间接）测量，根据目标空燃比的要求，由 ECU 计算出喷油持续时间（脉冲宽度），输送给喷油器一个喷油持续时间的控制信号。

（1）基本喷油持续时间。

基本喷油持续时间公式如下：

$$\text{基本喷油持续时间} = \frac{\text{修正系数} \times \text{进气量}}{\text{发动机转速}}$$

中小负荷时，空燃比在化学计量比附近。汽车运行时，ECU 可通过内置程序获得基本喷油持续时间。当运行条件不满足内设基准点时，ECU 将根据各传感器信号进行修正，重新计算出符合运行工况要求的喷油持续时间。

（2）喷油量的修正。

喷油量的修正涵盖了汽车和发动机各种不同工况下对喷油量的要求，它主要包括以下内容。

① 启动加浓、启动后加浓和暖机加浓：启动时 ECU 根据发动机冷却液温度对喷油量进行修正，控制喷油器增加喷油量。发动机启动后，到发动机转速达到预定值时，ECU 控制喷油器额外喷油，以保证发动机运转稳定。此过程在启动后较短时间内完成，一般不超过 30s。修正初始值最初依据冷却液温度确定，以后按一定

的速率下降，直到正常值为止。暖机时的加浓量随冷却液温度的变化而变化，增加的喷油量随冷却液温度的升高而逐渐减少。

② 大负荷加浓：发动机大负荷工作时 ECU 依据节气门开度或进气量大小来修正喷油量，以保证发动机的最大功率和降低发动机的排气温度。此时的额外喷油量一般为正常喷油量的 10%～30%。

③ 进气温度修正：因发动机进气密度随进气温度的升高而下降，为了保证所需的理想空燃比，ECU 根据进气温度修正喷油量。修正幅度一般为正常喷油量的 10%左右。

④ 冷却液温度修正：冷却液温度对发动机性能的影响比进气温度的影响大，所以 ECU 更需要依据冷却液温度对喷油量进行修正。温度高，额外喷油量少一些；温度低，额外喷油量多一些。一般修正量低于正常喷油量的 30%。

⑤ 怠速稳定性修正：怠速时节气门全关后，ECU 不断接收发动机转速信号，与内置程序对比后，向怠速调整器发出指令。电控系统不同程度地把经过空气流量计计量检测后的补充空气引入发动机中，控制单元就此控制供给发动机相应的喷油量。

⑥ 加、减速工况空燃比控制：发动机加速时，要求喷射系统能短时间地加浓混合气，减速时又要求减少喷油量。ECU 根据节气门的启、闭速率判断发动机的加、减速状态，同时依据空气流量和发动机冷却液温度等对喷油量进行修正，以保证发动机良好的加、减速过渡性能。

⑦ 空燃比反馈修正：现代发动机采用氧传感器的反馈信号实现闭环控制，将空燃比控制在化学计量比附近，以保证三元催化转化器的高效率。

闭环控制空燃比修正的基本原理是：ECU 把氧传感器传入的信号与参考电压值进行比较，以判断此时的混合气过浓还是过稀。例如，某发动机将控制死区定为±150mV；当高过 600mV 时，认为混合气过浓，此时减少喷油量；低过 300 mV 时，认为混合气过稀，此时增加喷油量。300～600mV 之间时，喷油量不做调整。

在发动机启动期间、启动后加浓期间、大负荷加浓期间、冷却液温度过低、断油等工况时，一般不进行闭环控制。

⑧电压修正：喷油器实际打开时间比 ECU 控制喷油器的时间要滞后，这意味着喷油器实际打开的时间短，实际空燃比比发动机需要的空燃比大，供给的混合气较稀。这种滞后随蓄电池电压的降低而延长。因此 ECU 根据蓄电池电压的高低控制喷油信号的持续时间，对喷油量进行修正，使实际喷油持续时间达到理想值。

⑨空燃比学习控制：发动机各种工况的基本数据内置在 ECU 中，这些数据对一种型号的发动机是确定数值。实际使用时，由于多种因素的影响，实际空燃比相对化学计量空燃比的偏离可能会增大。虽然空燃比反馈修正可以修正这个偏差，但修正范围有限，修正值可能超出修正范围，造成控制上的困难。因此 ECU 中往往设定一个学习修正系数，使得 ECU 可以根据反馈值的变化情况，实现喷油持续时间总的修正。当发动机工况变化时，学习修正量立即反应到喷油持续时间，因此提

高了过渡工况时空燃比的控制精度。

(3) 断油控制。

断油控制是现代汽车发动机为满足运转过程中的某些特殊要求而设定的。断油控制分为超速断油控制和减速断油控制。超速断油控制包括发动机超速断油控制和汽车超速断油控制，减速断油控制主要反映在对发动机的减速断油控制上。

① 超速断油控制：实际使用时不仅对发动机实行超速断油控制，当汽车超速行驶时也实行断油控制。发动机超速断油控制指为了防止发动机的超速运转而实行的自动断油措施。自动中断喷油由 ECU 来控制。执行超速断油控制可以较大程度地避免机件损坏，同时可以降低油耗和有害物排放。汽车超速断油控制指汽车行驶速度超过限值时，停止喷油。它由 ECU 根据节气门位置信号、发动机转速信号、冷却液温度信号、空调开关信号、停车灯信号及车速信号等综合分析判断后实现断油控制。

② 减速断油控制：指为了适应汽车突然减速时的空气量变小而实行的自动断油措施。它也是由 ECU 自动控制的，一般至发动机转速下降到设定值时再恢复喷油。执行减速断油控制也可以控制有害物的排放，提高燃油经济性。

3) 喷油定时的控制

目前大多数发动机采用顺序喷射。顺序喷射对喷油定时有一定的要求。一般有三种控制形式：一是在进气行程之前结束该缸的喷油；二是在排气行程末期开始喷油，留下 20% 在进气行程喷射；三是采用固定的喷油定时，在进气行程前曲轴转角 70°～90°时喷油。

4) 空燃比控制中应注意的问题

(1) 工况点应合理选取。进行发动机稳态试验时，工况点要覆盖发动机的整个工作范围，但同时需注意：发动机性能变化剧烈区域工况点应密集，常用工况、特殊工况要重点考虑。

(2) 应让氧传感器和三元催化转化器尽早起作用。在热负荷允许的情况下，尽量将上述两个传感器接近排气歧管；也可以装两个氧传感器，一个装在三元催化转化器之前，控制空燃比；一个装在三元催化转化器之后，监测其工作。

4. 喷油控制对排放的影响

现代采用闭环控制的 EFI 系统的发动机，通过反馈控制，能精确地将过量空气系数控制在 1 附近，并配合使用三元催化转化器，使排放污染物大幅度降低。

1) 汽油机的闭环控制

汽油机的闭环排放控制是通过氧传感器和三元催化转化器（TWC）来共同实现的。氧传感器常利用电动势信号作为混合气浓稀程度的度量，此信号反馈输入 ECU，ECU 以此信号为依据，对喷油量进行修正。TWC 的有效净化作用受空燃比的影响，理论空燃比附近对 HC、CO 和 NO_x 的净化效果最好。图 3-6 为控制前后的三种污染物排放曲线。利用电动势信号作为氧传感器的触发信号进行闭环控制后，能较好地将空燃比控制在理论空燃比附近，使各种排放污染物的排放量均较小。

2）冷启动及暖机过程中的排放控制

发动机在冷启动时需要浓混合气。汽车安装TWC后，发动机排入大气的大部分HC都是在这个状态下排出的，但此时的催化剂还没有达到开始反应的温度。为了减小汽油喷射式发动机此阶段的排放，要对采用开环控制系统的发动机的空燃比精确标定，以防燃油过量。

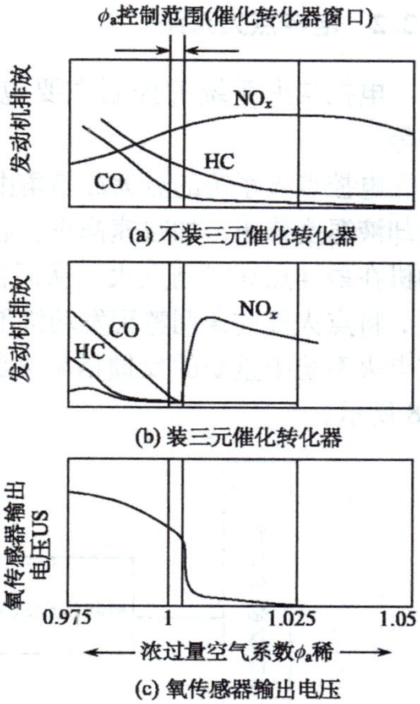

图 3-6　采用闭环控制的净化效果

冷启动时以能顺利启动为原则，需对不同温度条件下的初始空燃比进行精确标定。暖机工况也如此，但混合气应相对较稀，以减少CO和HC的排放。另外，可配合推迟点火，使TWC迅速升温到起燃温度行使催化功能。采用此方法时，应适当提高暖机过程中的发动机转速，以求怠速稳定。图3-7为某进气道汽油喷射式发动机在气温8℃时冷启动和暖机过程中CO排放与空燃比标定的关系。由图可知，空燃比标定较浓时（○—○曲线），发动机启动到冷却液温度达到设定值需要的时间较长，CO排放也较高。当空燃比标定较稀时（×—×曲线所示），暖机时间缩短，CO排放也较少。试验可知，冷启动和暖机过程中的HC排放也有类似的变化趋势。

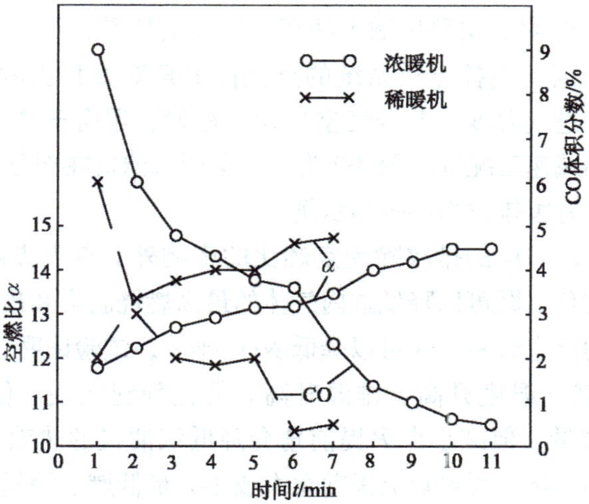

图 3-7　冷启动及暖机时CO排放与空燃比的关系

3.2.2 电控点火系统

电控点火系统的控制主要包括点火提前角控制、点火闭合角控制、爆震控制等。

电控点火系统的点火提前角由 ECU 控制，程序运行时进行了很多修正，包括冷却液温度修正、加减速修正、启动触发信号修正、爆燃修正等，这样就能保证发动机在最佳点火时刻点火，从而使发动机的各种性能保持良好。它通过爆燃传感器，将点火提前角调整到发动机不致产生爆燃的范围。爆燃传感器是闭环控制的电控点火系统中重要的反馈信号来源。无分电器微型计算机控制点火系统组成如图 3-8 所示。

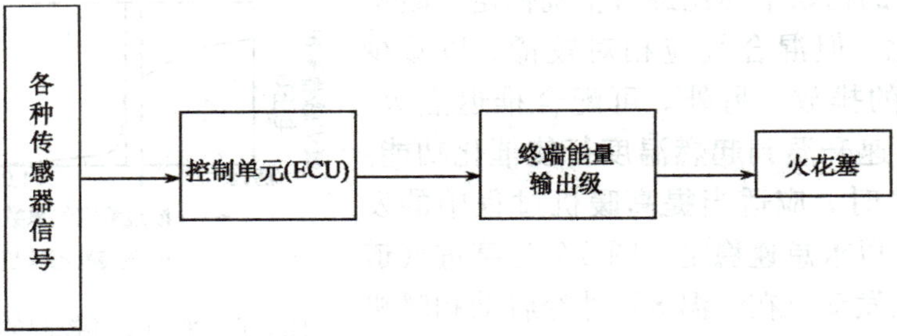

图 3-8　无分电器微型计算机控制点火系的组成简图

电控点火系统主要通过控制点火提前角和火花的质量对排放产生影响。

1. 点火提前角的控制

点火提前角 θ_g 会影响发动机输出功率、燃油消耗量、汽车驱动性能和燃烧生成的有害排放物。因此电控点火系统的点火提前角对多种影响因素进行了优化，如：冷却液温度、进气温度、混合气空燃比、爆燃、混合气中的氧含量、启动工况、过热工况和加减速工况等，图 3-9 为一台车用汽油机在部分负荷下，点火提前角对燃油消耗率和有害排放物影响的示例。

由图 3-9 可知，NO_x 的排放除受空燃比的影响外，点火提前角的影响也很明显。减小点火提前角，既可以降低缸内气体的最高燃烧温度和最高燃烧压力，也可以缩短后燃产物的反应时间，这可以降低 NO_x 排放。试验证明，点火提前角减小，会使做功后期的燃气温度升高，排温升高，催化剂起效快，使不完全燃烧产物 HC、CO 等排放降低。但减小点火提前角会降低汽油机的热效率，使汽油机的动力性和经济性受到影响。无论点火提前角大或小，最低燃油消耗率所对应的过量空气系数均在 1.1 左右。

对排放污染物进行分析与控制时，还要综合考虑影响它们生成的其他因素，以修正点火提前角。如暖机修正（冷却液温度低），应增大点火提前角；过热修正

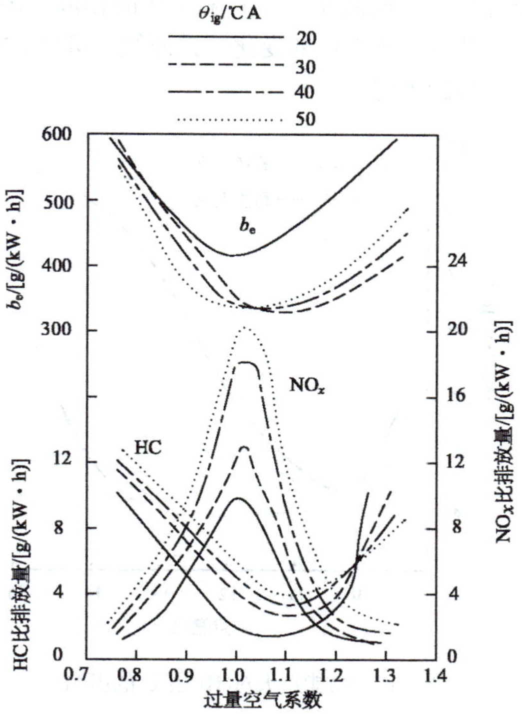

图 3-9　部分负荷下点火提前角对燃油消耗率 b_e 和 HC、NO_x 的影响

(避免产生爆燃)，应减小点火提前角；怠速稳定修正（实际转速高于怠速目标转速时)，应减小点火提前角；空燃比反馈修正（当反馈修正油量减少导致混合气过稀时)，应增大点火提前角，反之减小。特别是在考虑点火提前角对 NO_x 的生成的影响时，不能忽略设定点火提前角下的混合气空燃比，过浓与过稀混合气均不易生成 NO_x，只有当混合气空燃比略大于化学计量比时，NO_x 生成量才最大。当考虑一定负荷下的 CO 排放时，就必须把空燃比作为主要因素。另外，点火提前角过小对 CO 排放不利。

点火闭合角直接影响初级线圈电流和点火能量的大小，对点火闭合角的控制信号主要来自于发动机转速。

爆燃控制主要指 ECU 接收爆燃传感器的信号后，按一定程序自动推迟点火。有了这种功能，电控点火系统才可以使用大点火提前角，以改善发动机的动力性和经济性。

2. 高能点火

电控点火系统一般使用高能点火，一方面适应稀燃系统中电极间隙较大的火花塞，一方面适应现代发动机启动、怠速及突然加速时较高的点火能量的需求。高能点火有助于提高燃烧速率，减小循环变动，降低混合气较稀时的失火概率，使发动机可以燃用稍稀的混合气，从而减小了 HC 和 CO 的排放。图 3-10 所示为高能点火和普通点火时 HC 排放量随空燃比的变化关系曲线。可见，在怠速工况时，高能点火使 HC 排放有了明显的下降。

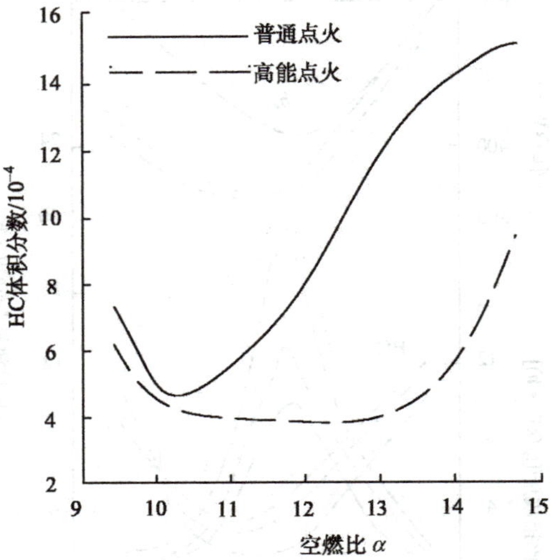

图 3-10　高能点火对 HC 排放的影响

3.3　低排放燃烧系统

3.3.1　燃烧系统优化设计

1. 紧凑型燃烧室设计

不同的燃烧室形状会使汽油机性能有很大差别。汽油机要提高动力性、改善燃料经济性，燃烧室要尽可能紧凑，即燃烧室的面容比（A/V）要尽可能小。研究显示：紧凑的燃烧室散热损失小，火焰传播距离短，燃烧速率高。优化设计的燃烧系统可使汽油机的动力性、经济性和排放特性得到改善，具体表现为：

（1）紧凑的燃烧室可使燃烧时间缩短、燃烧迅速，这就能提高热力循环的等容度，提高热效率。快速燃烧技术与推迟点火提前角或排气再循环（EGR）等控制技术连用并匹配得当，可在降低排放的同时保证发动机的动力性和经济性。

（2）紧凑型燃烧室可以改善燃烧过程，使不完全燃烧产物 CO 排放量下降。A/V 的下降使表面冷激淬熄效应减少，使未燃 HC 排放量下降。

（3）紧凑型燃烧室可有效防止爆燃，这就使汽油机进一步提高压缩比成为可能。

（4）面容比 A/V 小，可减少燃烧过程中的散热损失，有利于提高热效率。

不足的是，紧凑型燃烧室的快速燃烧使最高燃烧温度上升，导致 NO_x 生成量增加。但是，快速燃烧又是采用 EGR 和推迟点火等技术降低 NO_x 排放量获得成功的必要前提。因此采用紧凑型燃烧室的快速燃烧，必须辅助优化的 EGR 和点火定时，才可能给出动力性、经济性、NO_x 排放之间的最佳折中。

紧凑型燃烧室对获得性能与排放之间的有利选择是十分重要的。因此，以往传统的浴盆形和楔形燃烧室越来越让位于半球形、帐篷形等面容比小、火焰行程短的紧凑型燃烧室。

2. 优化缸内气体流动

提高缸内混合气的涡流和湍流程度，有助于加强油气混合，保证油气的快速燃烧和完全燃烧。这是因为，静止或层流混合气中的火焰传播速度较低，一般不超过 1m/s，而湍流时的火焰传播速度可达到甚至超过 100m/s。

汽油机中加强气流运动的方法主要有加强进气涡流和采用挤气面设计。进气涡流的加强可以通过改进进气道形状或进气门上设置导板来实现。采用挤气面设计时，燃烧室内形成的气流运动是一种湍流扰动。现代发动机往往采用大挤气面。另外，适度的气流运动还可以改善燃烧时的循环波动，以减少 HC 排放量和保证发动机的动力性和经济性。

3. 优化压缩比

汽油机的压缩比是发动机最重要的结构参数之一，一般都是在燃料辛烷值允许的前提下尽可能采用较高的压缩比，以获得较好的动力性和经济性。但一味提高压缩比对排气不利，在这方面性能与排放是有矛盾的。压缩比提高使燃烧室更扁平，面容比 A/V 增大，导致未燃 HC 生成增加；压缩比提高使排气温度下降，未燃 HC 的后期氧化减弱，HC 排放量加大。高压缩比发动机最高燃烧温度较高，使 NO_x 生成量增加，热分解产生的 CO 也增多。传统的汽油机往往根据最易发生爆燃的工况（如最大负荷工况）选择压缩比，这样在其他常用中小负荷工况汽油抗爆性能并未得到充分利用。现代汽油机由于采用电控系统和组织了充分的燃烧过程而采用更高一些的压缩比，这就保证了大部分工况下能正常燃烧，而在少数工况下发生爆燃时，通过爆燃传感器的信号，ECU 可适当推迟点火来消除爆燃。

4. 减少缝隙容积

由于在活塞头部、火花塞和进排气门处存在着 A/V 很大的缝隙，这会由于壁面淬熄效应而产生大量 HC，导致排放恶化。因而在燃烧室和活塞组设计中应尽量减少这些缝隙容积。如采用高位活塞环等。

3.3.2 缸内直接喷射系统

缸内直接喷射（GDI）技术可以实现无节流或小节流的变质调节，减少节流损失，提高充量系数；降低缸内温度，使 NO_x 排放降低；进气管和进气道无燃油黏附现象，过渡性好，冷启动时的 HC 排放大大降低。

1. GDI 汽油机的特点

GDI 汽油机的油气混合主要依靠燃油喷雾能量和缸内空气湍流动能来实现，与缸内温度的高低关系较小，因此冷启动时不需过量供油，HC 排放将大大降低。另外，GDI 汽油机中的油料蒸发不是从气缸壁面吸热，而是从空气中吸热，这样混合气的温度就不会很高，因而使发动机充量系数增大，爆燃倾向减小，压缩比可适当增大。所以这种汽油机一般有高供油压力的汽油喷射泵和有很大喷雾锥角及贯穿距离的涡流喷嘴。涡流喷嘴安装在燃烧室内，汽油在涡流喷嘴内先形成涡流流动再被喷射到燃烧室内，与空气混合成可燃混合气被点燃做功。

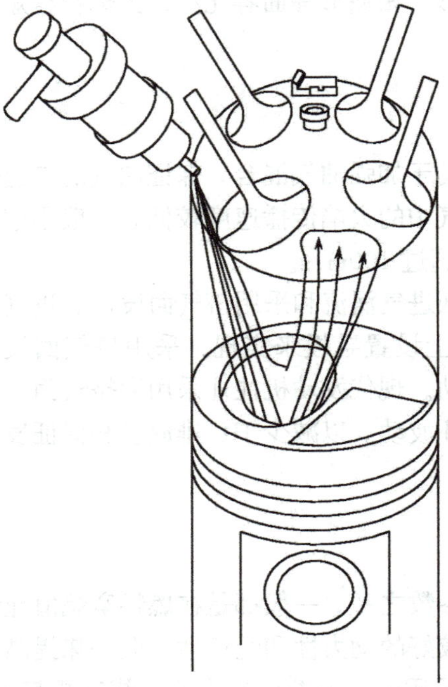

图 3-11　丰田汽油直喷燃烧系统

GDI 汽油机采用电控喷射，喷射时间可以按发动机工况优化调整，并且还可以通过充量的分层实现稀薄燃烧，降低污染物排放。

图 3-11 为日本丰田公司开发的可实现分层燃烧的 D-4 型 GDI 发动机结构示意图。它通过涡流、燃油喷雾和活塞顶面燃烧室凹坑的共同作用形成分层混合气。它在进气侧装有一个斜巢喷孔式的喷油器，向活塞顶面凹坑喷射出贯穿力很强、形状扁平的高压喷雾，利用喷雾自身具备的强动量完成燃料的输送。喷雾呈扇形，与空气接触面积大，能充分保证均质混合气燃烧时燃料与空气的混合。

2. GDI 汽油机存在的排放问题

(1) 稀燃区熄火，未燃 HC 排放较多。

即使采用了涡流和滚流的最佳匹配、喷油嘴和火花塞位置的优化以及活塞顶部形状的引导等优化手段，在火花塞周围实现燃料均匀递稀的理想分层也难以形成，燃烧着的火焰碰到极稀的混合气区域会熄灭，造成大量未燃 HC 生成。特别是汽油机处于中小负荷工况时，缸内温度偏低，不利于未燃的 HC 后期氧化，造成 HC 排放增加。

(2) NO_x 排放较多。

因为分层燃烧时火花塞周围的高温区域内混合气局部过浓，使 NO_x 生成增加，现代汽油机较大压缩比的采用和高放热率也会造成大负荷工况 NO_x 增多。试验证明，稀薄燃烧再配合使用 EGR 及富氧还原催化器可使 NO_x 排放降低。

（3）微粒排放较高。

缸内直喷式汽油机的微粒排放在一些特殊工况（如小负荷、过渡工况和冷启动）条件下有一些增加。原因可能是这些工况下缸内温度偏低，造成局部区域混合气过浓，还有可能是有类似于柴油机的液态油滴扩散燃烧，导致了微粒的增加。

3. GDI 汽油机的排放对策

GDI 汽油机大负荷时 NO_x 排放高，启动和小负荷时微粒、HC 和 CO 排放也较高。要想解决此问题，就必须采取其他方法。于是，缸内直喷稀薄燃烧汽油机（GDI 发动机）应运而生。

GDI 发动机的基本原理是：在部分负荷时采用混合气的分层化实现超稀薄燃烧，得到同柴油机一样低的燃油消耗率；在高负荷时采用预混合汽油机的均匀混合，得到高功率特性的理想汽油机。

GDI 发动机所采用的净化技术主要目标是降低 HC 和 NO_x 的排放量。该净化技术主要由以下四项技术构成：①采用二阶段燃烧，提前激活催化剂；②采用反应式排气管；③大量 EGR；④使用稀 NO_x 催化剂。图 3-12 所示为三菱公司的 GDI 汽油机排放控制措施示意图。

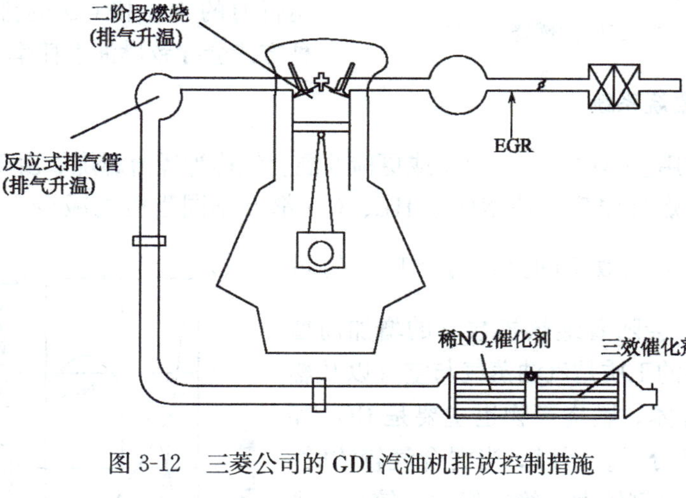

图 3-12　三菱公司的 GDI 汽油机排放控制措施

二阶段混合如图 3-13 所示，它采用两次喷油，第一次在进气行程，目的是在缸内生成稀均质混合气，第二次在压缩上止点前，目的是产生分层混合气。两次喷油的好处在于既能抑制敲缸还能减少碳烟排放。因为第一次喷射的是稀均质混合气不可能产生敲缸，第二次喷射的燃油在缸内停留时间短，不能完成着火前的低温氧化反应。同时，第一次喷射过程中产生的过氧化物将支持燃烧分层燃烧过程中产生的碳烟，此时的高温碳烟将成为点火源，将自己燃尽。NO_x 的排放仍依靠稀 NO_x 催化系统来完成。

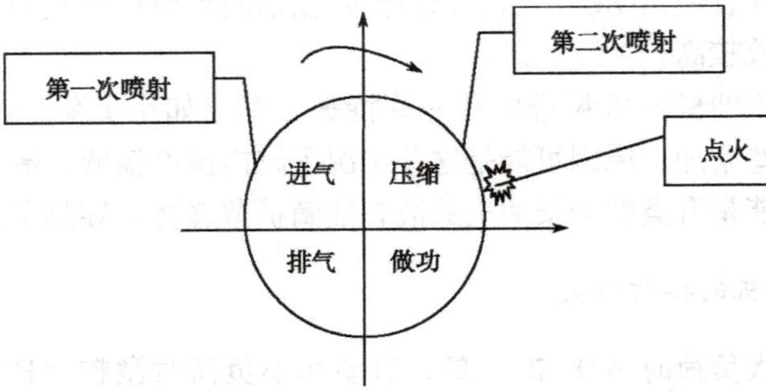

图 3-13　二阶段混合示意图

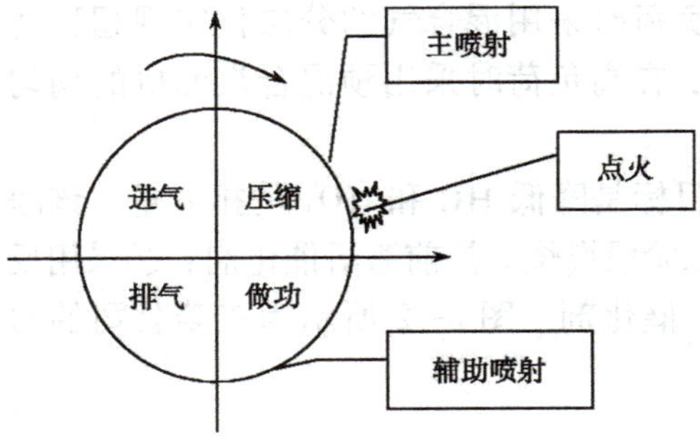

图 3-14　二阶段燃烧示意图

二阶段燃烧如图 3-14 所示。也采用两次喷油，一次在压缩行程，称为主喷射；一次在做功行程后期，称为辅助喷射。采用辅助喷射的目的是首先使催化剂加热促进 CO 燃烧，然后利用 CO 燃烧产生的高温，再使 HC 燃烧。这样可以减少冷启动和小负荷运行时的 HC 和 CO 的排放。但是此种方式会导致燃油消耗率增加。

3.3.3　稀薄燃烧系统

汽油机燃用空燃比大于 18：1 或更稀的混合气称为稀薄燃烧，由于采用稀的混合气可以降低燃烧温度，使 NO_x、HC、CO 都有不同程度的减少，如图 3-15 所示。由理论循环热效率的公式 $\eta_t = 1 - \frac{1}{\varepsilon^{\kappa-1}}$ 可知，热效率 η_t 会随着绝热指数 κ 的增加而增加。汽油机中的工质是汽油蒸气与空气以及燃烧产物的混合体，燃烧产物也主要是 CO_2 和 H_2O 等多原子分子。所以，当混合气较浓时，多原子成分的比例较大，绝热指数 κ 较小，当混合气较稀时，绝热指数 κ 增大，热效率也越高。

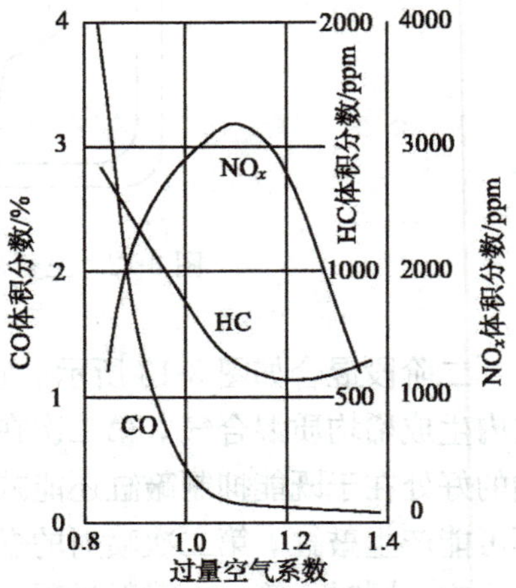

图 3-15　汽油机排气污染物与过量空气系数的关系

1. 稀薄燃烧对排放的影响

1）稀薄燃烧对 CO 排放量的影响

理论上，汽油燃料完全燃烧的产物应为 CO_2 和 H_2O，不产生 CO。但采用稀薄燃烧的汽油机燃料与空气混合不均匀，燃烧空间内有局部缺氧或局部温度较低的地方，也有反应物在燃烧区域反应时间不足等情况，造成排气中仍存在较多的 CO。排气中 CO 的浓度主要受过量空气系数 ϕ_a 的影响，稀薄燃烧的 ϕ_a 一般在1.5～3 之间。转速与负荷对 CO 的影响也基本是通过影响 ϕ_a 的值起作用的。所以采用稀薄燃烧后，CO 的排放可以得到有效控制。

2）稀薄燃烧对 HC 排放量的影响

稀薄燃烧汽油机的 HC 都是在缸内的燃烧过程中产生的，主要来自于燃烧过程中未燃烧或未完全燃烧的 HC 燃料。在实际空燃比稍大于理论空燃比的情况下，尾气中未燃 HC 的含量较少，但是当空燃比小于或大大超过理论空燃比的时候，未燃 HC 的排放量就会提高，如图 3-15 所示。但错过发动机燃烧过程的 HC，大部分不会原封不动地排放到空气中。那些被“冻结”在淬熄层、缝隙区、润滑油膜和沉积物中的 HC，会重新扩散到高温的主流燃气中被氧化（有些是部分氧化）。根据 HC 气相氧化总量反应动力学，提高发动机最高排气温度和推迟点火都会降低 HC 排放。另外，HC 的排放量随着空燃比的增大而减少，但当空燃比过大时，HC 的排放量会大大增加。所以只有恰当地稀薄燃烧才可以改善 HC 的排放。

3）稀薄燃烧对 NO_x 排放量的影响

在发动机排放的氮氧化物中绝大部分是 NO，它的生成在稀混合气时温度起支配作用，在浓混合气时氧浓度起决定作用。因此稀薄燃烧的 NO_x 生成量主要与温度有关，同时它也与空燃比（混合气浓度）和点火定时有关。如图 3-15 所示，在理论空燃比右侧某位置，NO_x 的排放量最多，而高于或低于这一位置时，温度下降的效果占优势，NO_x 的排放量降低。NO_x 排放量的峰值出现在 $\phi_a \approx 1.1$ 的略稀混合气中。没有强烈的湍流时，最高的 NO 浓度出现在火花塞附近。减小点火提前角，可降低缸内最高燃烧压力值，减小 NO 的生成速率，降低 NO_x 排放。稀薄燃烧中，最先燃烧的滞燃期内预混合燃烧的混合气量对 NO 的生成有很大影响。因为它们被压缩时温度会升高，从而增加 NO 的生成量。

2. 实现稀薄燃烧的具体措施

稀薄燃烧能降低有害排放同时提高热效率，然而，要使发动机在稀混合气下运转，必须改进燃烧系统。同时，由于稀燃发动机排气恶化了氧化条件，使三元催化转化器不能有效工作，必须配合使用其他技术措施才能使排放达到要求。

首先想到的是改进燃烧室的形状和提高压缩比，目前所使用的燃烧室都趋向于紧凑化，压缩比都较高。具体实施时结合已有的控制系统如排气再循环等对排气中的污染物进行控制。在新技术条件下又综合采用了高精度空燃比控制技术、可变涡流控制系统、分层燃烧等技术来保证充气效率、涡流强度、适燃混合气等，为低污染物排放提供技术支持。

图 3-16 为福特公司 PROCO 稀薄燃烧系统示意图。其为螺旋式进气道，喷射

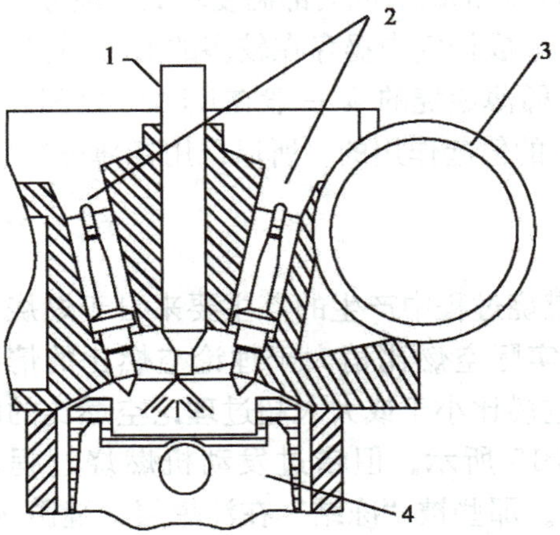

图 3-16　福特 PROCO 稀薄燃烧系统
1-喷油器；2-火花塞；
3-低热惯性排气歧管；4-活塞

时汽油直接喷到燃烧室。喷油器在中间位置，其两侧各有一个火花塞。喷入气缸的燃料雾化时需要吸收热量，造成缸内混合气温度下降。因此此燃烧系统可采用高压缩比（ε＝15）和稀薄燃烧（空燃比为25∶1）。

3.3.4　分层燃烧系统

内燃机工作过程中，当混合气过稀时，即使采用高能点火系统，由于在微小点火体积内的燃料太少，产生的热量也少，不足以支持火焰正常传播，会导致失火。但是只要已经形成了火焰，即使相当稀的混合物气，也能正常燃烧。分层燃烧的主导思想是采用某种方式使混合气在燃烧室空间按一定浓度梯度分布，保证点火瞬间在火花塞附近有较浓的、容易着火的混合气，而其他地方混合气浓度较稀，从而实现由浓到稀的梯度燃烧过程。目前实现汽油机分层燃烧分成两大类：进气道喷射的分层燃烧和缸内直喷分层燃烧。其中进气道喷射的分层燃烧方式又分为轴向分层和横向分层两种，即涡流分层燃烧系统和滚流分层燃烧系统。

1. 轴向分层稀燃系统

这种系统的工作原理如图 3-17 所示。首先，其进气管能使进入的空气形成很强烈的进气涡流；当进气行程中进气门开启接近最大时，进气道上的喷油器喷油，

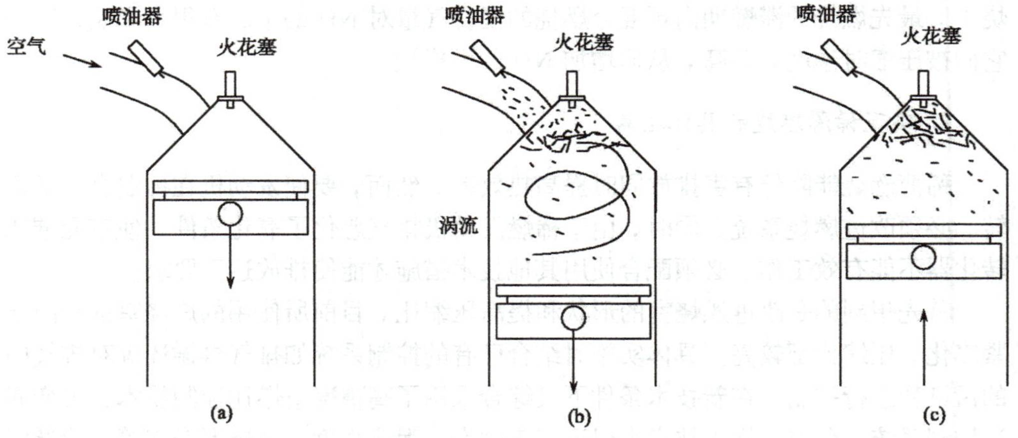

图 3-17　轴向分层稀燃系统

燃料在涡流作用下，沿气缸轴向产生上浓下稀的分层。这种分层一直维持到压缩行程后期，保证了在火花塞附近是较浓的混合气，而沿气缸轴向由上向下螺旋状浓度递减。此分层燃烧系统可在空燃比为 22 的条件下工作，燃油经济性也有大幅度提高。

2. 横向分层稀燃系统

横向分层稀燃系统利用滚流来实现。进气过程中形成的绕垂直于气缸轴线方向旋转的有组织的空气旋流，称为滚流，也称纵涡。运动着的滚流在压缩行程上止点附近破碎成许多小尺寸的涡流和湍流，这可以促进混合气燃烧过程的改善。图 3-18 为四气门汽油机横向分层燃烧系统示意图，其在一个进气道喷射的汽油生成浓混合气，在滚流的引导下经过中间位置的火花塞，火花塞两侧为纯空气，活塞顶为有助于生成滚流的曲面。滚流在压缩上止点附近形成的湍流强度，比进气涡流大，比普通进气大得更多。

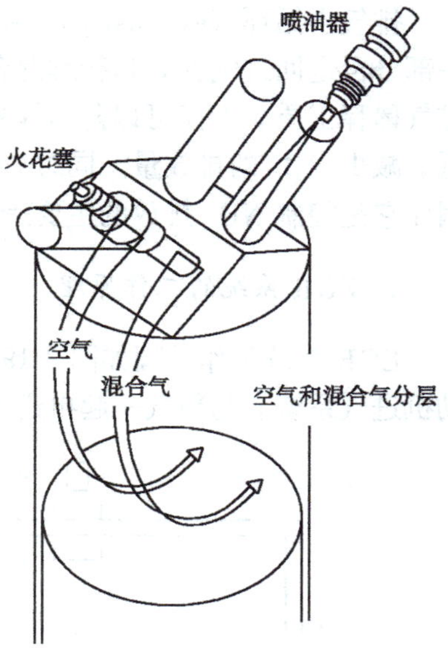

图 3-18　横向分层稀燃系统

3. 缸内直喷分层稀燃系统

缸内直喷分层稀燃系统主要依靠形成由火花塞处向外扩展的由浓到稀的混合气来实现。实现方法主要有三种，一是借助于燃烧室形状的壁面引导方式，二是依靠气流运动的气流引导方式，三是依靠燃油喷雾的喷雾控制方式。前两种方式都较易形成附着在气缸壁面的油膜，引起 HC 排放增加。后一种燃烧方式与喷油器的喷雾特性和喷油时刻关系密切，控制的难度要大一些，否则易发生燃烧不稳定和失火、低负荷时 HC 排放高、高负荷时 NO_x 排放高等不利情况。

采用缸内直喷分层稀燃的发动机一般采用复合控制模式，部分负荷时在压缩行程后期喷油，实现分层燃烧，空燃比可达 25～40；高负荷时在进气行程早期喷油，采用均质燃烧，空燃比为 20～25 或理论值，或最大功率空燃比。

综上所述，分层燃烧符合混合气从形成到点燃到燃烧发展的规律，可以降低尾气有害物排放，提高发动机的经济性和动力性。但这还不够，人们已经意识到了结构改进、燃烧过程优化及新电子控制技术协同运用的重要性，正一步步摸索和实践，以求进一步改善发动机的排放性能。

3.3.5　均质充量压缩燃烧系统

均质充量压缩着火燃烧（homogeneous charge compression ignition，HCCI）

是一种以火焰传播燃烧的新型燃烧方式，既具有传统火花点火汽油机的均质混合特质，也具有传统压燃柴油机的高效率，因此具有实现高效、低排放的巨大潜力。详细内容见本书第 8 章。

3.4 低排放进排气系统

3.4.1 排气再循环系统

排气再循环（exhaust gas recirculation，EGR）技术是将发动机排出的废气的一部分再送回进气管，和新鲜混合气混合后再次进入气缸参加燃烧的技术。它利用排气稀释工质，不仅可以降低泵吸和传热损失、提高热效率，还能使燃烧温度降低，减少 NO_x 的排放量。同时，它与三效催化转化器结合能得到更好的排放效果。因而它是控制 NO_x 排放的主要措施。

1. EGR 系统的工作原理

EGR 系统工作原理如图 3-19 所示，它将发动机排出的一部分废气重新引入发动机进气系统，与新气一起再进入气缸燃烧。

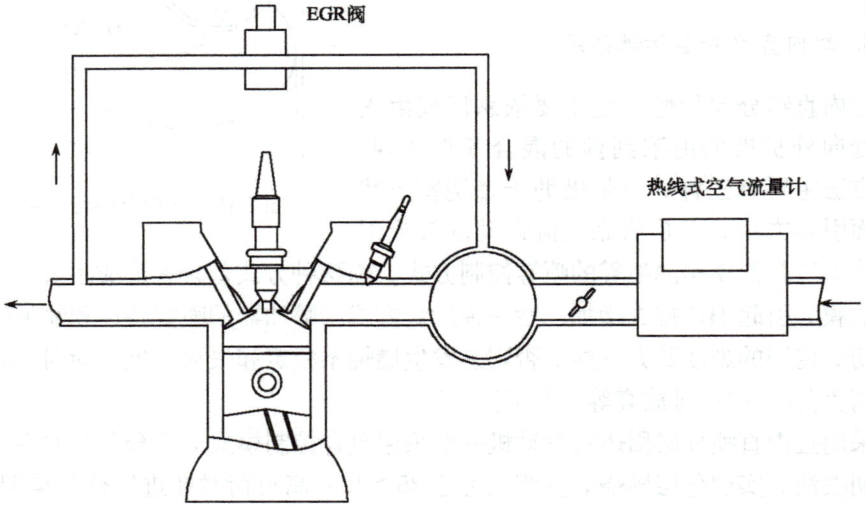

图 3-19　EGR 系统工作原理

NO_x 是在高温和富氧条件下 N_2 和 O_2 发生化学反应的产物。燃烧温度和氧浓度越高，持续时间越长，NO_x 的生成物也越多。废气中氧含量很低，主要由惰性气体 N_2 和 CO_2 构成，一部分废气由 EGR 阀流入进气道与新气混合，稀释了新气当中的氧浓度，导致燃烧速率降低；同时废气中的主要成分为三原子气体，这会提高新气的比热容，这两种原因都使燃烧温度降低，可以有效抑制 NO_x 的生成。另外，加热这种掺入废气的混合气所需要的热量较大，在燃料燃烧放出的热量不变的情况下，最高燃烧温度可以降低，也会抑制 NO_x 的生成，降低 NO_x 的排放。

2. EGR 系统的控制策略

废气混入的多少用 EGR 率表示，定义式为

$$\text{EGR 率} = \frac{\text{EGR 气体流量}}{\text{吸入的空气量} + \text{EGR 气体流量}} \times 100\%$$

随着 EGR 率的增加，燃烧速率下降，燃油经济性恶化，转矩下降。EGR 率过大时，燃烧速率太慢，燃烧开始不稳定，失火率增加，HC 排放上升；EGR 率过小，NO_x 排放达不到要求，易产生爆燃和发动机过热等。因此，必须对 EGR 率进行适当控制，使之在各种不同工况下，得到各种性能的最佳折中，实现排放污染物的控制目标。

对 EGR 系统的控制要求如下：

(1) 怠速、小负荷、暖机前期的冷机过程时，NO_x 排放浓度低，为防止破坏燃烧稳定性，保证正常燃烧，不进行 EGR。

(2) 在微加速或低速巡航控制期间，使用小 EGR 率，既减少 NO_x 的排放量，也可保持较好的发动机驱动性能。

(3) 中等负荷时，采用大 EGR 率，可大大减少 NO_x 的排放量。并且随负荷的增加，EGR 率还可适当增加。

(4) 大负荷、高速工况，为保证发动机的动力性，通常不进行 EGR 或减少 EGR 率。

(5) 为了得到 EGR 的最佳效果，应保证各缸的 EGR 率一致。

(6) EGR 率对 NO_x 排放的影响还受到空燃比和点火提前角等因素的影响，在对 EGR 率控制时，应同时对点火定时等进行综合控制，才能达到理想的控制效果。

3. EGR 率对汽油机排放与性能的影响

采用 EGR 技术能有效降低汽油发动机的 NO_x 排放，但过度的 EGR 会导致混合气的着火性能和发动机的输出功率下降，影响发动机的正常使用。图 3-20 是 EGR 率与燃油经济性和排放的关系曲线。由图看出，EGR 率由 0 增加到 20% 时，NO_x 排放量下降很快；当 EGR 率超过 20% 时，NO_x 排放量下降缓慢，此时由于发动机燃烧不稳定，工作粗暴，燃油经济性变差，HC 排放量增加。试验证明，EGR 率对排放和油耗的影响还跟空燃比和点火提前角有关。图 3-21 为不同空燃比时，不同 EGR 率与燃油经济性和污染物排放量的关系曲线。图 3-22 为 EGR 率与点火提前角的关系曲线。由图可知，在进行 EGR 时，不仅要考虑 EGR 率的大小对发动机燃油经济性和发动机排放性能的影响，同时也必须综合考虑空燃比、点火提前角等其他因素对发动机动力性、经济性和排放性能的影响。在增大 EGR 率时，适当增加点火提前角，进行综合控制，就能得到较好的燃油经济性和排放性

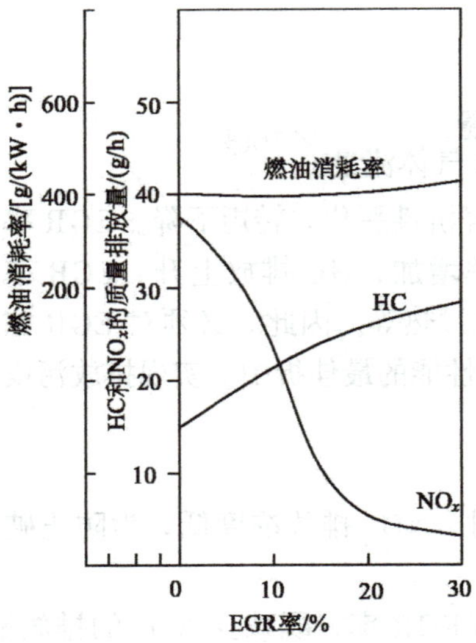

图 3-20　EGR 率对燃油经济性和排放的影响

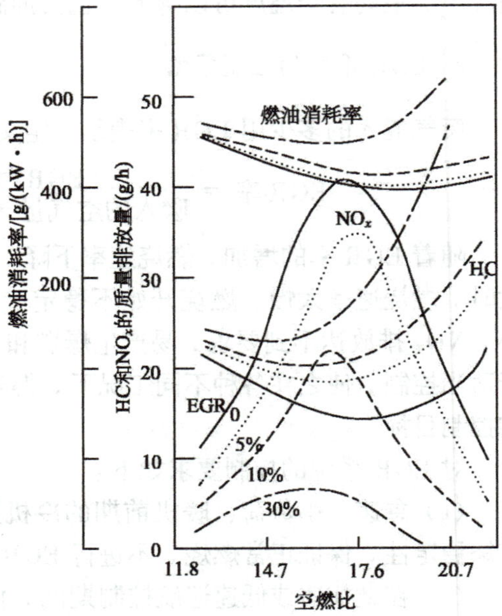

图 3-21　不同空燃比时 EGR 率对燃油经济性和排放的影响

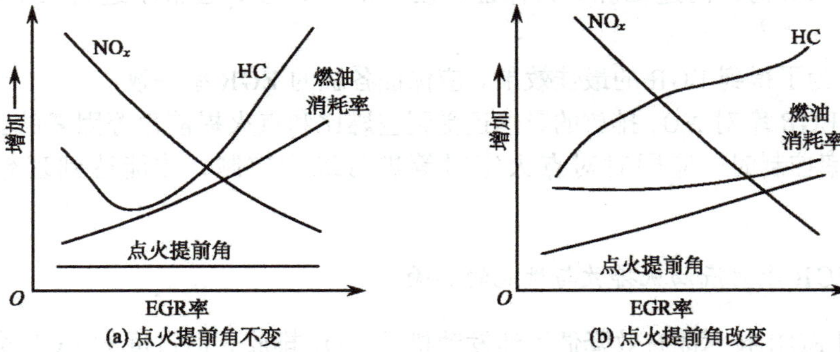

(a) 点火提前角不变　　(b) 点火提前角改变

图 3-22　EGR 率与点火提前角的关系

能。同时利用先进的电子控制技术对 EGR 率进行反馈信号的闭环控制，效果会更好。

目前成熟的电子闭环控制 EGR 技术已能成功实现 20% EGR 率而能保证较低的 NO_x 排放和 HC 排放。即使不采用 NO_x 后处理，也能满足我国现行排放法规对 NO_x 限值的要求。但同时可以看到，EGR 技术增加了进气温度，降低了充气效率，恶化了燃油经济性。因此就有人提出了冷 EGR 技术，即用于再循环的废气先经冷却器冷却后再送人进气道，这样就可以降低进气温度，在有利于降低 NO_x 排放的同时，改善燃油经济性和排气微粒量。需提出的是：直接采用发动机冷却液冷却，温降有限，最好采用其他冷却方式，如空气直接冷却等。

4. 内部 EGR

与外部回流 EGR 相对应，通过配气相位重叠角实现不充分排气以增大滞留于缸内的废气量（即增大残余废气系数），这种方法被称为内部 EGR。废气量取决于重叠角的大小，这样发动机不需要进行大的改进。但内部 EGR 率的控制比较困难，而且对新鲜混合气的加热作用较强，除影响进气充量外，还会造成压缩终点温度和燃烧温度的提高，导致降低 NO_x 排放的效果变小。这种方法适用于高比功率发动机，因为此机型有较好的充气性，气门重叠角也较大，因此，NO_x 的排放量会相对较低。但是，过大的重叠角仍然会使发动机燃烧不稳定、失火和 HC 排放量增加。

3.4.2 可变气门定时和升程技术

可变气门定时和升程（VVTL）技术在 20 世纪 90 年代得到了广泛的关注和研究。此技术在发动机高速运行时可增加气门升程和开启的持续角度，提高动力性；低速小负荷时可关掉某些气门，提高燃油经济性；还可方便地利用进气效应提高充量系数；怠速时减小气门重叠，提高怠速稳定性；低速时锁定一个气门，增加涡流；可以调节气门重叠，改变内部 EGR 量；减小泵吸损失。从而改善汽油机的动力性、经济性和排放等性能。

VVTL 包含两方面的技术，即配气定时可变（VVT）和气门升程可变（VETC）。

1. VVTL 技术简介

1）可变配气定时电子控制（VTEC）机构

研究表明，发动机转速不同，要求有不同的配气定时。这是因为：发动机转速改变，进气流速和废气流速也随之改变，在气门晚关期间利用气流惯性增加进气和促进排气的效果会有所不同。发动机低速运转时，气流惯性小，若此时配气定时保持不变，则部分进气将被活塞推出气缸，使实际进气量减少，气缸内残余废气将会增多；发动机高速运转时，气流惯性大，若此时增大进气迟后角和气门重叠角，则会增加进气量、减少残余废气量，使发动机的换气过程趋于完善。总之，现代汽车用四冲程发动机的配气定时应该进气迟后角和气门重叠角随发动机转速的升高而加大。如果气门升程也能随发动机转速的升高而加大，则将更有利于获得良好的发动机高速性能。本田 VTEC 时机构如图 3-23 所示。

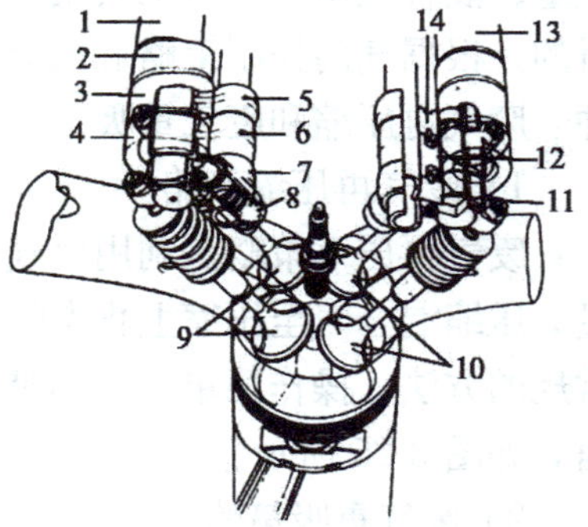

图 3-23　本田 VTEC 机构组成

1-进气凸轮轴；2-第一低速凸轮；3-高速凸轮；4-第二低速凸轮；5-第一摇臂；6-中间摇臂；7-第二摇臂；8-空动弹簧；9-进气门；10-排气门；11-液压活塞 A；12-液压活塞 B；13-排气凸轮；14-限位活塞

2）全可变气门技术

全可变气门技术采用一套全可变气门机构（fully variable valve actuation）来实现。

图 3-24 所示为全可变气门机构简图。它由两套可变升程机构（Valvetronic 系统）和两套可变相位机构（Vanos 系统）组成。两套可变升程机构对称布置，两套可变相位机构装配在凸轮轴上，通过改变凸轮轴和曲轴的相对角度来实现相位的调整。凸轮轴通过链条由发动机曲轴驱动。

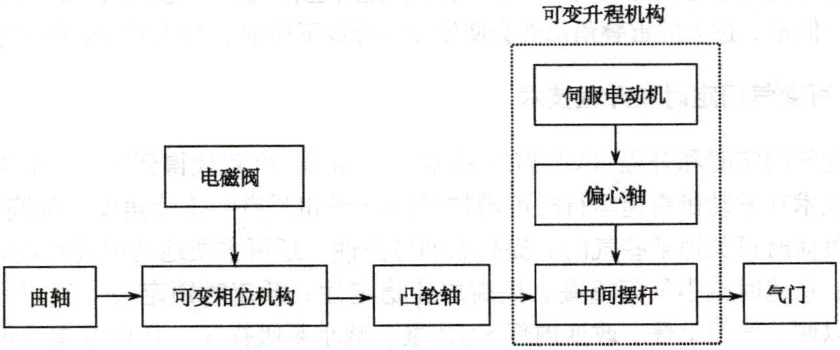

图 3-24　全可变气门机构简图

2. VVTL 技术的废气控制策略

可变气门控制技术结合汽油机均质压燃（HCCI）燃烧策略来实现低排放。通过改变气门定时可以控制内部残余废气再循环的比例（残余废气率），从而控制进气量、混合气温度以及工质成分等参数，以达到控制混合气着火时刻和燃烧速度的目的。根据气门控制策略和残余废气供给方式的不同，废气控制策略可以分为两种：废气再压缩和废气重吸。

1）废气再压缩策略

废气再压缩策略是利用负气门重叠角将热废气留在缸内，用于加热冷的新鲜充量，压缩混合气至压缩上止点附近达到自燃着火温度，引起自燃。这种方法是比较常规的方法，操作简单，只需要使用小的气门升程和持续期即可实现负气门重叠角，如图 3-25 所示。

2）废气重吸策略

废气重吸策略是将排出去的废气重新吸入气缸内，主要用两种实现方法：一是排气门在进气过程中打开，将排出的废气重新吸入缸内；二是进气门在排气过程打开，一部分废气进入进气道，在进气过程中再次吸入。

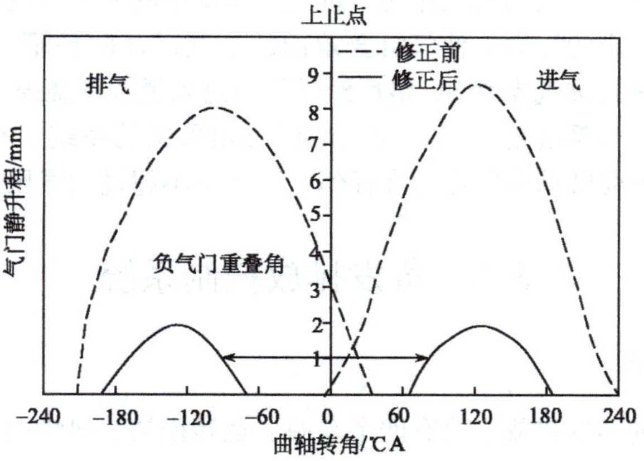

图 3-25　负气门重叠角策略

3.5　曲轴箱排放控制系统

汽油机运转时，气缸内由燃料和空气构成的可燃混合气和燃烧后形成的已燃气体，在发动机工作循环的压缩过程、燃烧过程和膨胀过程会或多或少通过活塞组与气缸之间的间隙漏入曲轴箱空间内，称为窜气，也称为非排气污染物。一般在技术状态正常的情况下，窜气量相当于发动机总排气量的 0.5% ～1.0% 。这部分物质不及时清除，不仅会使机件受到腐蚀或锈蚀，使机油变质，也可能会使大量的 HC 和其他污染物污染环境。

气缸的窜气同时使发动机曲轴箱内产生压力。为防止曲轴箱压力过高，早期内燃机一般都通过机油加油口使曲轴箱与大气相通，进行“呼吸”，这就是开式曲轴箱通风系统。但因为汽油机采用预混合的可燃混合气，漏入曲轴箱的窜气中含有大量未燃 HC 化合物及不完全燃烧产生和少量 CO、NO_x 等有害物质，排入大气会造成污染。

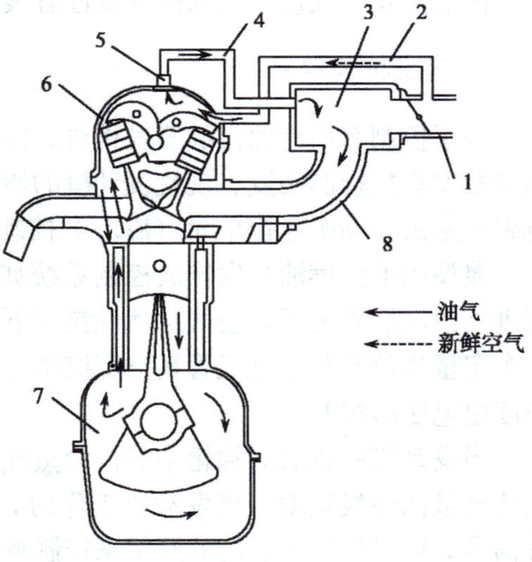

图 3-26　曲轴箱通风系统的组成

1-进气总管；2-通风管；3-稳压箱；4-回流管；5-PCV 阀；6-气缸盖罩；7-曲轴箱；8-进气支管

为了防止曲轴箱气体的危害，车用汽油机先后采用曲轴箱强制通风装置，或称闭式曲轴箱通风系统（PCV），把曲轴箱排放物吸入进气管，在气缸中烧掉。

图 3-26 所示为一个闭式曲轴箱通

风系统的结构实例。当发动机工作时，进气总管 1 中的部分气流经通风管 2 流入气缸盖罩 6 内产生一定的压力，使气缸盖罩内的油气以及曲轴箱 7 内的油气经 PCV 阀 5 和回流管 4 进入进气支管 8，最后经进气门进入燃烧室烧掉。

曲轴箱强制通风系统现在已成为汽油机必须采用的系统。有关的排放法规规定，该系统应保证曲轴箱中的压力在任何工况下都不超过大气压力。

3.6 蒸发排放控制系统

1. 燃油蒸发损失

车用汽油机的蒸发排放主要有四个来源：运转损失、热烤损失、昼夜损失和加油损失。

（1）运转损失是指汽车行驶时从发动机燃油系统逸出的燃油蒸气。对于设计正确且运行正常的汽车发动机，运转损失数量极少，一般可忽略不计。

（2）热烤损失是指汽车停止行驶时，发动机周围失去风扇和迎面风的冷却，发动机的残余热量使燃油温度升高而造成的蒸发损失。它主要发生在汽车停车后 1 小时或更短的时间内。传统汽油机中化油器的热烤损失较大。

（3）昼夜损失是指昼夜温差变化较大造成的燃油系统的蒸发损失。温差会造成燃油箱的呼吸（换气）现象，使油箱内的汽油蒸气逸出箱外。

（4）加油损失是指汽车在加油过程所造成的汽油蒸发损失，包括加油时油箱中汽油蒸气的溢出，加油时燃油液滴飞溅和燃油的泄漏。其中加油蒸发损失和飞溅泄漏损失数量较大。

汽油蒸发排放量与汽油的挥发性有很大关系。

2. 蒸发排放控制

为了控制车用汽油机的蒸发排放，国外从 20 世纪 70 年代起就开始研制并采用燃油蒸发排放控制装置。现代发动机的燃料蒸发排放控制系统已实现电子控制，其电磁阀是由发动机电控单元（ECU）控制的。

典型的电控燃油蒸发排放控制系统如图 3-27 所示，油箱的燃油蒸气通过单向阀进入活性炭罐上部，空气从活性炭罐下部进入清洗活性炭，在活性炭罐右上方有一个定量排放孔和受进气管真空度控制的真空控制阀，真空控制阀上部真空室的真空度由电磁阀控制。

当发动机停机后，油箱中的汽油蒸气经单向阀和汽油蒸气管进入活性炭罐，汽油蒸气被活性炭吸附。当发动机工作时，ECU 根据发动机转速、温度、空气流量等信号，通过控制电磁阀的开闭来控制真空控制阀上部的真空度，从而控制真空阀的开度。当真空控制阀打开时，利用进气管真空度将新鲜空气吸入活性炭罐，使吸附在活性炭上的汽油分子解吸，与清除空气一起进入发动机燃烧室烧掉。

发动机怠速或温度较低时，ECU 使电磁阀断电，关闭吸气通道，活性炭罐内

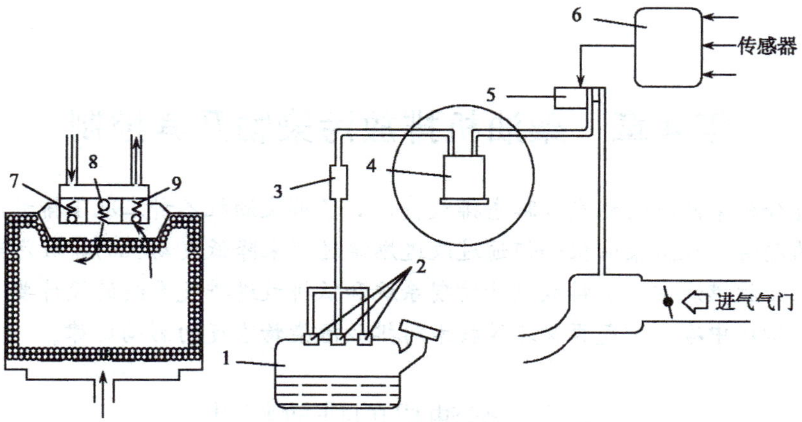

图 3-27　电子控制汽油蒸发排放控制系统

1-汽油箱；2-气-液分离器；3-双向阀；4-活性炭罐；5-电磁阀；6-电控单元；7-1 号电磁阀；8-2 号电磁阀；9-3 号单向阀

的燃油蒸气不能被吸入进气歧管。

活性炭罐是整个活性炭罐式蒸发排放物控制系统的核心。活性炭对物质吸附具有选择性，燃油蒸气通过活性炭时，其中的 HC 成分几乎完全被吸附，而空气则基本不被吸附。

汽油喷射发动机喷油装置的运转蒸发损失和热烤蒸发损失比化油器式发动机少得多，因此其蒸发排放控制主要针对燃油箱的昼夜损失，控制系统相应地较为简单。

习　题

3-1　什么是汽油机的稳态排放特性和瞬态排放特性？

3-2　汽油机的瞬态排放特性与稳态排放特性有什么不同？

3-3　汽油机电控燃油喷射（EFI）系统的闭环控制是如何实现的？

3-4　点火提前角如何影响汽油机的排放？

3-5　简述紧凑型燃烧室的优点。

3-6　简述缸内直喷稀薄燃烧汽油机（GDI 发动机）的基本原理。

3-7　什么叫稀薄燃烧？它对汽油机的排放有何影响？

3-8　简述实现稀薄燃烧的具体措施。

3-9　什么是分层燃烧？

3-10　什么是排气再循环（EGR）技术？简述 EGR 的控制策略。

3-11　什么是可变气门定时和升程（VVTL）技术？它包含哪些方面的技术？

3-12　什么是发动机的窜气？曲轴箱通风系统有哪些类型？

3-13　车用汽油机的蒸发排放来源有哪些？

第4章　柴油机排放污染物及其控制

通过分析柴油机的稳态和瞬态排放特性，了解柴油机各种工况下排放污染物浓度变化的趋势。理解柴油机如何通过改进燃烧过程来降低发动机的排放污染物。重点掌握低排放燃烧室、低排放燃油喷射系统和低排放进排气系统的设计要点，掌握多气门、增压中冷、排气再循环等技术对排放污染物浓度的影响规律。

4.1　柴油机的排放特性

由于柴油的黏度大、蒸发性差，所以主要依靠喷油器将柴油在高压下喷入气缸。柴油在气缸中分散成数以百万计的细小油滴，这些油滴在气缸内高温、高压的热空气中，经加热、蒸发、扩散、混合和焰前反应等一系列物理、化学准备，最后着火燃烧。由于每次喷射要持续一定的时间，一般缸内已经着火时喷射过程尚未结束，故混合气形成过程和燃烧会重叠进行，即边混合边燃烧。这种燃烧方式被称为“扩散燃烧”。

柴油机扩散燃烧产生污染物排放的根本原因在于燃油与空气混合不好。柴油机运转时，其平均过量空气系数 ϕ_a 即使在全负荷下一般也都在1.3以上，通常负荷下一般在2.0以上。在这样的 ϕ_a 下，如果达到理想的混合，是不可能生成碳烟的，NO_x 也不会生成很多。但在实际柴油机中，由于燃油与空气混合不均匀而导致多处局部缺氧，使得碳烟大量生成，同时存在很多 $\phi_a=1.0\sim1.2$ 的高 NO_x 生成区。所以，柴油机的排放控制要围绕改善燃油与空气的混合这一中心，防止易生成 NO_x 区域（$\phi_a=1.0\sim1.2$）和易生成碳烟区域（$\phi_a<0.6$）的大量出现。同时，要设法降低柴油机的HC排放量，因为除了气态HC本身的危害性外，重质HC也构成柴油机排气微粒的一部分。

相对于汽油机而言，柴油机由于过量空气系数比较大，CO和HC的排放量要低得多，但 NO_x 排放与汽油机在同一数量级，而微粒和碳烟的排放要比汽油机大几十倍甚至更多。因此，柴油机的排放控制重点是 NO_x 与微粒（包括碳烟），其次是HC。表4-1对车用柴油机和汽油机的排放进行了比较。

表4-1　柴油机与汽油机排放比较

有害成分	汽油机	柴油机
微粒/(g/m^3)	0.005	0.15～0.30
CO/%	0.1～6	0.05～0.50
HC/ppm	2000	200～1000
NO_x/ppm	2000～4000	700～2000

4.1.1 稳态排放特性

图 4-1～图 4-3 分别为 2.8L 排量的典型现代涡轮增压中冷直接喷射式车用柴油机的 CO、HC、NO_x 稳态排放特性图。

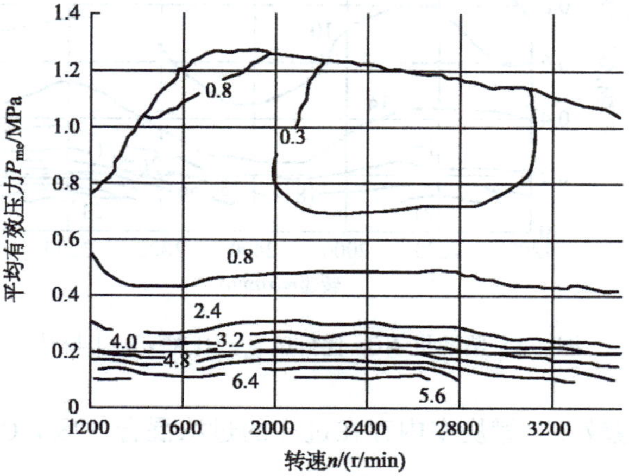

图 4-1 柴油机 CO 比排放 [g/(kW·h)] 特性

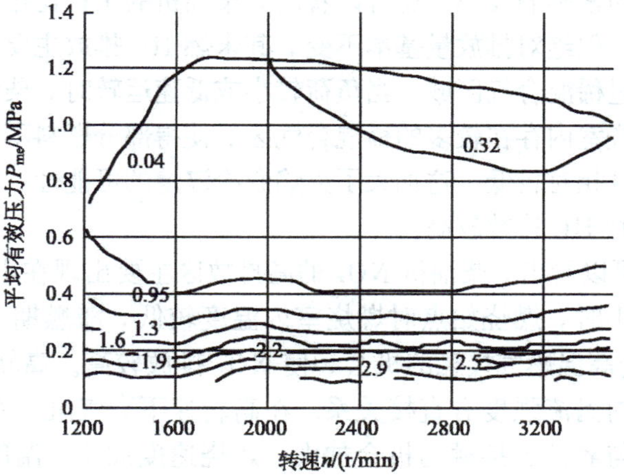

图 4-2 柴油机 HC 比排放 [g/(kW·h)] 特性

从图 4-1 可见，涡轮增压直喷柴油机在整个工况范围 CO 的排放都很少，在大多数工况下 CO 比排放量都比较小，这是由于涡轮增压直喷柴油机的空燃比非常大，不易生成 CO。在中速、中负荷工况下，柴油机的 CO 排放量最少。柴油机 CO 的高排放量出现在小负荷工况区，原因是由于柴油机循环供油量较少，燃烧室内存在较多过稀混合气区，燃烧反应速率慢，使火焰传播困难，CO 难以有效燃烧形成 CO_2。另外，在大负荷工况下柴油机 CO 的排放也不容忽视。在大负荷工况下，柴

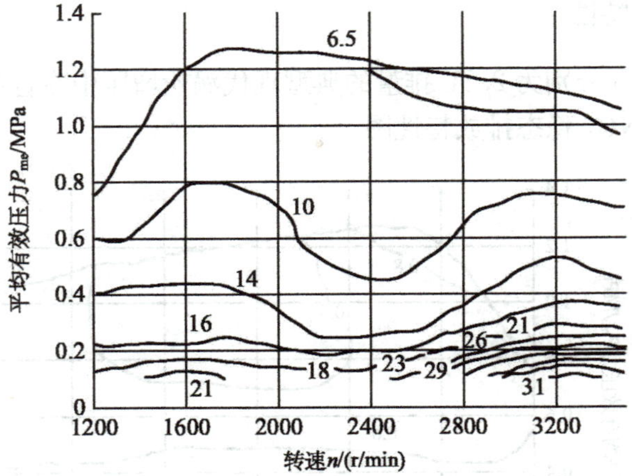

图 4-3　柴油机 NO_x 比排放［g/(kW・h)］特性

油机每循环供油量较多，燃烧室内存在过多的过浓混合气区，O_2 的缺乏使 CO 无法得到及时氧化。

从图 4-2 可见，柴油机未燃 HC 排放比汽油机要少得多，这是因为柴油机喷油压燃的工作特性使燃油停留在燃烧室中的时间比汽油机要短得多，从而受壁面淬熄、狭隙效应等因素影响较小。还可以看出，柴油机的 HC 比排放量基本上是随负荷的上升而下降，但绝对排放量基本不变，其未燃 HC 排放主要来自柴油喷注外缘混合过度造成的过稀混合气区域。当负荷较小或低速运转时，柴油机循环供油量较少。一方面，燃烧室内存在较多的稀混合气区，使得部分燃料不能及时燃烧；另一方面，燃烧室温度相对较低，这加大了火焰激冷淬熄的可能性，结果使柴油机低速或者小负荷运转时 HC 排放较高。

从图 4-3 中可以看出，柴油机 NO_x 的高排放区主要出现在小负荷和高速工况。当柴油机负荷较小时，燃烧始点时燃烧室内温度较低，滞燃期增长，混合时间加长，增大了 O_2 与高温燃气接触的机会，使 NO_x 排放较高。高转速工况下 NO_x 的高排放量与气缸内涡流强度有直接关系。在高转速下，气缸内存在较强的涡流水平，使高温燃气与氧分子接触的机会加大，燃烧速度加快，温度比较高，使 NO_x 大量生成，这在高速小负荷工况时尤为突出。

图 4-4～图 4-6 分别为该柴油机排气不透光度线性分度 N、微粒质量浓度和比排放特性。从图中可以看出，当转速不变时，不透光度线性分度 N 基本上是随着负荷增大而增大的，这主要和过量空气系数的下降有关。当负荷不变时，柴油机的不透光度线性分度 N 先降后升，在某一转速时达到最小值。微粒排放浓度由低速小负荷工况向高速大负荷工况增加，在接近最大功率时明显增加；微粒比排放量在小负荷和高速大负荷时较高。

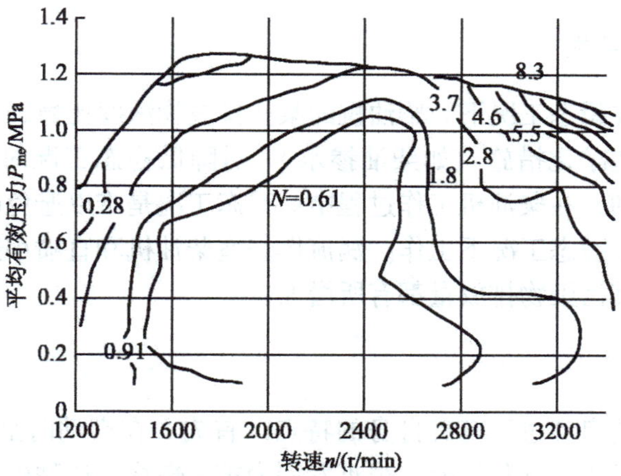

图 4-4　不透光度线性分度图

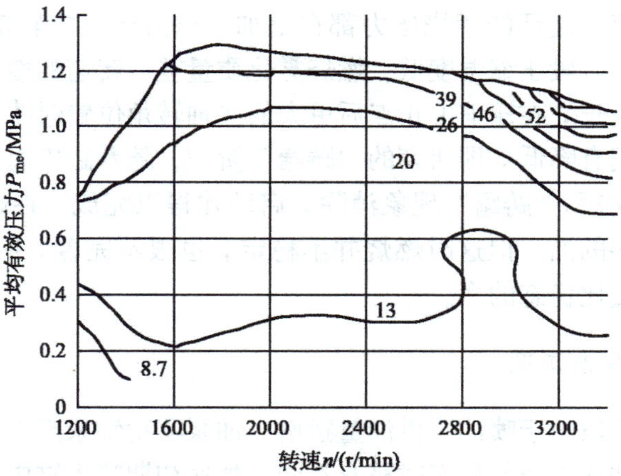

图 4-5　微粒质量浓度（g/m^3）

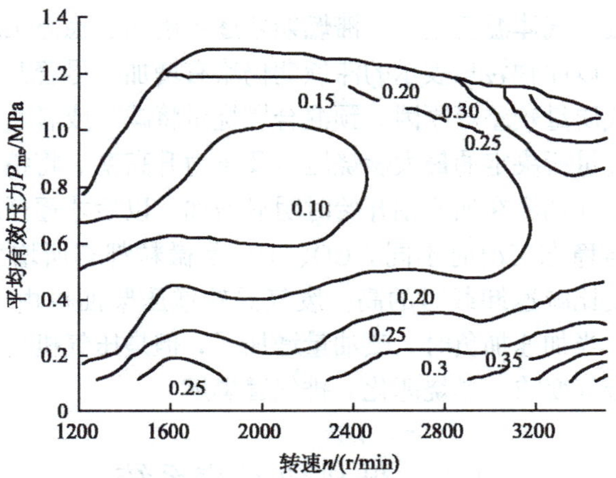

图 4-6　微粒比排放量［g/(kW·h)］

4.1.2 瞬态排放特性

试验表明，在瞬态工况下，柴油机的某些排放物浓度比稳态工况时高，有的竟高五倍以上。有些净化措施（如柴油掺水），对降低稳态工况时的排放物量有利，但对瞬态工况不利。在柴油机工作过程中，瞬态工况是难以避免的，如地下工程机械用柴油机常处于瞬态工况下工作。涡流燃烧室柴油机和直喷小缸径柴油机的启动都较难，启动时其污染物排放量都有所增加。

1. 启动工况

多缸柴油机的启动过程有其自身的特点。首先，在启动时缸内压缩温度很低，喷入缸内燃油的雾化、气化很差，很难发展为扩散燃烧，这种极不完善的燃烧使排放物量增加。柴油机启动过程包括若干加速阶段及转速“踌躇”阶段。在第一次加速的初期，每缸每个循环的燃烧压力都在增加，压力产生的转矩使柴油机转速增加，然而由于启动阶段压缩温度低、燃烧雾化质量差，转速的增加使以曲轴转角表示的滞燃期相对变长，在压缩上止点后更大的曲轴转角位置时才着火，导致柴油机转速不会增加或稍有降低，即所谓的“踌躇”阶段。随着缸内温度的升高，燃油雾化改善，滞燃期缩短，“踌躇”现象消除，启动才得以完成。在缸内初始条件较差时，必须供应较多的油，但这时燃烧并不稳定，也很不完善，因此 CO、HC 及微粒等有害物排放量比稳态的多。

2. 加减速等瞬态工况

在加速开始阶段由于喷油泵供油量猛增，油泵驱动轴系产生扭转变形，燃油喷射时间推迟，供油速率也与稳态时稍有不同。加速初期喷入缸内的燃油增加，而缸内气体温度升高缓慢，因此燃油汽化不能及时得到足够的热量，滞燃期变长。直到燃烧室壁温度及缸内气体温度上升，滞燃期才逐步趋向于稳态工况时的值，但由于柴油机转速增加，以曲轴转角表示的滞燃期仍略有增加。尽管开始加速时滞燃期增加，但由于混合气质量较差等原因，预混合燃烧量将减少或者基本不变，因此由滞燃期及预混合燃烧量所决定的最大燃烧压力及压力升高率，将稍有降低，以后才又逐步增加，因此排气烟度在加速刚开始时明显增加，以后才逐渐减少。小型柴油机瞬态工况的排放与稳态工况时不同，CO、HC 及微粒都有所增加，而且加速加载时增加的程度，要比减速卸载时的高。废气涡轮增压柴油机由于增压器转子的惯性，响应特性差，当加速加负时，喷油量增加了，但是压气机转速及供气量不能很快适应，因而混合气变浓，燃烧恶化，排气冒黑烟。

4.2 低排放燃烧系统

就燃烧过程来比较，柴油机远比汽油机复杂得多，因而可用于控制有害物生成的燃烧特性参数也远比汽油机复杂得多，这使得寻求一种兼顾排放、热效率等各种性能的理想放热规律成了柴油机排放控制的核心问题。为达到此目的，研究理想的喷油规律、理想的混合气运动规律以及与之匹配的燃烧室形状是必需的。

然而，降低柴油机 NO_x 排放和微粒排放之间往往存在着矛盾。一般有利于降低柴油机 NO_x 的技术都有使微粒排放增加的趋势，而减少微粒排放的措施又可能使 NO_x 排放升高。尽管如此，近年来，柴油机排放控制技术还是取得了很大的进展，研制出了一些低排放、高燃油、经济性的柴油机，这些机型不用任何后处理装置即可以达到较高的排放法规要求，显示出柴油机机内净化技术的巨大潜力。表 4-2 给出了降低柴油机 NO_x 和微粒排放的相关技术措施。

表 4-2　降低柴油机 NO_x 和微粒排放的技术措施

技术对策	实施方法	主要控制对象
燃烧室设计	设计参数优化、新型燃烧方式	NO_x、微粒
喷油规律改进	预喷射、多段喷射	NO_x
进排气系统	可变进气涡流、多气门	微粒
增压技术	增压、增压中冷、可变几何参数增压	微粒
排气再循环（EGR）	EGR 系统、中冷 EGR 系统	NO_x
高压喷射	电控高压油泵、共轨系统、泵喷嘴	微粒
选择性催化还原	选择性催化还原器	NO_x

需要指出的是，每种技术措施在降低某种排放成分时，往往效果有限，过度使用则会带来另一种排放成分增加或动力性、经济性的恶化，因而在工程实际中常常是几种技术措施同时并用。

下面从燃烧室、燃油系统和进排气系统等方面讨论降低排放的技术要点。

4.2.1　低排放燃烧室设计

柴油机燃烧室是进气系统进入的空气与喷油系统喷入的燃油进行混合和燃烧的场所，所以燃烧室的几何形状对柴油机的性能和排放具有重要的影响。

柴油机按其燃烧室设计形式，可以分为直喷式柴油机（DI）和非直喷式柴油机。这两类燃烧室在燃烧组织、混合气形成和适应性方面都各有特点，因而在有害排放物的生成量方面也有所不同。图 4-7 所示为现代车用增压柴油机污染物排放量的负荷特性。由图可见，非直喷机碳烟排放量一般大于轻型高速直喷机，而轻型高速直喷机又大于重型车用直喷柴油机（图 4-7（a））。这是因为副燃烧室内混合气很浓，易在燃烧前期生成碳烟；主燃烧室中温度较低，已生成的碳烟在燃烧后期氧化较差。特别在小负荷时，由于主燃烧室中温度较低，碳烟氧化更慢，所以非直喷机在小负荷时的碳烟排放量更大于直喷式柴油机。但是直喷式柴油机的 HC 排放量大于非直喷机（图 4-7（b））。所以，就包括碳烟和有机可溶成分在内的微粒排放量而言，直喷式柴油机与非直喷式相差不大。直喷式柴油机的 NO_x 排放量一般要比非直喷机高出 40%～50%（图 4-7（c）），这是因为非直喷机的初期燃烧发生在混合气极浓的副燃烧室里，由于缺氧，NO_x 生成少，而主燃烧室中的燃烧在已开始膨胀的较低温度下进行，NO_x 也不易生成。

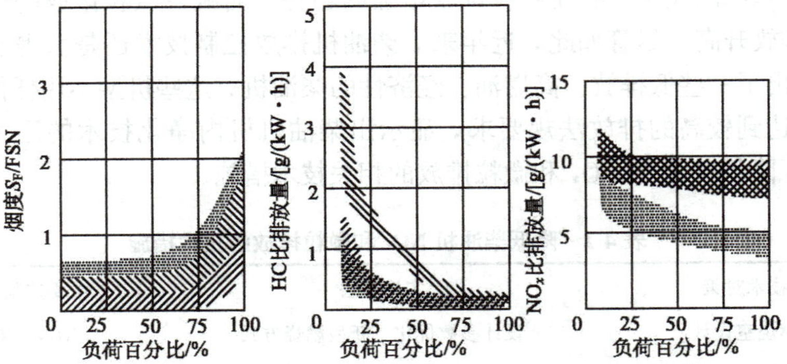

(a) 碳烟　(b) HC　(c) NO_x

图 4-7　现代车用增压柴油机污染物排放量的负荷特性

重型车用直喷机；轻型高速直喷机；非直喷式柴油机

1. 非直喷式燃烧室低排放设计

非直喷式燃烧室有主、副燃烧室两部分，燃油首先喷入副燃烧室内进行混合燃烧，然后冲入主燃烧室进行二次混合燃烧。燃烧室按构造划分，主要有涡流室式燃烧室和预燃室式燃烧室两种，如图 4-8 所示。

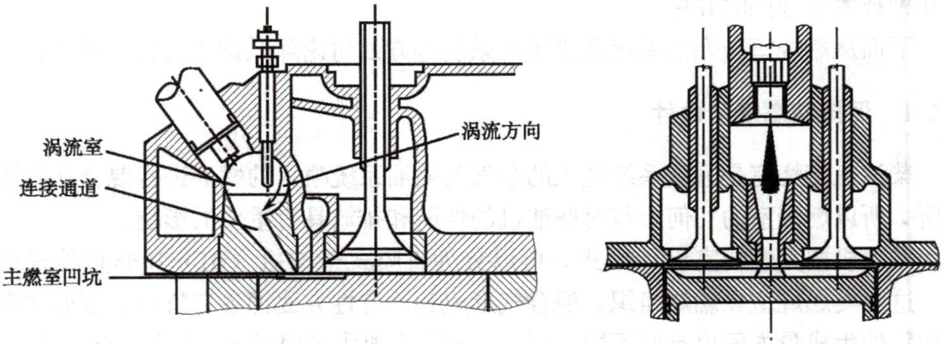

(a) 涡流室式燃烧室　(b) 预燃室式燃烧室

图 4-8　非直喷式柴油机燃烧室

非直喷式柴油机排气污染物主要在副燃烧室内生成，所以改善其排放的重点也在副燃烧室。副燃烧室相对容积增大，碳烟生成量减少，但 NO_x 生成量增加。一项研究表明，涡流室相对容积在 50% 左右得出 soot 与 NO_x 之间的最佳折中。预燃室容积过大，会使流动损失增大，降低预燃室中燃气的能量，影响预燃室中不完全燃烧的燃气与主燃烧室中空气的混合。一般来说，预燃室的相对容积为 25%～30%。

涡流室中的气体流动应尽可能加强，因此应避免涡流室中的流动死区，例如安装喷油器孔端的流动死区应尽可能小。研究表明，此死区从占涡流室容积的 10%降到 5%可使冒烟界限的平均有效压力 P_{me} 上升 10%。涡流室中的启动电热塞对气流的干扰应尽量小。用顺气流安装的电热塞代替垂直气流安装可使冒烟界限 P_{me} 上升 5%。把电热塞加热头的直径从 6mm 减小到 3.5mm，可使燃油消耗率下降 5～10g/(kW·h)，全负荷烟度下降 0.5～1.0FSN（滤纸烟度值）。

2. 直喷式燃烧室低排放设计

在直喷式柴油机中，燃烧室的设计对室中的气体流动、燃油与空气的混合及混合气的燃烧有很大影响。在柴油机发展史中出现过五花八门的直喷式燃烧室，它们大多是根据试验结果来选择定案的。随着计算流体力学和计算机技术的进步，人们已经可以采用各种燃烧数值模拟软件设计最优化的燃烧室。经过几十年的经验积累，直喷式柴油机燃烧室低排放设计要点总结如下。

1）燃烧室有效容积比

燃烧室容积中的空气能有效地参与燃烧，而活塞顶隙或气缸余隙范围内的空气，则往往错过有效燃烧期。燃烧室容积 V_c 与压缩室总容积 V_c' 之比称为燃烧室有效容积比 k。不同结构柴油机的燃烧室有效容积比的变化范围如图 4-9 所示，可见，一般情况下 k=0.7～0.8。

设计柴油机时应力求提高燃烧室的有效容积比 k 值，以提高柴油机的冒烟界限，降低柴油机的碳烟和微粒排放，为此就要避免采用短行程结构。现已确证，长行程、低转速的柴油机，其燃料经济性和排放性比短行程、高转速的柴油机好。前者噪声也比后者小。两者如果活塞平均速度相同，可靠性和耐久性可望在同一水平。为了弥补长行程柴油机动力性的不足，可以采用增压（如果原为非增压机）或提高增压度（如果原为增压机）来解决。根据统计，现代低排放车用柴油机的行程缸径比 s/D 已增大到 1.2～1.3，而传统的数值是 1.0～1.2。此外，为提高燃烧室的有效容积比 k，要尽可能缩小活塞顶面到气缸盖底面之间的气缸余隙，为此，要提高柴油机机体、活塞、连杆和曲轴等主要零件相关尺寸的加工精度、减小气缸盖衬垫压紧厚度的公差，以获得对应图 4-9 中阴影线范围的上限。从图中还可以看出，在燃烧室紧凑性方面，四气门柴油机不如二气门柴油机，因为其气门头部的凹坑导致燃烧室有效容积比 k 值下降。

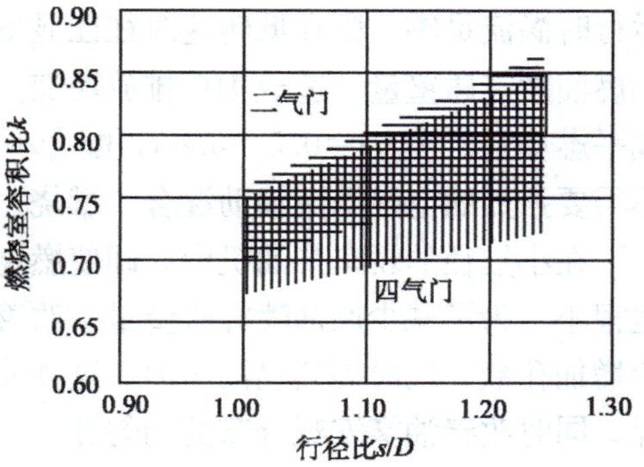

图 4-9　不同结构柴油机的燃烧室有效容积比的变化范围

2）柴油机压缩比

柴油机直喷式燃烧室的容积 V_c 主要决定于压缩比 ε_c，其次还要考虑到燃烧室的有效容积比 k 值，即

$$V_c = kV'_c = kV_s/(\varepsilon_c - 1) \qquad (4\text{-}1)$$

式中，V_c 为燃烧室有效容积，V'_c为压缩室总容积，V_s 为气缸工作容积，ε_c 为压缩比，k 为燃烧室有效容积比。

按照传统的观点，柴油机的压缩比 ε_c 主要根据确保冷启动可靠的要求选择。压缩比过低，冷启动困难；但压缩比过高，将导致柴油机机械负荷过高，机械效率下降。增压柴油机为控制最高燃烧压力，往往适当降低压缩比，但要付出冷启动性能方面的代价。

低排放柴油机一般要适当提高压缩比，这样可降低 HC 和 CO 的排放，而最高燃烧压力由于推迟喷油定时而得到控制。为了减小柴油机的 NO_x 排放，现代柴油机的喷油定时都比传统柴油机迟。所以，提高压缩比结合推迟喷油有利于柴油机性能与排放之间较好的折中。

3）燃烧室口径比

燃烧室口径比是柴油机直接喷射式燃烧室的重要结构参数，它是指燃烧室直径 d_c 与深度 h_c 或缸径 D 的比值，即 d_c/h_c、d_c/D，如图 4-10 所示。小口径比的深燃烧室可在室中产生较强的涡流，因而可采用孔数较少、孔径较大的喷嘴而获得满意的性能和排放。但涡流会造成能量损失、降低柴油机充量系数，而且如果在中高速运行时涡流足够，则在低转速时往往显得涡流强度不足。同时燃烧室口径小，增加了燃油喷雾碰壁量，造成 HC 排放增加。所以，现在的趋势是尽量用口径比较大的浅平燃烧室（d_c/D=0.5～0.8），配合小孔径的多喷孔喷嘴，实施高压喷射。由于不需要强烈的空气涡流辅助混合，燃烧过程对转速的敏感性较低。

在小缸径的轿车柴油机中，即使燃烧室的口径比 d_c/D 较大，实际绝对直径 d_c 也很小。为了减少燃油喷雾碰壁量，改善混合气形成，必须采用非常小的喷孔，相应增加孔数，同时提高喷油压力，这样才能缩短喷雾的贯穿距离，减小雾粒平均直径，同时改善油雾宏观分布的均匀性。

4）燃烧室形状

在柴油机发展历史中曾应用过多种多样的直喷式柴油机燃烧室形状，其中应用最广的是直边不缩口的 ω 形燃烧室，如图 4-10 所示，因为它的形状与多孔喷嘴的

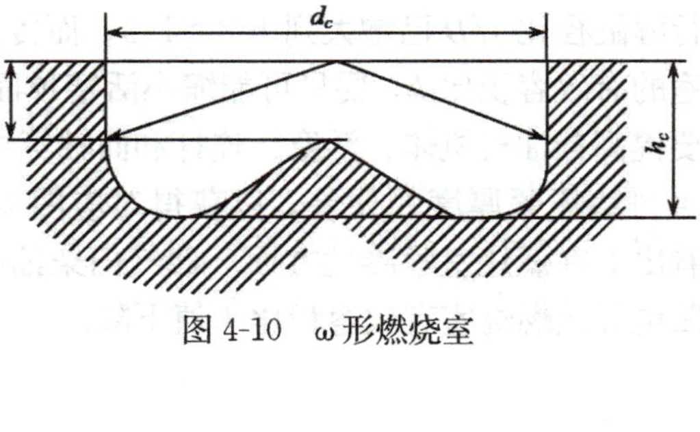

图 4-10　ω 形燃烧室

喷雾形状配合良好，能适度增强进气涡流，产生适度的挤压涡流和燃烧湍流，合理利用空气，得出良好的综合性能。

近年来出现了一种哑铃形的缩口燃烧室（图 4-11），主要应用于小缸径高增压低排放的轿车柴油机中。燃烧室的缩口（$d_c' < d_c$）可加强口部的气体湍流，促进扩散混合和燃烧。缩口燃烧室在燃烧上止点后的膨胀行程中仍能保持较强的涡流，这对加强柴油机燃烧过程后期的扩散燃烧十分有利。这样，当为了减少燃烧过程中 NO_x 的生成而推迟喷油时，不致造成燃烧品质的严重恶化，从而改善 NO_x 与微粒排放之间的折中关系。

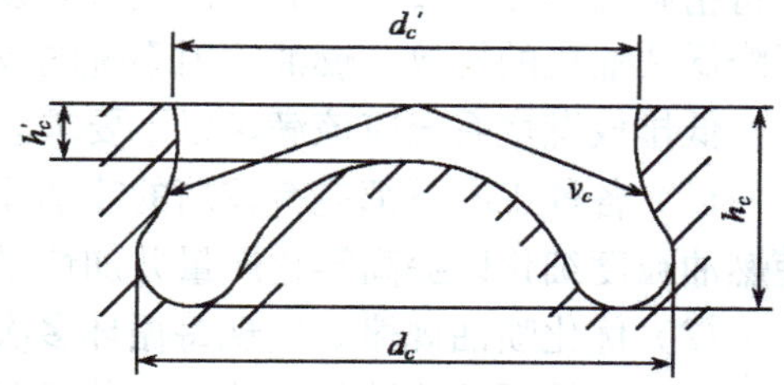

图 4-11　哑铃形缩口燃烧室

哑铃形燃烧室底部中央的凸起比 ω 形燃烧室大得多，这样可以提高空气利用率。但因为燃烧室底部中央气流运动较弱，燃料喷注油雾不易到达，空气利用相对较差。

与浅盆形和深坑形燃烧室的空间混合方式不同，球形燃烧室是以油膜蒸发混合方式为主，其结构形状如图 4-12 所示。活塞顶部的燃烧室凹坑为球形。喷油嘴布置在一侧，油束与活塞上球形表面呈很小的角度，利用强进气涡流，顺着空气运动的方向将燃油喷涂到活塞顶的球形凹坑表面上，形成油膜。球形燃烧室壁温控制在 200～350℃，使喷到壁面上的燃料在比较低的温度下蒸发，以控制燃料的裂解。蒸发的油气与空气混合形成均匀混合气，喷注中一小部分燃料以极细的油雾形式分散在空间，在炽热的空气中首先着火形成火核，然后点燃从壁面蒸发并形成的可燃混合气。随着燃烧的进行，热量辐射在油膜上，使油膜加速蒸发，燃烧也随之加速。匹配良好的球形燃烧室工作时，NO_x 和碳烟排放都较低，动力性和燃油经济性也较好。

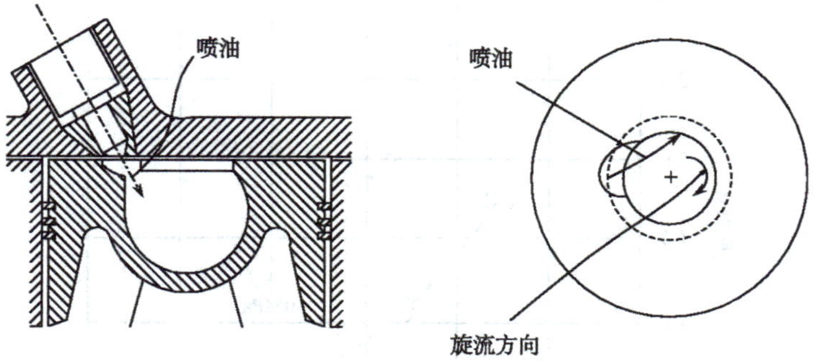

图 4-12　球形燃烧室

4.2.2　低排放燃油喷射系统

柴油机燃油喷射系统的基本任务就是根据柴油机输出功率的需要，在每一循环中将精确的燃油量按准确的喷油正时，以一定的喷射压力，将柴油喷入燃烧室。为了降低柴油机的排放，燃油喷射系统的改进非常关键。

低排放燃烧系统应该满足以下要求：

(1) 各种工况下都应有较高的喷油压力，以得到足够高的燃油流出的初速度，使燃油粒度细化以提高雾化质量并加快燃烧速度，从而改善排放性能。

(2) 优化喷油规律，实现每循环多次喷射。

(3) 每循环的喷油量能适应各种工况的实际需要。

(4) 各种不同工况有合理的喷油正时，实现柴油机的动力性、经济性和排放性综合最优。

(5) 燃油喷雾宏观形状与燃烧室形状及燃烧室内气流运动相匹配，保证燃烧室内空气的充分利用。

1. 提高喷油压力

喷油过程中，喷油压力是对柴油机性能影响极大的一个因素，特别是直喷式柴油机。在直喷式柴油机中，无论其燃烧室中有无旋流，燃油的雾化、贯穿和混合气形成的能量主要依靠喷油的能量。喷油压力愈大，则喷油能量愈高、喷雾愈细、混合气形成和燃烧愈完全，因而柴油机的排放性能和动力性、经济性都得以改善。

高的喷射压力可明显改善燃油和空气的混合，从而降低烟度和颗粒的排放，同时又可大大缩短着火延迟期，使柴油机工作柔和。为适应日益严格的排放法规要求，喷射压力从原来的几十 MPa 提高到 100MPa、120MPa、180MPa。目前采用的高压共轨燃油喷射系统的喷射压力最高可以达到250MPa。如图 4-13 所示，当喷油压力从 80MPa 提高到 160MPa 时，大负荷时的烟度从 1.7BSU 降到 0.5BSU 以下，中等负荷时接近 0。

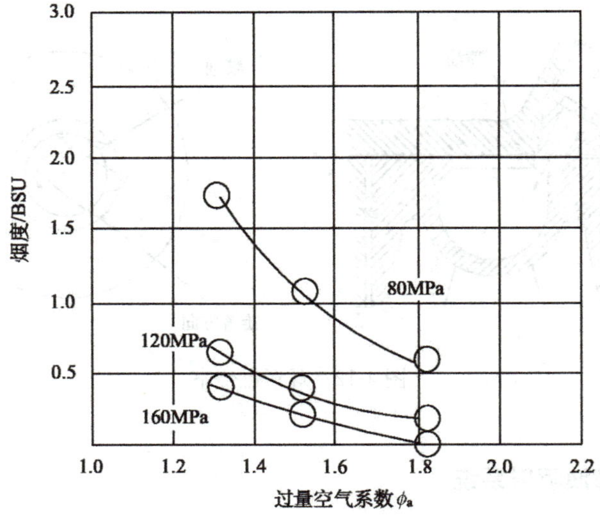

图 4-13　高压喷射降低碳烟的效果

一般供油系统的燃油喷射压力，决定于喷油泵的几何供油速率、喷油器的喷孔总面积以及喷油系统的结构刚度和泄漏情况等一系列因素。当喷油系统中有较长的高压油管时，高压腔内的压力波动对喷射压力产生很大影响，导致实际喷油压力峰值出现在喷嘴端，所以工程实践中常以喷嘴端峰值压力作为喷油系统工作能力的指标。

对于目前仍广泛采用的喷油泵-油管-喷油器系统，其喷油压力随柴油机转速的升高和负荷的增大而增大。这种特性对于低转速、高负荷条件下的柴油机燃油经济性和烟度不利，并且由于细长的高压油管和其他高压腔容积固有物理特性的制约，喷油压力的提高受限，有时还会因为压力波动造成不正常喷射现象。

泵喷嘴则将柱塞式喷油泵和喷油器做成一体，取消了高压油管，因此可提供更高的喷油压力，由于有害高压油腔容积较小，所以即使最高喷油压力达到180MPa，也不会由于压力波动造成不正常的二次喷射现象。此外，喷油持续期缩短，使怠速和小负荷时喷油特性的稳定性得到改善。泵喷嘴安装在汽缸盖上，由凸轮轴直接驱动。由于泵喷嘴的尺寸比一般的喷油器大，布置时有一定的困难。泵喷嘴在高压喷油时会使汽缸盖受附加载荷，所以应该注意确保汽缸盖的强度和刚度。泵喷嘴系统的驱动凸轮到曲轴的距离较远，传动系统负荷较大。这些都限制了泵喷嘴的广泛应用。

一般情况下，高压喷射会使 NO_x 增加，但如果合理利用高压喷射时燃烧持续期短的特点，同时并用推迟喷油时刻或排气再循环等方法，可使微粒和 NO_x 排放量同时降低。

2. 优化喷油规律

喷油规律是影响柴油机排放的主要因素。根据对柴油机燃烧过程的研究和分析，可得出以下结论：

(1) 滞燃期内的初期喷油量控制了初期放热率，从而影响最高燃烧压力和最大压力升高率。这些都与柴油机噪声、工作粗暴性和 NO_x 排放等直接相关。

(2) 为了提高循环热效率，应尽量减小喷油持续角，并使放热中心接近上止点。喷油持续角与平均喷油率是直接相关的，喷油持续角过大，即平均喷油率较小，不仅会因为拉长燃烧时间、减小喷油压力而降低整机动力性和经济性，也会因使燃烧推迟而导致 HC、CO 排放增多和烟度上升。

(3) 在喷油后期，喷油率应快速下降以避免燃烧拖延，造成烟度及耗油量的加大。喷油后期也不应该出现二次喷射及滴油等不正常情况。

为降低柴油机的排放，必须有较理想的燃烧过程，如抑制预混合燃烧以降低 NO_x，促进扩散燃烧以降低微粒及提高热效率。为了实现这种理想的燃烧过程，必须有合理的喷油规律：初期缓慢，中期急速，后期快断，如图 4-14 所示。这种理想的喷油规律的形状近似于靴型。初期的喷油速率不能太高，这是为了减少在滞燃期内形成的可燃混合气量、降低初期燃烧速率，以降低最高燃烧温度和压力升高率，从而抑制 NO_x 生成，降低燃烧噪声。喷油中期采用高喷油压力和高喷油速率以加速扩散燃烧，防止生成大量微粒，降低热效率。喷油后期要迅速结束喷射，以避免在低的喷油压力和喷油速率下燃油雾化变差，导致燃烧不完全而使 HC 和微粒排放增加。

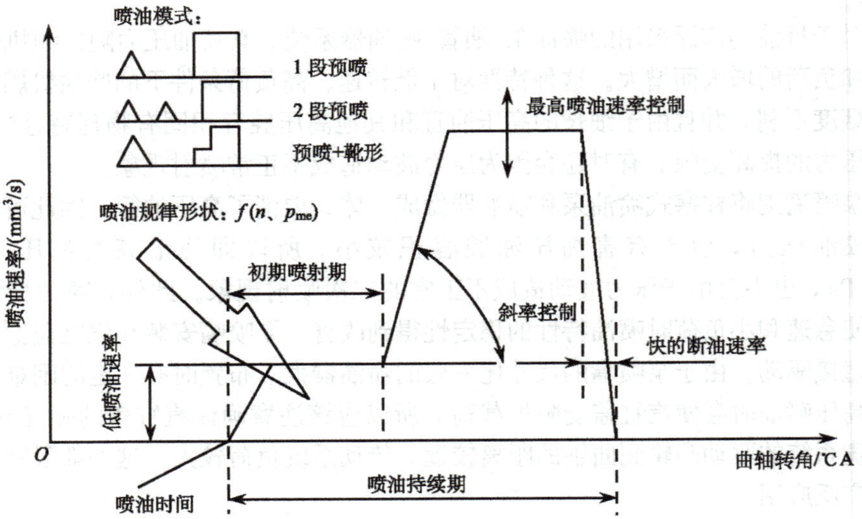

图 4-14　理想的喷油规律

预喷射也是一种实现柴油机初期缓慢燃烧的喷油方法，见图 4-14 左上角的几种模式。在主喷射前，有一少量的预先喷射，会使着火延迟期内只能形成有限的可燃混合气量，这部分混合气只有较弱的初期燃烧放热，并使随后的主喷射燃油的着火延迟期缩短，避免了一般直喷式柴油机燃烧初期急剧的压力、温度上升，因而可明显降低 NO_x 排放。

要优化喷油规律，靠常规的机械喷油系统是很难实现的。只有用电磁阀控制喷油的电控喷油系统，才能实现灵活的喷油规律控制。特别是近几年出现的电控高压共轨喷射系统，完全可以实现喷油规律的优化控制。

3. 喷油定时的控制

喷油定时是间接地通过滞燃期来影响发动机性能的。喷油提前角过大，则燃料在柴油机的压缩行程中燃烧的数量就多，不仅增加压缩负功，使燃油消耗率上升、功率下降，而且因滞燃期较长，压力升高率和最高燃烧温度、压力升高，使得柴油机工作粗暴、NO_x 排放量增加；如果喷油提前角过小，则燃料不能在上止点附近迅速燃烧，导致后燃增加，虽然最高燃烧温度和压力降低，但燃油消耗率和排气温度升高，发动机容易过热。所以，柴油机对应每一工况都有一个最佳喷油提前角。

喷油定时对柴油机 HC 排放的影响比较复杂。它与燃烧室形状、喷油器结构参数及运转工况等有关，故不同机型的柴油机往往会得到不同的结果。喷油提前，滞燃期增加，使较多的燃油蒸气和小油粒被旋转气流带走，形成一个较宽的过稀不着火区，同时燃油与壁面的碰撞增加，这会使 HC 排放增加。而喷油过迟，则使较多的燃油没有足够的反应时间，HC 排放量也要增加。

对 NO_x 而言，喷油提前时，燃油在较低的空气温度和压力下喷入气缸，结果使滞燃期延长，最高燃烧温度升高，导致 NO_x 的增加。推迟喷油会降低初始放热率，使燃烧室最高温度降低，从而减少 NO_x 排放量，所以喷油定时的延迟是减少 NO_x 排放浓度的有效措施。但喷油延迟必将使燃烧过程推迟进行，最高燃烧压力降低，功率下降，燃油经济性变差，并产生后燃现象，同时排温增高，烟度增加。因此，喷油延迟必须适度。

大负荷时影响颗粒排放浓度的主要因素是固相碳。喷油延迟，烟度会增加，即颗粒中固相碳的比例增加。而在小负荷、怠速情况下推迟喷油，由于燃烧温度低，燃烧不完善，从而导致 HC 排量即颗粒中可溶性物质比例的增加。因此，将喷油延迟，颗粒的排放量在各种工况下都会增加。但喷油过于提前，会使燃油在较低温度下喷入而得不到完全燃烧，也会导致烟度及 HC 排放的增加，更严重的是还会导致 NO_x 的增加。所以总有一个最佳喷油提前角，使柴油机功率大、燃油消耗率低、颗粒浓度也最低。

4. 低排放喷油器设计

高性能低排放的高速柴油机所用的喷油器，尺寸越来越小，为气缸盖的优化布置留出了更大的余地。过去常用 ϕ25mm 和 ϕ21mm 的 S 型喷油器，现在常用 ϕ17mm 的 P 型喷油器，最小的是 ϕ9mm 的铅笔型喷油器。

在每缸两气门的直喷式柴油机中，喷油器不得不偏置，而且与气缸轴线有一定的倾斜角。为了保证喷油器各孔喷出的油雾在燃烧室中均匀分布，获得相同的混合气形成条件，喷油器的偏心量和倾斜角尽可能小。图 4-15 所示为喷油器倾斜角对微粒排放的影响。由图可见，喷油器倾斜角 10°是可以接受的，但从 10°变到 0°（垂直布置）还可使微粒排放降低 5%左右，NO_x 排放也可下降。这是因为每束油雾获得相同的与空气混合的条件：燃料浓度场比较均匀，减少了微粒的生成；燃烧温度场比较均匀，减少了 NO_x 的生成。喷油器外形尺寸越小，喷油器的偏心量和倾斜角可以做到越小，有利于降低排放。

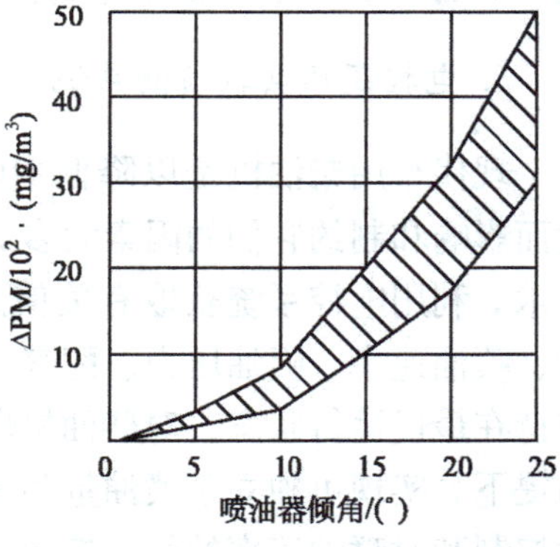

图 4-15　喷油器倾斜角对微粒排放的影响

为了制造工艺上的方便，直喷式柴油机所用的闭式多孔喷油嘴中针阀尖端与针阀体之间一般有一小空间，称为压力室（图 4-16（a））。喷嘴压力室容积（包括各

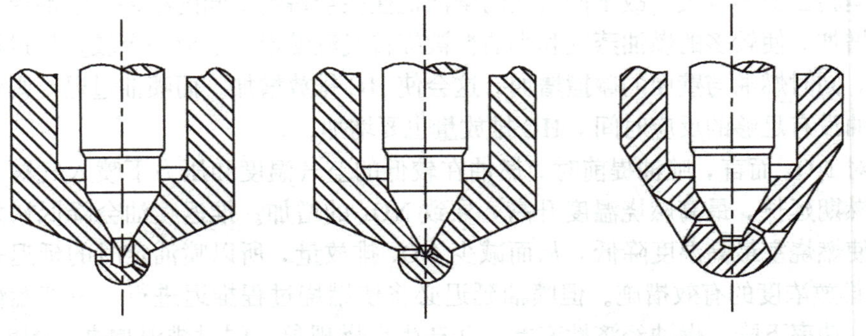

图 4-16 喷嘴压力室容积

油孔的容积）中残存的燃油，在燃烧后期受热膨胀后有可能滴漏入燃烧室中，此时油滴雾化很差，不能完全燃烧，成为未燃的 HC 排放物，也构成微粒的有机可溶成分。为了减小柴油机的 HC 排放，应尽可能减小这一压力室容积。标准结构(图 4-16 (a))的压力室容积为 0.6～1.0mm^3，喷油孔总容积约等于 0.3mm^3。小压力室喷嘴（图 4-16（b））的压力室容积可减小到 0.2～0.3mm^3（喷油孔容积不变）。无压力室喷嘴（又称 VCO 喷嘴）的压力室容积可缩小到极限 0.05～0.10mm^3，而且很明显，在针阀关闭后这个极小容积中的燃油被封闭，不会流入燃烧室。不过，VCO 喷嘴仍有喷油孔中燃油的滴漏问题。VCO 喷嘴除了工艺复杂外，还有一个问题，即当针阀升程很小时喷孔节流严重，使得从喷孔喷出的油流速不均匀，影响混合气形成。所以，目前一般认为小压力室喷嘴是较好的选择。试验表明，当用小压力室喷嘴代替标准压力室喷嘴时，HC 排放可下降一半左右。

5. 电控高压共轨喷油系统

现代车用柴油机是以降低 NO_x 和微粒排放、降低噪声和燃油消耗为目的的。然而影响和制约它们的因素太多，且相互关系复杂。这就要求柴油机采用电子控制技术，利用电控系统获取有关信息，并按预定的理想性能对循环喷油量、喷油正时、喷油速率、喷油压力、配气正时等进行全面的柔性控制，保证发动机能够自动维持在最优运行状态。对柴油机燃油喷射系统的要求是：在实现喷油量精确控制的前提下，实现可独立于喷油量和发动机转速的高压喷射，同时实现对喷油正时的柔性控制和对喷油速率的优化控制。

20 世纪 90 年代以来，电控技术在柴油机上的应用逐渐增多，控制精度不断提高，控制功能不断增加，增压技术和直喷式燃烧在小缸径柴油机上的应用也逐渐成熟，加上多气门结构和高压喷射技术，大大提高了柴油机轿车和轻型车的竞争力。电控高压共轨系统被世界发动机行业公认为 20 世纪三大突破之一，将成为 21 世纪柴油机燃油喷射系统的主流。

图 4-17 所示为电控共轨喷油系统的工作原理。燃油共轨 15 实质上就是一个储存高压燃油的耐压管道，其高压燃油由曲轴驱动的独立高压油泵 11 供给。当燃油压力传感器 2 感知共轨 15 中油压已达到预定数值时，电控器 1 即操纵油泵控制阀 7 使油泵 11 空转。电控器 1 根据传感器 12～14 以及其他传感器的信号来控制喷油器 10 的电磁阀 3，使喷嘴 6 定时定量喷油。

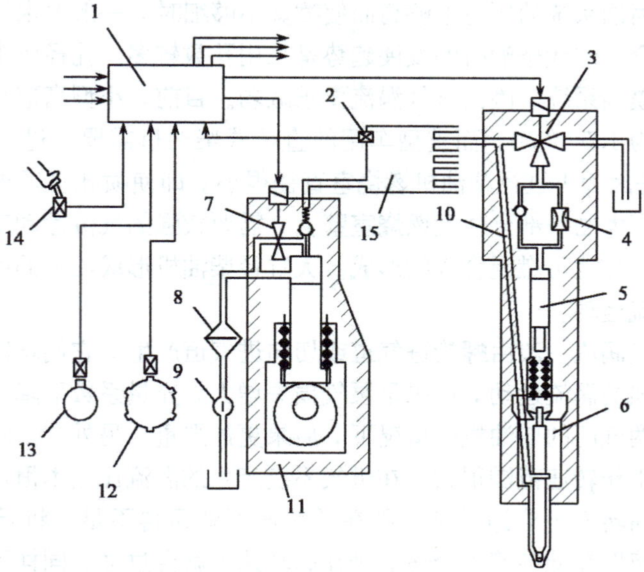

图 4-17　电控共轨喷油系统的工作原理

1-电控器；2-燃油压力传感器；3-喷油控制电磁阀；4-控制喷油规律的量孔；5-液压柱塞；6-喷嘴；7-高压油泵控制阀；8-燃油滤清器；9-输油泵；10-喷油器；11-高压油泵；12-转速和转角传感器；13-判缸传感器；14-加速（油门）踏板或负荷传感器；15-燃油共轨

电控高压共轨系统可实现传统喷油系统中无法实现的功能，其优点有：

(1) 共轨系统中的喷油压力柔性可调，对不同工况可确定所需的最佳喷射压力，从而优化柴油机综合性能。

(2) 可独立地柔性控制喷油正时，配合高的喷射压力（120～250MPa），可将 NO_x 和微粒排放同时控制在较小的数值范围内。

(3) 柔性控制喷油速率，实现理想喷油规律，容易实现预喷射和多次喷射，既可降低柴油机 NO_x，又能保证优良的动力性和经济性。

(4) 由电磁阀控制喷油，其控制精度较高，高压油路中不会出现气泡和残压为零的现象，因此在柴油机运转范围内，循环喷油量变动小，各缸供油不均匀性得到改善，从而减轻柴油机的粗暴，降低排放。

4.3 低排放进排气系统

4.3.1 气流组织和多气门技术

适当的缸内气流运动有利于燃烧室中燃油喷雾与空气的混合，使燃烧更迅速更完全。当由于喷油系统的压力不够高而使喷雾不够细时，一般要求较强的涡流运动来支持油气混合。现代柴油机的发展趋势是采用孔数较多、孔径较小的喷油嘴和平均压力较高的喷油系统，因而进气涡流要求减弱。目前，小型高速直喷柴油机所需的进气涡流比为1.5～2.0，而重型车用的直喷式柴油机需要的进气涡流比一般在1.0以下。这是因为小缸径柴油机燃烧室直径很小，即使喷孔直径再小，燃油仍不可避免地有相当大的一部分喷到燃烧室壁上，需要较强的气流运动来强化室壁上燃油油膜的蒸发，加速可燃混合气的形成。大缸径柴油机形成油膜的可能性较小，不需要强烈的气流运动。

强烈的进气涡流一般由螺旋进气道或切向进气道产生，它们均以增加进气阻力为代价获得较强的涡流运动，后果是泵气损失增大，充量系数下降。这在自然吸气柴油机和每缸两气门的柴油机的情况下，后果更加严重。另外一个问题是，小缸径高速柴油机，工作转速范围很大，在进气系统产生的涡流比基本恒定的情况下，如果气流速度在高转速下合适的话，则在低转速下就显得不足，将导致燃烧严重恶化；如果气流速度在低转速下合适，则在高转速下就会过强，同样不利于燃烧，同时又造成进气损失过大。因此，在实践中往往针对中等转速匹配合适的涡流比，容忍在低转速和高转速下的某些损失。

图4-18表示车用柴油机在低、中、高三种转速下用不同 ϕ_a 表征的不同负荷下，缸内涡流比SR对柴油机微粒排放的质量浓度（mg/m^3）和 NO_x 排放体积分数 φ_{NO_x} 的影响。该机螺旋进气道产生的进气涡流比在2.3左右，且不随转速而变。从图4-18可见，虽然在不同的转速下 NO_x 排放均随SR的加大而增加，但微粒排放却有不同的变化趋势。在低转速下，微粒排放随SR加大而下降，而在高转速下，微粒随SR加大而上升，这是由于涡流过强使得微粒中的有机可溶成分增加所致。所以可以推断，在高转速下，适当降低SR（例如从2.3降到1.7～1.8），可同时使微粒和 NO_x 排放下降；而在低转速下，适当提高SR（例如从2.3升到3.5～4.0），可使微粒排放下降（特别是碳粒下降明显），当然，这也会引起 NO_x 的上升（可以用别的措施加以降低）。

在每缸只有一个进气门的柴油机上，要改变由进气道形状决定的进气涡流比是很困难的。在得出图4-18所示结果的试验中，SR是依靠向进气道喷射压缩空气加以改变的，这种手段很难实用化。也有人提出在螺旋进气道中设置一个挡流片，依靠在不同程度上挡住气道中的一部分气流来改变涡流比，但结构复杂，同时会使充量系数降低。

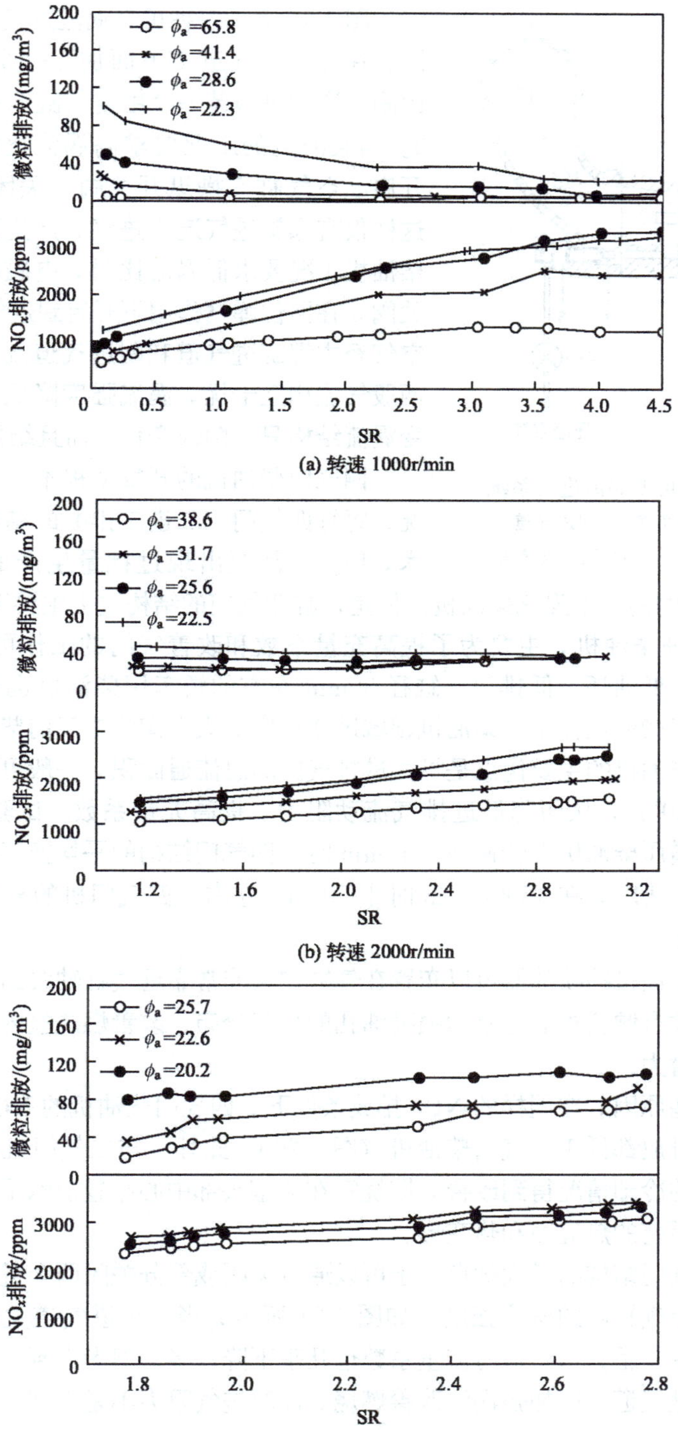

(c) 转速 2900r/min

图 4-18　缸内涡流比 SR 对柴油机微粒排放的影响

($D\times s$=110mm×120mm，ω 形燃烧室，ε_c=16.5，额定转速 2900r/min，原涡流比 SR=2.3)

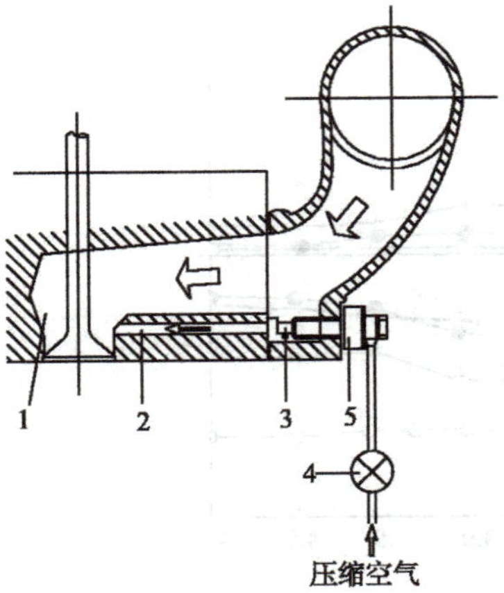

图 4-19　可变涡流进气系统

1-螺旋进气道；2-副进气道；

3-开关阀；4-电磁阀；5-空气缸

图 4-19 表示一种可变涡流进气系统的结构简图。在螺旋进气道 1 下面加工一个副进气道 2，此副气道的进口装一个由空气缸 5 操纵的开关阀 3。当柴油机的工况要求高涡流比时，电磁阀 4 开启，空气缸 5 操纵开关阀 3 关闭副进气道 2。这样仅有螺旋进气道 1 进气，产生高涡流比。当柴油机工况要求低涡流比时，电磁阀 4 关闭，开关阀 3 在回位弹簧作用下开启副进气道 2。于是，空气经主螺旋进气道和副进气道流入气缸，由于两股气流相互干扰，涡流强度降低。显然，这种变涡流结构只有两级变化，而且结构复杂。

四气门柴油机的开发从根本上改变了上述情况。每缸四气门（二进二排）的结构并不是新技术，历史上甚至出现过批量生产的每缸六气门（三进三排）的高功率强化柴油机。但是每缸四气门的结构过去主要用于缸径130～150mm 的高速柴油机，主要为了提高充量系数和改善气门的工作可靠性。现在，为了高性能、低油耗、低排放，缸径 80mm 左右的轿车用柴油机也开始用四气门结构。四气门柴油机在车用柴油机领域迅速推广，大有淘汰二气门柴油机之势。

四气门柴油机的主要优点是扩大进排气门的总流通面积，一般可比二气门柴油机大 15%～20%，从而降低进排气流动阻力，提高充量系数。试验表明，某 2L 排量的车用增压柴油机在转速 3000r/min 时，四气门结构的平均换气损失压力比二气门结构小 10kPa，在 4500r/min 时小 50 kPa 左右。四气门机的充量系数比二气门机至少高 5%。

四气门柴油机的喷油器可以布置在气缸中央非常靠近气缸轴线的地方，平行于气缸轴线，没有倾斜角，这就为喷嘴油孔的均匀分布、改善燃烧室内的空气利用提供了很大的潜力。

由于这些原因，在同样的 NO_x 排放条件下，四气门柴油机的 NO_x 排放、微粒排放和 HC 排放都低于二气门柴油机（图 4-20）。此外，与二气门机相比四气门柴油机喷油器的冷却情况得到改善，燃烧室在活塞头部中心布置消除了温度场的不均匀，降低了活塞的热应力和热变形。

采用四气门结构的最大优点在于可以通过关闭或部分关闭两个进气道中的一个来大幅度调节气缸内的涡流强度。如图 4-21 所示，当一个进气道关闭时，缸内涡流强度几乎翻一番。虽然这时流量系数也几乎下降一半，但考虑到一般均在低转速时关闭一个进气道，以加强涡流改善燃烧，此时进气阻力不是大问题。

对于重型车用柴油机，为了达到获得高性能、低油耗、低排放的目的，目前的发展趋势是尽可能降低进气涡流强度，直至完全消除有组织的进气涡流。这时进气阻力减小，充量系数提高，不存在涡流对转速的敏感性问题。与此同时，要增加喷

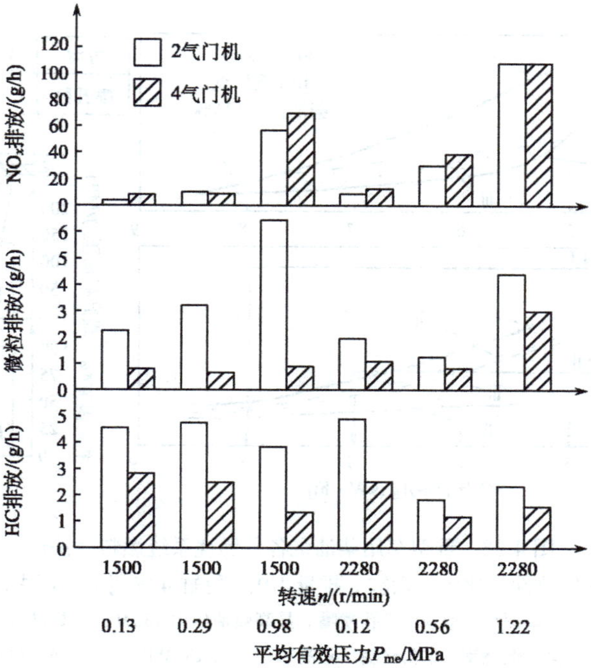

图 4-20　四气门柴油机与二气门柴油机排放量对比

(增压中冷机，$D\times s=93\text{mm}\times 92\text{mm}$，二气门时喷油器偏心 4.2mm，倾斜角 25°，四气门时喷油器无偏心无倾角)

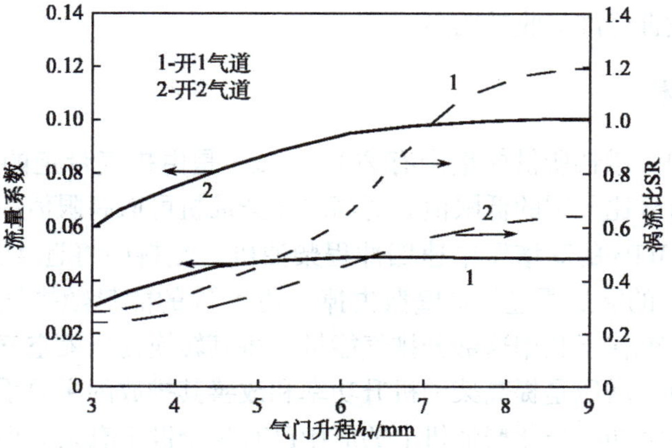

图 4-21　可调节气道的缸内涡流强度（有两个气道）

油嘴的喷孔数，增大燃烧室口径（以减少油雾的着壁量），并提高喷油压力。图 4-22所示为一台典型的重型车用柴油机实现低排放和低油耗的技术措施。由图中可以看出，燃烧室形状由缩口深坑形变为敞口浅平形，喷孔数由 5 增加到 7 再到 8，最高喷油压力（喷嘴端）由 135MPa 提高到 150MPa 再到 180MPa，进气涡流

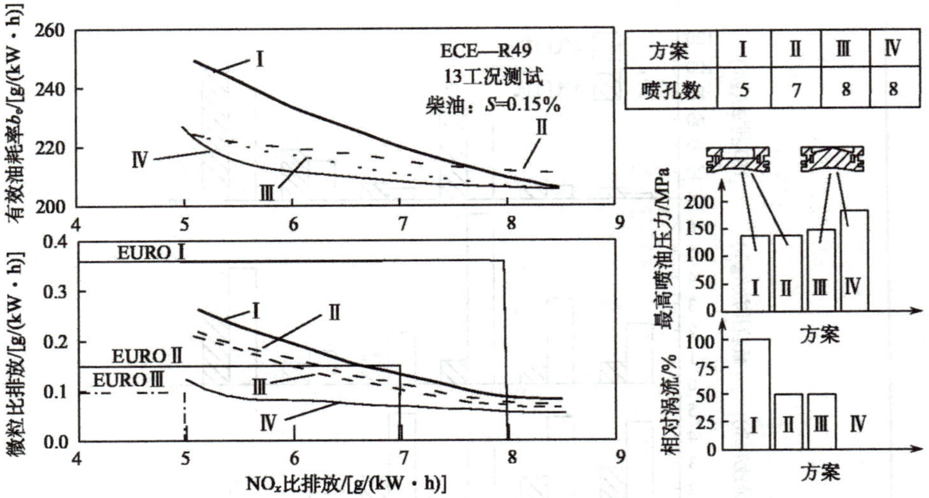

方案	Ⅰ	Ⅱ	Ⅲ	Ⅳ
喷孔数	5	7	8	8

图 4-22　重型车用柴油机各种燃烧系统燃料经济性和排放性的比较（六缸，排量 10L，每缸 4 气门，增压中冷）

方案Ⅰ—缩口深坑燃烧室，5 孔喷嘴，最高喷油压力 135MPa，标准进气涡流；

方案Ⅱ—深坑燃烧室，7 孔喷嘴，最高喷油压力 135MPa，进气涡流减半；

方案Ⅲ—敞口浅平燃烧室，8 孔喷嘴，最高喷油压力 150MPa，进气涡流减半；

方案Ⅳ—敞口浅平燃烧室，8 孔喷嘴，最高喷油压力 180MPa，进气涡流≈0

相对下降 50%，再到基本无涡流的排放与燃油消耗率的逐步改善情况。可见经过燃烧系统的这些改进，燃油消耗率 b_e 平均下降 10% 左右，排放水平由勉强满足欧Ⅱ标准到接近欧Ⅲ标准，收效明显。

4.3.2　增压技术

在发动机中，燃料所供能量中有 20%～45% 是由排气带走的，对于非增压柴油机可取上述百分比范围的低限值，对高增压柴油机可取高限值。例如，一台平均有效压力为 1.8MPa 的高增压中速四冲程柴油机，燃料中将近 47% 的能量传给活塞做功，约 10% 的能量通过气缸壁散失掉，约 43% 的能量随排气流出气缸。涡轮增压系统的作用就在于利用这部分排气能量，将其转换为压缩空气的有效功以增加发动机的充气量。增压是提高柴油机升功率和改善其排放的主要手段。

涡轮增压在大功率强化柴油机上的应用已有半个世纪有余，但作为车用柴油机来说，涡轮增压的应用却相对滞后，增压车用柴油机的广泛应用不过 30 年左右的历史。原因有二：一是小型涡轮增压器制造技术不成熟，以致可靠性不符合汽车的要求，同时成本过高；二是增压柴油机过渡工况性能不好，尤其是加速性能较差。当汽车主要在市内或等级较低的公路上行驶时，经常制动、加速，增压柴油机驱动性能不能很好地发挥，反而引起加速冒烟等弊病。

但是，随着小型高速涡轮增压器设计技术和制造工艺的成熟，涡轮增压器的效率大大提高，工作可靠性显著改善，成本也明显降低，增压柴油机的加速性得到明显的改善。然而，对于涡轮增压在车用柴油机上的应用，最大的推动力来自于排放控制法规的日趋严格。现在，不仅重型车用柴油机几乎毫无例外地采用增压，中型、轻型车甚至轿车用柴油机也都采用增压，而且增压度越来越高，增压中冷的应用也越来越多。

长期的试验研究反复证明，增压是发展低排放柴油机的入门技术，它是必不可少的，又是最容易实施的。

1）增压对 CO 排放的影响

柴油机中 CO 是燃料不完全燃烧的产物，主要在局部缺氧或低温下形成。柴油机燃烧通常在过量空气系数 $\phi_a>1$ 的条件下进行，因此 CO 排放量比汽油机要低。采用涡轮增压后 ϕ_a 还要增大，燃料的雾化和混合进一步得到改善，发动机的缸内温度能保证燃料更充分的燃烧，CO 排放可进一步降低。

2）增压对 HC 排放的影响

柴油机排气中的 HC 主要由原始燃料分子、分解的燃料分子以及燃烧反应中的中间化合物组成，小部分由窜入汽缸的润滑油生成。增压后进气密度增加、过量空气系数增大，可以提高燃油雾化质量，减少沉积于燃烧室壁面上的燃油，HC 量减少。

3）增压对 NO_x 排放的影响

氮氧化物中 NO 含量占 90% 以上。NO_x 的生成主要取决于燃烧过程中氧的浓度、温度和反应时间。降低 NO_x 的措施是降低最高燃烧温度和 O_2 的浓度以及减少高温持续的时间。

柴油机单纯增压后可能会因过量空气系数增大和燃烧温度升高而导致 NO_x 增加。实际应用中，在柴油机增压的同时，常采用进气中冷、减小压缩比、推迟喷油定时和组织排气再循环（EGR）等措施来降低最高燃烧温度。采用进气中冷和减小压缩比可以降低压缩终了的工质温度，从而降低燃烧火焰温度；推迟喷油定时可以缩短滞燃期，降低最高燃烧温度；EGR 改变了空燃比，并在一定程度上抑制了着火反应速度，以控制最高温度。为解决因喷油定时推迟和 EGR 所导致的后燃期增加的问题，须增大供油速率、缩短喷油时间和燃烧时间。

4）增压对颗粒排放物的影响

影响柴油机微粒物生成的原因较复杂，其主要因素是过量空气系数、燃油雾化质量、喷油速率、燃烧过程和燃油质量等。一般柴油机中降低 NO_x 的机内净化措施通常会导致颗粒排放物的增加。增压柴油机，特别是采用高增压比和中冷技术后，可显著增大进气密度，增加缸内可用的空气量。如同时采用电控高压共轨燃油喷射、低排放燃烧室和中心喷嘴四气门技术等改善燃烧过程，则可有效地控制颗粒排放。试验数据表明，采用增压中冷技术的柴油机可降低颗粒物排放约 45%。在大负荷区，与颗粒物排放密切相关的可见污染物排放，也随着增压比的增大而显著下降。

5）增压对 CO_2 排放及燃油经济性的影响

CO_2 是导致全球环境温度上升的主要温室效应气体之一，各国家已达成共识，控制 CO_2 的排放量。我国决定到 2020 年单位国内生产总值 CO_2 排放比 2005 年下降 40%～45%。低燃油消耗意味着更少的有害污染物排放量和 CO_2 的生成量。

增压柴油机的燃油经济性改善得益于废气能量的利用和燃烧效率的提高；另外，增压柴油机的平均有效压力增加，使得机械摩擦损失相对较小，且没有换气损失，因而机械效率提高；增压柴油机的比质量低，同样功率的柴油机可以做得更小、更轻，整车质量可以减小，也有利于燃油经济性的改善。

4.3.3 排气再循环技术

排气再循环（EGR）技术首先应用于汽油机上，长期以来，一直被认为是一种降低汽油机 NO_x 排放的有效措施。从 20 世纪 70 年代开始，国外就将 EGR 技术用于汽油机，研究表明，它同样适用于柴油机，并能有效地降低柴油机的 NO_x 排放量。

柴油机燃烧时温度高、持续时间长、燃烧时的富氧状态是生成 NO_x 的三个要素。前二个要素随转速和负荷的增加而迅速增加，而富氧状态则与空燃比直接相关。因此，必须采取有效措施降低燃烧峰值温度、缩短高温持续时间，同时采用适当的空燃比以降低 NO_x 排放。柴油机通过 EGR 来降低 NO_x 排放量的基本原理和汽油机大致相同。

1. 柴油机 EGR 系统

自然吸气柴油机所用的 EGR 系统与汽油机类似，由于进、排气之间有足够的压力差，EGR 的控制比较容易。但在 EGR 的回流气中的微粒可能引起汽缸活塞组和进气门的磨损，为减小这种影响，首先要尽可能降低微粒的排放。

增压中冷柴油机则根据 EGR 外部回路的不同，将 EGR 系统可分为低压回路连接法和高压回路连接法两种。

低压回路连接法，是用外管将废气涡轮增压器的涡轮机出口和压气机入口连接起来，并在回路上加装一个 EGR 阀，用来控制 EGR 流量。由于容易获得一个适当的压力差，这种方法在柴油机较大转速范围内均易实现。但是，由于废气流经增压器的压气机及增压中冷器，容易造成增压器的腐蚀和中冷器的污损，使柴油机的可靠性和寿命降低。

高压回路连接法，是将涡轮机的入口和压气机的出口用外管连接起来的方法。由于排出的废气不经过压气机和中冷器，故避免了上述问题。但在柴油机大、中负荷时，压气机出口的压力（增压压力）比涡轮机入口的排气压力还高，逆向的压差使 EGR 难以实现。为了增大 EGR 实现范围，人们采取了各种办法。如用节流阀对进气节流，使排气压力高于进气压力，在进气系统中设置一个文丘里管以保证大负荷时所需要的压力差，还有采用专门的 EGR 泵强制进行，如图 4-23 所示。

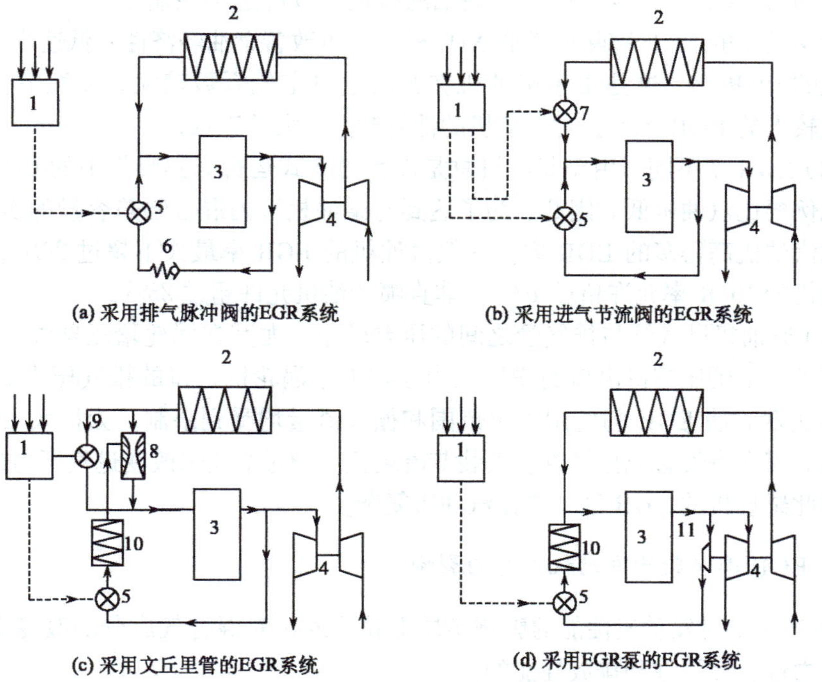

(a) 采用排气脉冲阀的EGR系统　(b) 采用进气节流阀的EGR系统

(c) 采用文丘里管的EGR系统　(d) 采用EGR泵的EGR系统

图 4-23　增压中冷柴油机的 EGR 系统

1-电控器；2-中冷器；3-柴油机；4-涡轮增压器；5-EGR 阀；6-排气脉冲阀；7-进气节流阀；8-文丘里管；9-文丘里管旁通阀；10-EGR 气冷却器；11-EGR 泵

2. 柴油机 EGR 的控制方法

柴油机 EGR 率的精确控制对于 NO_x 的净化效果极其重要。一般 EGR 控制系统有机械式和电控式两类。机械式控制的 EGR 率小（5%～15%），结构复杂，因而应用不广；电控式系统不仅结构简单，还能进行较大的 EGR 率（15%～20%）控制。电控系统又分为开环和闭环控制。开环控制一般是基于三维 EGR 脉谱（MAP 图）的控制，即根据预先由试验确定的 EGR 率与发动机转速、负荷的对应关系进行控制；闭环控制可以 EGR 阀开度作为反馈信号，也可直接用 EGR 率作为反馈信号，采用 EGR 率传感器，对进气中 O_2 浓度进行检测，将检测结果反馈给控制单元，从而不断调整 EGR 率，使其始终保持在最佳状态。

3. 柴油机 EGR 与汽油机 EGR 的比较

柴油机 EGR 与汽油机 EGR 的差别主要有：

（1）各工况要求的 EGR 率不同。对于汽油机来说，一般在大负荷、启动、暖机、怠速、小负荷时不宜采用 EGR 或只允许较小的 EGR 率，在中等负荷工况允许采用较大的 EGR 率。柴油机则在高速大负荷、高速小负荷时，由于燃烧阶段所

必需的 O_2 浓度相对减少，助长了碳烟的排放，故应适当限制 EGR 率；部分负荷时，采用较小的 EGR 率除可降低 NO_x 外，还可改善燃油经济性；低速小负荷时可有较大的 EGR 率，这是由于柴油机在此时过量空气系数较大，废气中含氧量较高，故较大的 EGR 率不会对发动机的性能产生太大的影响。

(2) EGR 率不同。由于柴油机总是以稀燃方式运行，其废气中的 CO_2 和水蒸气的比例要比汽油机低，因此，为了达到对柴油机缸内混合物热容量的实际影响，需要比汽油机高得多的 EGR 率。一般汽油机的 EGR 率最大不超过 20%，而直喷式柴油机的 EGR 率允许超过 40%，非直喷柴油机允许超过 25%。

(3) 柴油机进气管与排气管之间的压差较小，尤其在涡轮增压柴油机中，大、中负荷工况范围压缩机出口的增压压力往往大于涡轮机入口的排气压力，EGR 难以自动实现，使 EGR 的应用工况范围和循环流量均受到限制。为扩大 EGR 的应用范围，需在进气管或排气管上安装节流装置，通过节流来改变进气压力或排气压力，因此柴油机的 EGR 系统要比汽油机复杂。

4. EGR 率对柴油发动机性能的影响

EGR 系统对发动机性能的影响实质上就是通过对混合气成分的改变来影响发动机动力性、经济性和排放性能的。

EGR 对发动机性能的影响主要体现在空燃比的改变上，随着 EGR 率的提高，空燃比（A/F）逐渐降低。且随发动机工况的不同，它对空燃比的影响也不同。发动机在怠速、小负荷及常用工况下，A/F 均很大，EGR 对混合气的稀释作用不大，允许采用较大的 EGR 率，但在小负荷时会影响发动机的着火稳定性；在大负荷时，A/F 约为 25∶1，过大的 EGR 率会降低燃烧速度，燃烧波动增加，降低燃烧效率，功率和燃油经济性恶化，随之带来 CO、HC 和烟度的大幅增加。由此可见，EGR 对发动机的负面影响主要表现在大负荷工况，尤其使 HC 及微粒增加，燃油消耗量增大。

尽管在柴油机大负荷工况下采用 EGR 对其性能不利，但由于柴油机 60%～70% 的 NO_x 是在大、中负荷工况下产生的，只有 EGR 增加才能使 NO_x 迅速减少。EGR 率为 15% 时，NO_x 排放可以减少 50% 以上；EGR 率为 25% 时，NO_x 排放可减少 80% 以上。

最大限度地提高 EGR 率的同时，减少由于 EGR 对发动机性能带来的负面影响，可在柴油机上同时辅以其他技术措施，比如涡轮增压中冷技术，电控高压共轨燃油喷射技术等。

习　题

4-1　柴油机的排放控制主要针对哪几种排放物？为什么？

4-2　柴油机污染物生成的根本原因是什么？

4-3　柴油机的机内净化技术都包括哪些？

4-4 试述直喷式柴油机燃烧室低排放的设计要点。

4-5 非直喷式燃烧系统的燃烧室和直喷式燃烧系统的燃烧室各有何特点？

4-6 为降低柴油机的排放，燃油喷射系统应如何改进？

4-7 简述电控高压共轨燃油喷射系统的组成及工作原理。

4-8 高压共轨燃油喷射系统有何特点？

4-9 简述理想的喷油规律。

4-10 气流组织如何影响柴油机的排放？

4-11 在柴油机中采用多气门有何优点？

4-12 柴油机增压会对排放产生什么影响？

4-13 简述废气涡轮增压器的工作原理。

4-14 EGR 降低柴油机 NO_x 排放的原因是什么？

4-15 EGR 对于柴油机性能有何正面和负面的影响？

4-16 增压柴油机的 EGR 系统有什么困难？如何克服？

第 5 章　汽油机排放后处理

掌握汽油机排放污染的后处理技术，主要包括空气喷射系统、热反应器、氧化催化反应器和三效催化转化器系统的催化反应机理、性能指标与主要催化剂的特点、劣化机理与评价、基本结构以及匹配和使用等。

发动机的净化技术包括机内净化与机外净化。机内净化以改善发动机燃烧过程为主，或对发动机结构进行改进，从而抑制有害排放物的产生，但其效果有限。为了达到现行严格的排放法规要求，在机内净化措施的基础上，有必要采用机外净化措施。机外净化包括机前净化和机后净化两种。机前净化指的是对进入发动机气缸前的燃料和空气进行处理的一种技术，一般会受到辅助系统和燃料成本、燃料供应等限制；机后净化是在发动机的排气系统中安装减少有害排放物的装置，这使得发动机结构更为复杂，费用更高，如果使用不当，还会影响发动机的性能。

就汽油机和柴油机机后净化技术而言，由于 20 世纪 70 年代绝大多数汽车用汽油机作动力，因而首先研发的是汽油机的排气净化技术。到 20 世纪末期，柴油机在汽车中的应用日益广泛，柴油机的排气后处理问题才被提上日程。

C_xH_y、CO 和 NO_x 是汽油机排放中需要加以控制的三种常规排放物。经过多年的努力，汽油机机后净化技术日渐成熟，主要技术如图 5-1 所示。用于同时减少 C_xH_y 和 CO 两种排放物的后处理控制策略有空气喷射系统、热反应器（thermal reactor）、氧化催化反应器（oxidation catalytic converter，OCC）等；用于同时减少 C_xH_y、CO 和 NO_x 三种排放的后处理控制策略主要有三效催化转化器（three-way catalytic converter，TWC）。目前，TWC 与电控汽油喷射系统的匹配应用成为世界上最广泛的汽油机排放控制模式，如电子燃油喷射加 TWC 技术仅为化油器

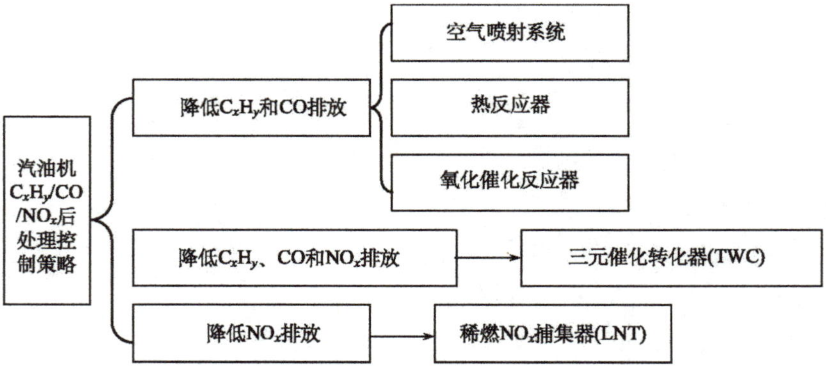

图 5-1　汽油机后处理净化技术

技术污染排放水平的10%～20%。对于稀燃汽油机和缸内直喷汽油机（GDI），它们不能提供TWC高效使用的工作条件，可采用稀燃NO_x捕集器（LNT）实现排气富氧情况下还原NO_x。LNT现也逐渐研究用于电喷柴油机，但由于非电控柴油机无法实现LNT再生所需要的富燃状态，因此非电控柴油机不适用。本章对上述这些技术进行介绍。由于电喷柴油机也在使用LNT，这部分内容将在第6章进行介绍。

5.1 空气喷射系统

空气喷射系统是将新鲜空气强制喷入排气系统中，促进C_xH_y和CO在排气管内与空气混合，进一步氧化成H_2O与CO_2的方法，是最早用来减少排气中C_xH_y和CO的方法之一。这种方法就像对着快要熄灭的火吹风，促使火焰继续燃烧。有别于发动机的正常进气，这种把空气向排气系统中喷射的方法也称为二次空气喷射。

按空气喷入位置，二次空气喷射可分为上游喷射和下游喷射，如图5-2所示。上游喷射指将新鲜空气喷入排气歧管。下游喷射指将新鲜空气喷入催化转化器的空气室中。

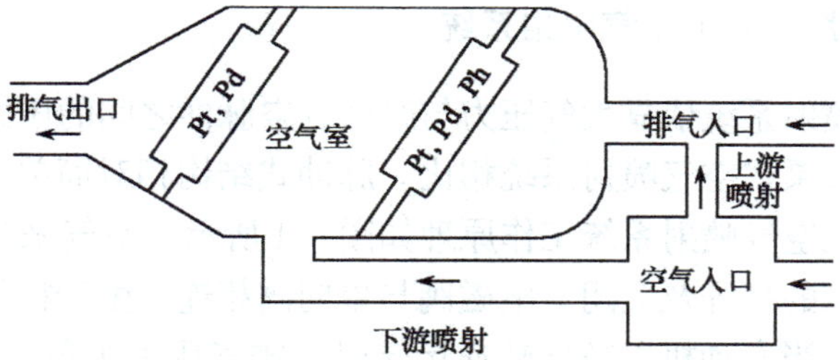

图5-2 上游喷射和下游喷射示意图

按照结构和工作原理的不同可分为空气泵式和无泵式（脉冲式）空气喷射系统。空气泵式空气喷射系统利用空气泵将空气喷入排气系统，无泵式（脉冲式）空气喷射系统利用排气压力将空气喷入排气系统。

5.1.1 空气泵式空气喷射系统

空气泵式空气喷射系统利用空气泵将空气泵入排气口或催化转化器。空气泵的驱动可分为非电动驱动和电动驱动，非电动的空气泵由曲轴通过皮带驱动，电动的空气泵由电动机驱动。图5-3为空气泵喷射系统示意图，空气经空气泵加压，流经空气旁通阀、空气控制阀，最终喷入排气歧管或催化转化器中。

空气旁通阀位于空气泵和空气控制阀之间，防止废气中含有较多未燃C_xH_y时由于喷入较多新鲜空气造成回火甚至爆炸。如空气旁通阀在汽车减速时改变空气路径，把空气导入旁通通路，从而将空气导入大气中。空气控制阀控制空气送往排气

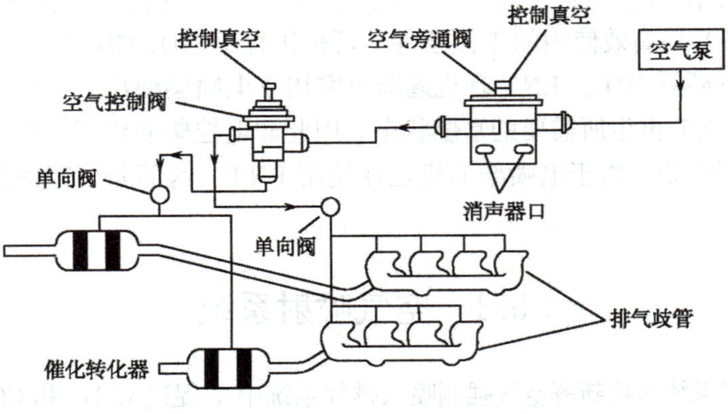

图 5-3　空气泵喷射系统示意图

歧管或催化转化器中。在发动机暖机时，空气控制阀将空气导入排气歧管；当发动机完成暖机后，空气控制阀将空气导入催化转化器中，辅助催化转化器进行氧化反应。单向阀位于空气控制阀之后、排气歧管和催化转化器之前。单向阀作为防止空气回流的一个元件，允许空气进入废气中，阻止废气回流到空气泵中。

5.1.2　无泵式（脉冲式）空气喷射系统

脉冲式空气喷射系统依靠大气压力与废气真空脉冲之间的压力差使新鲜空气喷入排气中。与空气泵式空气喷射系统相比，脉冲式结构相对简单，成本较低及功率消耗较少。脉冲式空气喷射系统工作原理如图 5-4 所示，空气来自空气滤清器，控制单元控制电磁阀的打开及关闭，电磁阀与单向阀相连。由于排气中压力是正负交替的脉冲压力波，当发动机以较低转速运转时，排气压力为负，空气通过电磁阀、单向阀进入排气中，与排气中未燃 C_xH_y 进一步燃烧。当排气压力为正时，新鲜空气不能流入排气中，由于有单向阀，排气中的气体也不能倒流出来，此时不能降低排放量。由于排气口的低压脉冲持续时间随发动机转速的提高而缩短，所以脉冲式空气喷射系统在发动机转速较低时，降低 C_xH_y 排放的效果更好。

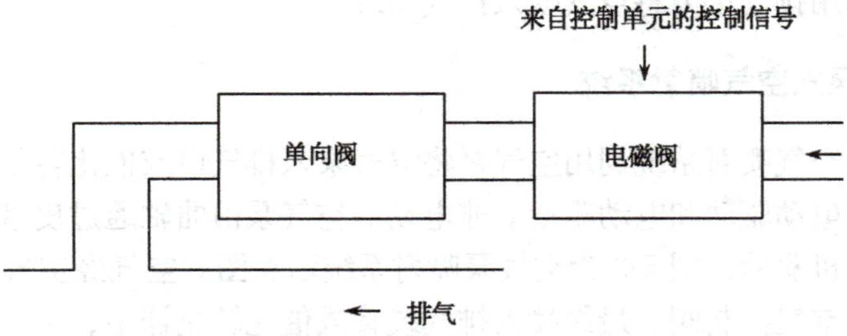

图 5-4　脉冲式空气喷射系统示意图

5.2 热反应器

加装热反应器的目的是提供 C_xH_y 和 CO 氧化所需的高温和增加反应停留时间，减少排气中 C_xH_y 和 CO 排放。C_xH_y 在热反应器中氧化所需温度约为 600℃并有 50ms 左右的反应停留时间，CO 氧化所需的反应温度比 C_xH_y 还要高，需要达到 700℃。通常，汽油机排气温度的变化范围很大，可从怠速时的 300～400℃变化到全负荷时的 900℃，大多数运转工况的排气温度为 400～600℃。因此，汽油机排气管中的排气温度在大部分工况下难以达到 600～700℃高温要求，这使得 C_xH_y 和 CO 无法自行在排气管中进行氧化，而加装热反应器则为一个有效的措施。

在早期用于轿车及摩托车的化油器式汽油机的排气道后，布置热反应器，如图 5-5 所示。热反应器由壳体、外筒和内孔三层构成，壳体与外筒之间是保温层，填有绝热材料，有利于内部保持高温 600～1000℃。排气中未燃的 C_xH_y 和 CO 在热反应器高温状态下停留一段时间后，充分氧化为 CO_2 和 H_2O 从而降低排放量。

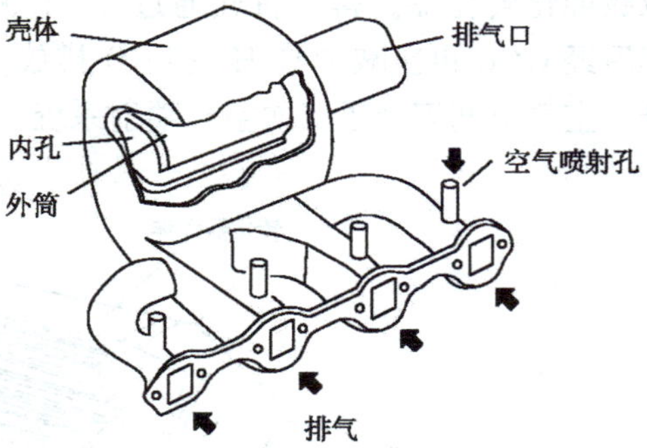

图 5-5　热反应器排气净化装置

热反应器的转化效率取决于反应器温度、含氧量、反应气体与 O_2 的混合程度、反应停留时间等。一般情况下，热反应器对 CO 和 C_xH_y 的转化率可达 80%。大多数汽油机的运转燃空当量比为 0.9～1.2、相对较浓混合气运转状态下，热反应器的转化效率更多取决于含氧量、反应气体与 O_2 的混合程度，若将热反应器与二次空气喷射合理结合起来，对 C_xH_y 和 CO 的净化有显著效果；对于稀混合气工作的汽油机，不需供给二次空气喷射，这样可减少空气泵的能量消耗，但运转温度主要由排气温度决定，运行温度较低，导致转化效率较低。

热反应器优点为结构简单、制作和使用方便、成本低，缺点为发动机冷启动时不能发挥作用。启动后，为了工作可靠，要求排气中有足够的可燃物质以保证产生自燃反应，这就需使混合气浓度大大高于最经济时的浓度，从而导致油耗增大。热反应器不能净化 NO_x，尽管其有隔热装置，但仍给车盖下增加了大量的热负荷；热反应器长期处于铅、磷和高温的工作条件，即使采用高级昂贵材料，也几乎无法解决零件的寿命问题。

5.3 氧化催化反应器

氧化催化反应器（OCC）可使 C_xH_y 和 CO 两种排放物在排气温度低达 250℃

的条件下进行氧化，生成 CO_2 和 H_2O，因此也称二元催化转化器。OCC 工作温度要求低，转换效率比热反应器高，外观和使用条件与三效催化转化器（TWC）基本相同。然而，OCC 对催化剂的要求没有 TWC 高，用 Pt 或 Pd 就很好，不需用昂贵的 Rh，甚至不含贵金属的配方也可以。虽然，由于不能有效减少 NO_x 排放，OCC 已被 TWC 淘汰，但是，对于稀燃汽油机或二冲程汽油机，NO_x 排放较少，未燃 C_xH_y 排放较多，OCC 还有用武之地。稀燃天然气发动机一般也采用 OCC。柴油机排气微粒中干碳烟难以氧化，但用 OCC 可以氧化微粒中大部分有机可溶成分，从而达到微粒排放降低的效果，同时也可使柴油机的 C_xH_y 和 CO 排放减少。另外，OCC 可与其他柴油机排气后处理器联合使用，组成排气后处理系统。

汽油机 OCC 也可与 TWC 联合使用降低排放。图 5-6 为带空气喷射的整体式双级催化转化器。排气首先通过 TWC 减少 C_xH_y、CO 和 NO_x 三种有害排放物，然后经 OCC 再次减少 C_xH_y 和 CO 排放。TWC 与 OCC 之间用一小块空气空间隔开，空气空间安装了二次空气喷射系统，为 OCC 反应过程提供新鲜空气。

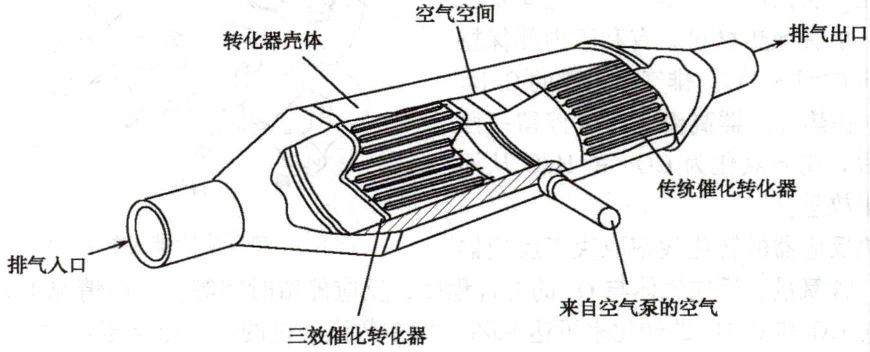

图 5-6　带空气喷射的整体式双级催化转化器

5.4　三效催化转化器

三效催化转化器（TWC）是一种能使 C_xH_y、CO 和 NO_x 三种有害排放物同时得到净化的后处理装置。应用氧化、还原方法，在催化剂的帮助下可使汽油机排气中还原气体（C_xH_y、CO 和 H_2）以及氧化气体（O_2 和 NO）都产生反应。在催化剂的作用下，C_xH_y 和 CO 被氧化生成 CO_2 和 H_2O；排气中 C_xH_y、CO 和 H_2 作为还原剂，使 NO 还原成 N_2。

5.4.1　基本结构

TWC 一般由壳体、垫层和催化剂组成，基本结构如图 5-7 所示。

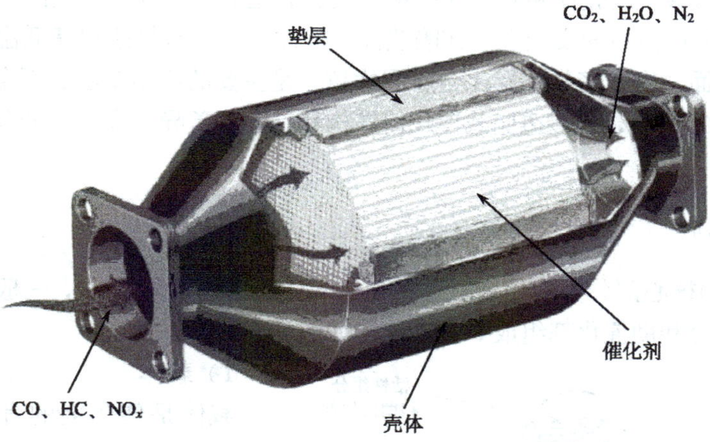

图 5-7　TWC 的基本结构

1. 壳体

壳体用于封装 TWC 的垫层与载体，是整个 TWC 的支撑体，其材料和形状直接影响 TWC 的转化效率和使用寿命。目前用得最多的壳体材料是含铬（Cr）、镍（Ni）等金属的不锈钢，这种材料具有热膨胀系数小、耐腐蚀性强等特点，适用于 TWC 恶劣的工作环境。壳体的形状要求尽可能减少涡流和气流分离现象的产生，防止气流阻力的增加；要保证载体进气端气流的均匀性，使废气尽可能均匀分布在载体的端面上，使附着在载体上的活性涂层尽可能承担相同的废气注入量，让所有的活性涂层都能对废气产生加速反应的作用，以提高 TWC 的转化效率和使用寿命；同时设计中还要考虑减少 TWC 对汽车底板的热辐射，防止进入加油站时因催化器炽热的表面而引起火灾，避免路面积水飞溅对催化器的激冷损坏以及路面飞石造成的撞击损坏，在催化器壳体外面还设有半周或全周的防护隔热罩。通常，TWC 壳体通常做成双层结构，内外壁之间填有隔热材料，可有效防止发动机全负荷运行时由于热辐射使 TWC 外表面温度过高，并加速发动机冷启动时催化剂的起燃。

2. 垫层

载体和壳体之间采用由软质耐热材料构成的垫层固定，可防止载体因振动而损坏，补偿由于排气温度变化大引起的载体材料（陶瓷）与壳体材料（金属）之间热膨胀性的差别，保证载体周围的气密性。

垫层一般有陶瓷密封垫和金属网两种，起到良好的减震、隔热和密封作用。陶瓷密封垫可由陶瓷纤维（硅酸铝）、蛭石和有机黏合剂组成。陶瓷纤维具有良好的抗高温能力，使垫层能承受 TWC 中较为恶劣的高温环境。蛭石在受热时会发生膨胀，从而使 TWC 的壳体和载体连接更为紧密，还能隔热以防止过高的温度传给壳体，保证 TWC 使用的安全性。在隔热性、抗冲击性、密封性和高低温下对载体的固定力等方面，陶瓷密封垫层比金属网优越，是主要的应用垫层；而金属网垫层由于具有较好的弹性，能够适应载体几何结构和尺寸的差异，在一定的范围内也得到了应用。

3. 催化剂

TWC 的核心部分为催化剂，是决定 TWC 的主要性能指标，一般由载体、涂层、活性组分和助催化剂组成，基本结构如图 5-8 所示。

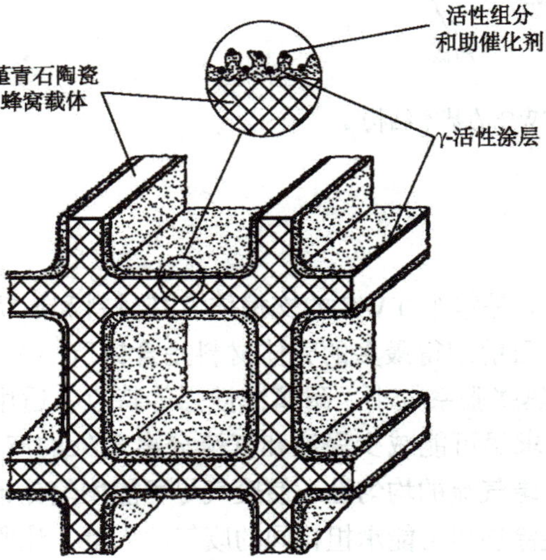

图 5-8　车用催化剂的典型结构

1）载体

载体是催化剂的骨架，是涂层依附的基体，具有以下三个特点。第一，载体必须具有多孔性及足够大的微观表面积，以保证活性组分能很好地分散在载体表面，并保证足够快的传质；第二，流经载体排气的阻力应尽可能小，把对发动机性能的损失降到最低程度；第三，载体必须具有足够的力学性能和耐热性能，热容量要低，在发动机冷启动时能使催化剂迅速起燃。

载体按形状分为颗粒型和蜂窝型两种。颗粒型载体（particulate support）具有耐冲击性好、成本低等优点，在早期得到较为广泛的应用，但存在排气阻力大、热负荷高、耐磨性差等缺点，现已基本被淘汰。20 世纪 80 年代后开始使用蜂窝型载体（honeycomb）。蜂窝型载体也称整体式载体（monolith support），按材料可分为金属载体和陶瓷载体，具有压力损失小的明显优点。蜂窝陶瓷载体（图 5-9）一般用堇青石制造，是一种铝镁硅酸盐陶瓷，其化学组成为 $2Al_2O_3 \cdot 2MgO \cdot 5SiO_2$，热膨胀系数很低，有优异的抗冲击能力，一般认为其最高使用温度为 1100℃左右。蜂窝金属载体（Fe-Cr-Al）具有起燃温度低、起燃速度快、机械强度高、比表面积大、传热快、比热容小、抗震性强和寿命长等优点，可适应汽车冷启动排放的要求，并适宜采用电加热，但由于其价格比较昂贵，目前金属载体约占载体总量 10% 的份额，主要用于中高档轿车、空间体积相对较小的摩托车以及为了改善发动机冷启动排放的汽车前置催化转化器中。

2）涂层

涂层为一层涂覆在蜂窝陶瓷载体上的多孔性物质，以提高载体的比表面积，然

图 5-9　蜂窝陶瓷载体

后再涂上活性组分。多孔性的涂层物质常选用 Al_2O_3 与 SiO_2、MgO、CeO_2 或 ZrO_2 等氧化物构成的复合混合物。理想的涂层可使催化剂有合适的比表面积和孔结构，从而改善催化剂的活性和选择性，保证助催化剂和活性组分的分散度和均匀性，提高催化剂的热稳定性。同时还可节省贵金属活性组分的用量，降低催化剂生产成本。对于蜂窝金属载体，涂底层的方法并不适用，而是通常采用刻蚀和氧化的方法在金属表面形成一层氧化物，然后在此氧化物表面上浸渍具有催化活性的物质。

3）活性组分

贵金属主要指金、银和铂族金属（钌、铑、钯、锇、铱、铂）等金属元素。贵金属作催化剂具有很高的催化活性，起燃温度较低，在高温下抗烧结，对燃油中硫的毒化作用有较好的耐力。自 20 世纪 70 年代开始，催化剂主要为氧化型催化剂，活性组分以铂、钯为主，主要针对汽车排气中的 CO 和 HC 的净化。70 年代末，为了减少 NO_x 排放以适应排放法规的要求，把氧化催化器与还原催化器串联，从而导致了 TWC 的出现，活性组分以铂、铑为主，但只有当发动机混合气浓度处于比理论空燃比 14.7 稍浓的小范围内时，三效催化转化器（TWC）才有最高的转化效率。80 年代中期后，为了有更高的转化率而且可在更高的温度下有更高的转化速度，并能实现更好的燃油经济性，汽油机 TWC 的活性组分大多采用不同比例的铑（Rh）、铂（Pt）、钯（Pd）三种贵金属作为基本成分，这三种成分在催化过程中相互协同作用。Pt 和 Pd 是氧化催化剂，用做 CO、C_xH_y 氧化反应的催化活性组分，Rh 是还原催化剂，主要提供 NO_x 的还原活性，同时对 CO、C_xH_y 的氧化反应也有活性。在汽车 TWC 中，Rh 的典型用量为 0.1～0.3g，Pt 的典型用量为 1.5～2.5g。Rh 和 Pt 的价格较高，Pd 的价格只有 Pt 的 1/4 左右，提高 Pd 的比例甚至采用全 Pd 催化剂成为贵金属催化剂的发展趋势。Pd 的热稳定性较高、起燃活性较好，在高温下会与 Pt 或 Rh 形成合金。Pd 一般在合金的外层，会抑制 Rh 活性的充分发挥。此外，Pd 的抗铅毒和硫毒的能力不如 Pt 和 Rh，因此全 Pd 催化剂对燃油中的铅和硫的含量控制要求更高。

4）助催化剂

助催化剂是加到催化剂中的少量物质，这种物质本身没有活性或活性很小，但可以改善催化剂性能，提高催化剂的活性、选择性、稳定性和耐久性。典型的助催化剂氧化镧和氧化铈能够扩大高效净化 C_xH_y、CO、NO_x 三种成分的空燃比范围，具有的功能主要为：①储存及释放氧，使催化剂在贫氧状态下更好地氧化 CO 和 C_xH_y，在富氧状态下更好地还原 NO_x；②稳定载体涂层，提高其热稳定性，稳定贵金属的高度分散状态；③促进水煤气反应和水蒸气重整反应；④改变反应动力学，降低反应的活化能，从而降低反应温度。

5.4.2 工作原理

根据催化剂与反应物所处状态的不同，催化作用可以分为均相催化和多相催化。对于 TWC，固体催化剂对气态或液态反应物所起的催化作用属于多相催化，一般包括的几个过程如图 5-10 所示。①反应物分子从流体主体通过滞流层向催化剂外表面扩散，即外扩散过程；②反应物分子从催化剂外表面向孔内扩散，即内扩散过程；③反应物分子在催化剂内表面上吸附，即吸附过程；④吸附态的反应物分子在催化剂表面上相互作用或与气相分子作用的化学反应，即表面反应过程；⑤反应产物从催化剂内表面脱附，即脱附过程；⑥脱附的反应产物自内孔向催化剂外表面扩散，即内扩散过程；⑦产物分子从催化剂外表面经滞流层向流体主体扩散，即外扩散过程。其中，①、②、⑥和⑦为传质过程，③、④和⑤为化学动力学过程。三个化学动力学过程的机理如下。

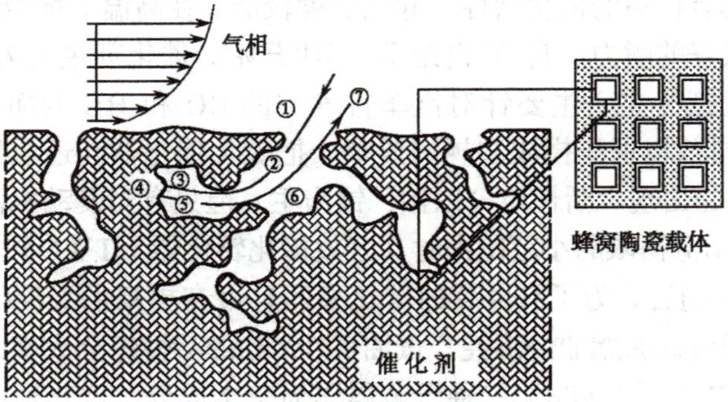

图 5-10　TWC 反应过程示意图

1. 吸附过程

吸附过程是一种或数种物质的原子、分子或离子附着在另一种物质表面上的过程。一般方程式为

$$A + s \longrightarrow A(s) \tag{5-1}$$

$$H_2 + s + s \longrightarrow H(s) + H(s) \tag{5-2}$$

$$O_2 + s + s \longrightarrow O(s) + O(s) \tag{5-3}$$

式中，A 为吸附质分子 CO、C_xH_y 或 NO_x；s 为活性中心或催化中心；A(s) 为在吸附表面上形成的表面络合物；H(s) 和 O(s) 分别为氢原子和氧原子吸附在活性中心形成的表面络合物。

2. 表面反应过程

反应物分子吸附在催化剂表面的活性中心后，它们就分别开始与同样吸附在活性中心的氧化剂分子或还原剂分子发生氧化还原反应。一般方程式如下。

1）CO 氧化反应

CO 主要通过两种途径被氧化。第一种途径，当排气中有自由氧时 CO 被 O_2 氧化，一般认为包括下列四个基本步骤：

$$CO(g) \longrightarrow CO(a) \tag{5-4}$$

$$O_2(g) \longrightarrow 2O(a) \tag{5-5}$$

$$O(a) + CO(a) \longrightarrow CO_2(g) \tag{5-6}$$

$$O(a) + CO(g) \longrightarrow CO_2(g) \tag{5-7}$$

总量反应可写为

$$O + 0.5O_2 \longrightarrow CO_2 \tag{5-8}$$

式中，(g) 表示气相，(a) 表示吸附相。在排气中，大量具有高度极性的 CO 吸附在贵金属催化剂上将妨碍其被 O_2 氧化。为使 CO 开始解吸以让出催化剂的活性位给氧，催化剂必须达到足够高的温度（100～200℃）。HC 和 NO 对 CO 的氧化有抑制作用，而对 CO_2 和 H_2O 没有任何影响。

第二种途径是部分 CO 与水煤气反应而被氧化，Pt 可促进此反应。此反应中生成的 H_2 也很容易被氧化成水。反应方程式为

$$CO + H_2O \longrightarrow CO_2 + H_2 \tag{5-9}$$

$$2H_2 + O_2 \longrightarrow 2H_2O \tag{5-10}$$

2）C_xH_y 氧化反应

有多余的 O_2 和氧化催化剂时，会发生总量 C_xH_y 氧化反应。

NO 和 CO 对 C_xH_y 的氧化反应起抑制作用：

$$C_xH_y + (x + 0.25y)O_2 \longrightarrow xCO_2 + 0.5yH_2O \tag{5-11}$$

3）NO 还原反应

NO 还原反应可能有三种途径。第一种途径为在很高的温度下，NO 分子不稳定，在理论上 NO 会反应分解成分子氮和分子氧，但是，这种放热反应很难进行：

$$NO \longrightarrow 0.5N_2 + 0.5O_2 \tag{5-12}$$

第二种途径为存在催化剂时，较高的温度和具备化学还原剂是 NO 得以还原的必要条件。伴随 NO 存在于排气中的 CO、未燃 C_xH_y 和 H_2 可以成为还原剂，具体基本步骤和导致 NO 消失的总量反应式如下。

$$CO(g) \longrightarrow CO(a) \tag{5-13}$$

$$NO(g) \longrightarrow NO(a) \tag{5-14}$$

$$NO(a) \longrightarrow N(a) + O(a) \tag{5-15}$$

$$N(a) + N(a) \longrightarrow N_2(g) \tag{5-16}$$

$$O(g) + CO(a) \longrightarrow CO_2(g) \tag{5-17}$$

$$2NO(a) \longrightarrow N_2O(g) + O(a) \tag{5-18}$$

$$2NO(a) \longrightarrow N_2(g) + 2O(a) \tag{5-19}$$

$$N_2O(g) \longrightarrow N_2O(a) \tag{5-20}$$

$$N_2O(a) \longrightarrow N_2(g) + O(a) \tag{5-21}$$

从反应式中可见，如果排气中分子氧的分压明显高于 NO 的分压，NO 消失的速率会明显下降。这就是为什么用目前已有的催化剂不能完全消除供给过量空气的发动机（稀燃点燃式发动机和压燃式发动机）排气中 NO 的原因。

式（5-13）～式（5-21）可写成以下总量反应组：

$$NO + CO \longrightarrow 0.5N_2 + CO_2 \tag{5-22}$$

$$NO + H_2 \longrightarrow 0.5N_2 + H_2O \tag{5-23}$$

$$(2m + 0.5n)NO + C_mH_n \longrightarrow (m + 0.25n)N_2 + 0.5nH_2O + mCO_2 \tag{5-24}$$

第三种途径为当发动机以浓混合气运转时，排气中会出现大量化学还原剂，NO 通过下列某一途径生成 NH_3。这种生成 NH_3 的反应是不希望发生的，可通过催化剂的合理选择来避免。

$$NO + 2.5H_2 \longrightarrow NH_3 + H_2O \tag{5-25}$$

$$2NO + 5CO + 3H_2O \longrightarrow 2NH_3 + 5CO_2 \tag{5-26}$$

3. 脱附过程

当表面反应过程完成后，生成的反应产物分子就会从催化剂表面的活性中心脱离出来，为表面反应的继续进行空出活性位，这个过程称为脱附。方程式如下：

$$B(s) \longrightarrow B + s \tag{5-27}$$

$$H(s) + H(s) \longrightarrow H_2 + s + s \tag{5-28}$$

$$O(s) + O(s) \longrightarrow O_2 + s + s \tag{5-29}$$

式中，B 为反应产物分子；s 为活性中心（或催化中心）；B(s) 为吸附在催化剂上形成的表面络合物。

5.4.3 性能指标

TWC 是否获得稳定、高效的净化效果，可通过其各项性能指标进行评价。其性能指标主要有转化效率、流动阻力和使用寿命等，各指标的相互关系如图 5-11 所示。

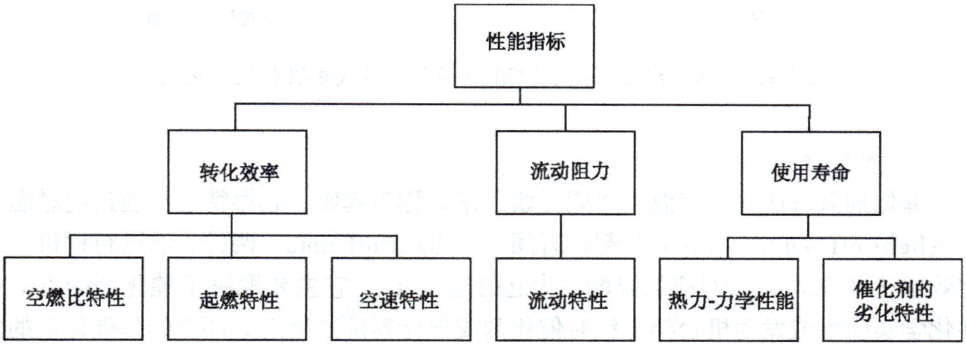

图 5-11 TWC 主要性能指标关系图

1. 转化效率

TWC 的转化效率指某种污染物经 TWC 进出口含量的相对下降，表达式为

$$\eta^{(i)} = \frac{c_i^{(i)} - c_o^{(i)}}{c_i^{(i)}} \times 100\% \tag{5-30}$$

式中，$\eta^{(i)}$ 为排气污染物 i 在催化器中的转化效率；$c_i^{(i)}$ 为排气污染物 i 在催化器进口处的浓度或体积分数；$c_o^{(i)}$ 为排气污染物 i 在催化器出口处的浓度或体积分数。

转化效率取决于污染物的组成、催化剂的活性、工作温度、空间速度及流速在催化空间中分布的均匀性等因素，它们分别可用催化器的空燃比特性、起燃特性和空速特性表征。

1）空燃比特性

TWC 的转化效率随可燃混合气的空燃比 α 或过量空气系数 ϕ_a 的变化称为催化器的空燃比特性，如图 5-12 所示。由空燃比特性可知，如果发动机的可燃混合气浓度未保持在化学计量比时，对于稀混合气（空气过量），NO 净化效率下降；对于浓混合气（燃油过量），CO 和 HC 净化效率下降；只有在 $\phi_a = 1$（或空燃比 $\alpha = A/F = 14.7$）附近的狭窄范围内，$\Delta\phi_a$ 只有 0.01～0.02（对应空燃比 α 窗口宽度为 0.15～0.3)，且并不相对 $\phi_a = 1$ 对称，而是偏向浓的方向，CO、C_xH_y 和 NO_x 的净化效率才能同时达到最高且均可在 80% 以上。

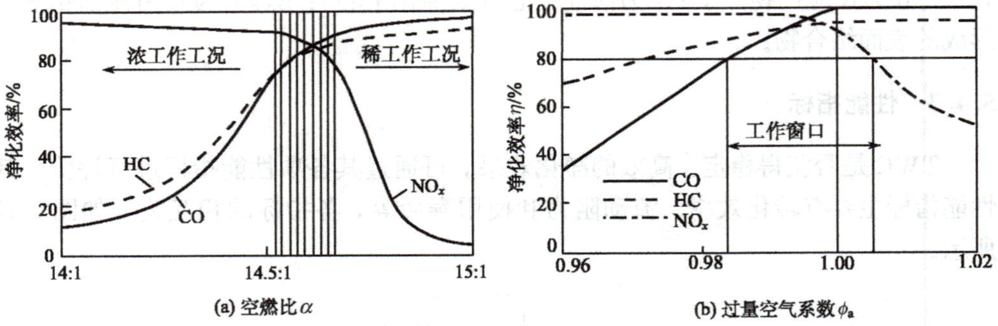

图 5-12　TWC 转化效率随空燃比 α 或过量空气系数 ϕ_a 的变化关系

2）起燃特性

催化剂只有达到一定温度才能开始工作，称为起燃。起燃特性可通过起燃温度 t_{50}（light-off temperature）和起燃时间 τ_{50}（light-off time）两种方法进行评价。转化效率达到 50% 时所对应的温度称为起燃温度 t_{50}。它主要取决于催化剂配方，可在化学实验室或发动机台架上针对催化剂或催化器试验测定，评价的是催化剂的低温活性。t_{50} 越低，催化器在汽车启动时越能迅速起燃。转化效率达到 50% 时所需要的时间称为起燃时间 τ_{50}。τ_{50} 除与催化剂配方有关外，在很大程度上取决于催化转化器系统的热容量、绝热程度以及流动传热传质过程，影响因素更复杂，但实用性更好。τ_{50} 越小，催化器在汽车启动时越能迅速起燃。

TWC 的 t_{50} 一般范围为 250～300℃，在汽油机冷启动后 2 分钟左右的时间内催化转化器可以达到这个温度，而此时排出的废气已占循环总量的 80% 左右。图 5-13为某催化剂的转化效率随气体入口温度 t_i 的变化关系，即用起燃温度评价催化剂的起燃特性，CO 的起燃温度约为 282℃，C_xH_y 的起燃温度约为 289℃，NO_x 的起燃温度约为 295℃。可见，对于 TWC，CO 的起燃温度较低，C_xH_y 居中，NO_x 较高。

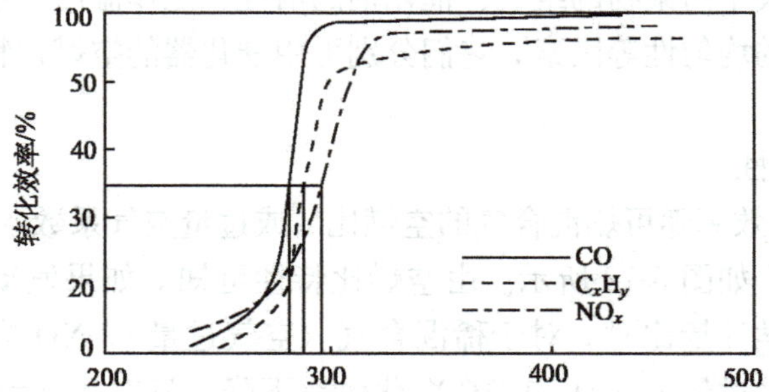

图 5-13　催化剂的起燃特性

到目前为止，起燃温度是最常用的起燃特性指标，而整个催化转化器系统的起燃特性用起燃时间来评价，以满足未来更加严格的排放法规。排放试验表明，按国标 GB18352—2001 的Ⅰ型试验用测试循环的市区测试循环（1 部）试验时，前 120 秒内排放了总循环（为时 820 秒）中 90% 的 CO、80% 的 HC 和 60% 的 NO_x。出现较大的初始排放量主要有两个原因：一是催化剂未达到足够高的温度，不能进行有效的催化反应；二是发动机启动时的混合气浓，CO 和 HC 的催化氧化因缺氧而不能有效进行。因此，保证在发动机冷启动时催化转化器快速起燃，是目前降低车用汽油机排放的研究重点。

3）空速特性

单位体积的催化剂在单位时间内所通过的排气气体体积流量，称为空间速度（space velocity，SV），简称空速，其定义式为

$$SV = q_V / V_{cat} \tag{5-31}$$

式中，SV 为空速（s^{-1}或 h^{-1}）；q_V 为流过催化剂的排气体积流量（换算到标准状态）（L/s 或 L/h）；V_{cat}为催化剂体积（L）。

空速的大小实际上表示了反应气体在催化剂中的停留时间 t_R。空速越高，反应气体在催化剂中停留的时间 t_R 越短，会使转化效率降低。发动机在不同工况运行时，催化器的空速在很大范围内变化。怠速时，SV＝1～2s^{-1}，而在全速全负荷运行时，SV＝30～100s^{-1}。性能好的三效催化剂至少在 SV＝30s^{-1} 内保持高的转化效率；而性能差的催化剂尽管在低空速（如怠速）时可以有很高的转化效率，但随空速的提高转化效率很快下降，如图 5-14 所示。一般来说，催化剂体积与发动机总排量之比为 0.5～1.0。

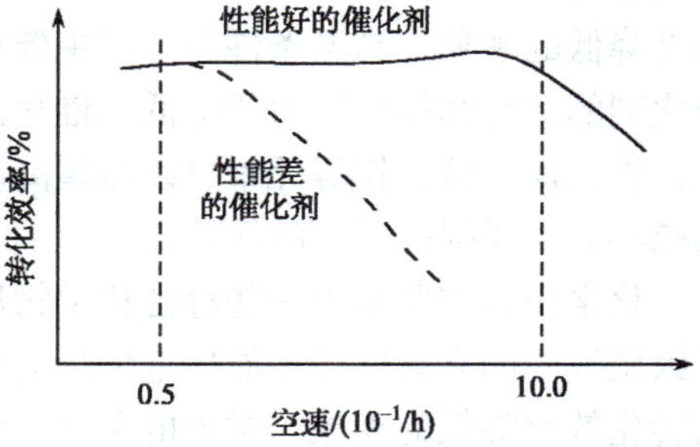

图 5-14　催化剂的空速特性

2. 流动特性

TWC 在排气系统中的安装使得发动机排气阻力增加、动力性和经济性恶化，因此要求催化转化器的流动阻力一般不超过 5kPa。引起 TWC 流动阻力的主要原因有：①气流与壳体壁面的摩擦；②入口与出口处的气流剪切和变向；③载体细小孔道中的流动摩擦，其中②和③作用明显。载体孔道的流动阻力可用下式计算：

$$\Delta p \propto lv / d^2 \tag{5-32}$$

式中，l 为孔道长度，v 为气体流速，d 为孔道水力直径。

从式（5-32）可以看出，为保持一定的空速，在催化剂体积不变的条件下，用短而粗的催化剂可使阻力大大减小。但实际安装限制了 TWC 的横向尺寸，且横向

尺寸过大容易使横截面上流速分布不均匀，从而促使流动阻力增加，还会引起TWC转化效率下降和劣化加速。流速分布不均匀一般表现为中心区域流速高、外围区域流速低。这样一来中心部分的温度过高，使该区催化剂很容易劣化，缩短了使用寿命。而外围温度又过低，该区催化剂得不到充分利用，造成总体转化效率的降低。另外，流速分布不均匀还会导致载体径向温度梯度增大，产生较大热应力，加大了载体热变形和损坏的可能性。

3. 使用寿命

TWC经长期使用后性能将发生劣化。国际一般要求车用TWC在使用8万～16万千米后整车排放仍能满足法规限值，且转化效率的降低小于20%。经验表明，开发一种高活性的催化剂固然不容易，使之具有较长使用寿命更加困难。影响催化剂寿命的因素主要有四类，即热失活、化学中毒、机械损伤以及催化剂结焦。在催化剂的正常使用条件下，催化剂的劣化主要是由热失活和化学中毒造成的。

热失活（thermal deactivation）是指催化剂由于长时间工作在850℃以上的高温环境中，涂层组织发生相变、载体烧熔塌陷、贵金属间发生反应、贵金属氧化及其氧化物与载体发生反应而导致催化剂中氧化铝载体的比表面积急剧减小、催化剂活性降低的现象。高温条件在引起主催化剂性能下降的同时，还会引起氧化铈等助催化剂的活性和储氧能力的降低。催化剂的热失活可通过加入一些元素来减缓，如加入锆、镧、钕、钇等元素可以减缓高温时活性组分的长大和催化剂载体比表面积的减小，从而提高反应的活性。

化学中毒主要是指一些毒性化学物质吸附在催化剂表面的活性中心不易脱附，导致尾气中的有害气体不能接近催化剂进行化学反应，使催化转化器对有害排放物的转化效率降低的现象。常见的毒性化学物主要有燃料中的硫、铅以及润滑油中的锌、磷等。

机械损伤是指催化剂及其载体在受到外界激励负荷的冲击、振动乃至共振的作用下产生磨损甚至破碎的现象。催化剂载体有两大类：一类是球状、片状或柱状氧化铝；另一类是含氧化铝涂层的整体式多孔陶瓷体。它们与车上其他零件材料相比，耐热冲击、抗磨损及抗机械破坏的性能较差，遇到较大的冲击力时容易破碎。

催化剂结焦是一种简单的物理遮盖现象，发动机不正常燃烧产生的碳烟会沉积在催化剂上，从而导致催化剂被沉积物覆盖和堵塞，不能发挥其应有的作用，但将沉积物烧掉后又可恢复催化剂的活性。

5.4.4 三效催化转化器与发动机的匹配和使用

从国外大量实例来看，欧Ⅰ～欧Ⅲ法规的主要对策技术仍是电控燃油喷射系统加TWC，且必须配装氧传感器及空燃比反馈控制系统，只是其匹配水平和控制精度要求更高。TWC的匹配主要注重以下几个方面：①催化器与发动机特性的匹配；②催化器与电控燃油喷射系统的匹配；③催化器与排气系统的匹配；④催化器与燃料及润滑油的匹配；⑤催化器与整车设计的匹配。

在 TWC 的使用过程中，应注意以下几点：①发动机必须使用无铅汽油，否则铅会覆盖在催化剂表面使 TWC 失效；②只有达到催化剂的工作温度，TWC 才能进行有效的催化反应，温度低时 TWC 转换效率很低；③向发动机提供理论空燃比混合气，才能保证 TWC 较好的转换效果；④发动机调节不当时，如混合气过浓或气缸失火，都可能引起 TWC 严重过热。

5.4.5 三效催化转化器失效检测

1. 氧传感器信号检测法

在 TWC 前后各安装一个氧传感器，当发动机正常工作温度条件下，如果两个氧传感器信号波形基本相同，则说明该 TWC 失效。

2. 温度检测法

用高温测试仪测试 TWC 进气口和出气口温度，由于 TWC 在正常工作状态下氧化反应产生大量热量，因此正常状况下 TWC 出气口温度比进气口温度高 30～100℃，否则表明该 TWC 失效。

3. 尾气分析检测法

当发动机怠速运转且变速器在空挡时，把废气分析仪插入排气管进行快速检测。如果读数超过发动机说明书范围，说明 TWC 失效。或者，通过测试 TWC 前、后废气 C_xH_y、CO 和 NO_x 有害排放量，如果 TWC 前、后测得的读数相同，则说明 TWC 失效。

习　　题

5-1　二次空气喷射系统的分类有哪些？二次空气喷射系统中单向阀的作用是什么？

5-2　热反应器如何与二次空气喷射结合起来使用？

5-3　汽油机排气可否满足 C_xH_y 和 CO 自氧化温度条件？

5-4　汽油机加装热反应器的目的是什么？

5-5　氧化催化反应器与三效催化转化器的区别是什么？

5-6　试述氧化催化反应器的应用。

5-7　汽油机后处理净化技术主要有哪些？其中哪些是主流技术？

5-8　试述三效催化转化器的设计要点。

5-9　三效催化转化器使用过程中有哪些注意事项？

5-10　试述三效催化转化器失效检测方法。

第6章　柴油机排放后处理

掌握柴油机排放污染的后处理技术，主要包括氧化催化反应器、微粒捕集器、稀燃 NO_x 捕集器和选择性催化还原器基本结构、工作原理、主要过滤材料的性质、主要再生技术等，了解同时降低微粒和 NO_x 排放的柴油机后处理技术。

柴油机高的微粒和 NO_x 排放量是满足未来严格排放法规的主要障碍，而针对微粒和 NO_x 的发动机机内净化技术往往相互矛盾。近年来，人们又开始关注柴油机均质混合气压燃（HCCI）技术，希望从机内同时降低微粒和 NO_x 排放，但是，目前HCCI运行工况范围还较窄，发动机模式切换控制复杂，降低微粒和 NO_x 排放效果受到一定的限制。因此，柴油机排气后处理净化作为解决微粒和 NO_x 排放的有效手段成为柴油机研究的前沿与热点问题。柴油机较具代表性降低微粒和 NO_x 排放后处理技术如图6-1所示。

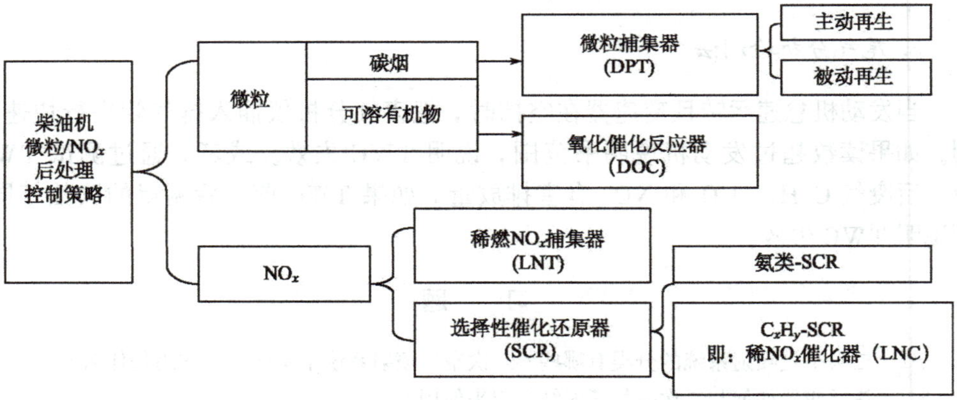

图6-1　柴油机后处理净化技术

柴油机排放的微粒主要由干碳烟、硫酸盐以及可溶性有机物（SOF）组成，当排气温度超过约500℃时微粒的成分主要是碳烟，当排气温度低于500℃时，干碳烟会吸附和凝聚较多SOF。目前，降低微粒的方法有静电捕集、等离子去除、溶液清洗、离心分离、催化氧化和捕集器等，其中后两种技术为研究热点。

应用等离子体反应器来处理柴油机的有害排放，会发生复杂的化学反应，其中NO很容易氧化成具有强氧化性的 NO_2，进而 NO_2 对微粒氧化，使微粒浓度降低，是一个有着良好应用前景的新技术。溶液清洗技术将排气引入水、油或某种化学溶液中，使排气中的部分微粒被吸附，方法简单，但装置体积大，只能降低微粒排放的10%左右，仅适合于固定式柴油机。离心分离技术只能除去直径较大的微粒，而柴油机中的大部分微粒直径在 1.0μm 以下，故目前单纯的离心分离效果不很理想，只能分离微粒约 10% 左右。如静电捕集结合离心分离技术，则可先使排气中的细小微粒在电场中相互吸引，凝聚成较大的微粒，然后再通过离心分离，使微粒净化效果达到 50% 左右。氧化催化反应器可以除去微粒中的可溶性有机组分 SOF，同时 C_xH_y、CO 也被氧化去除，但是难以降低微粒中的碳烟，如需大幅度降低微粒，则需要采用微粒捕集器。

柴油机机外 NO_x 还原是一项难度很大的研究工作，主要原因在于：①柴油机排气的高度氧化氛围中进行 NO_x 还原反应，对催化剂性能要求极高；②柴油机排温明显低于汽油机排温；③柴油机排气中含有大量 SO_x 和微粒，容易导致催化剂中毒。NO_x 机外净化技术主要有稀燃 NO_x 捕集器（LNT）、选择性催化还原器（SCR）、选择性非催化还原器（SNCR）、等离子辅助催化还原器（NTP）等，本章主要介绍 LNT 和 SCR。

6.1 降低微粒排放的净化技术

6.1.1 氧化催化反应器

柴油机氧化催化反应器（diesel oxidizing catalyst，DOC；或 oxidization catalytic converter，OCC）采用的氧化催化剂原则上与汽油机相同，常用的催化剂是由铂（Pt）系、钯（Pd）系等贵金属和稀土金属构成。用有多孔的氧化铝做催化剂载体的材料并做成多面体形粒状（直径一般为 2～4mm）或是蜂窝状结构。尽管柴油机排气温度低，微粒中的碳烟难以氧化，但氧化催化剂可以氧化微粒中 SOF 的大部分（SOF 可下降 40%～90%），以降低微粒排放，也可使柴油机的 CO 排放降低 30% 左右，C_xH_y 排放降低 50% 左右。此外，DOC 可净化多环芳香烃（PAH）50% 以上，净化醛类达 50%～100%，并能够减轻柴油机的排气臭味。虽然 DOC 对微粒的净化效果远远不如微粒捕集器，即根据 SOF 在颗粒中的含量不同，DOC 可以降低 3%～25% 的微粒排放量，但由于 C_xH_y 的起燃温度较低（170℃以下就可再生），所以 DOC 不需要昂贵的再生系统和控制装置，结构简单，成本较低。与 PDF 相比，DOC 对柴油机的动力性和经济性影响较小，在国外已是一种商品化技术，在欧洲的柴油小轿车、轻型卡车以及美国重型柴油卡车上安装使用。

DOC 存在的主要问题是高温老化和催化器中毒的问题。DOC 高温老化不可逆，催化剂活性随着使用时间的增加会逐渐降低，且中毒后仅可部分恢复活性。DOC 对燃油中的硫含量比较敏感，要求柴油硫含量较低（不超过 50×10^{-6}），否则催化剂会将排气中的 SO_2 氧化成 SO_3 生成硫酸或固态硫酸盐微粒，导致排气硫酸盐成分额外增加。另外，单独使用 DOC 时，会造成 NO_x 中 NO_2 比例的增加，而 NO_2 的毒性是 NO 毒性的四倍，因此，DOC 单项技术不是降低柴油机排放物的主流后处理技术。通常，由于 DOC 可同时降低 C_xH_y、CO 和微粒，常常在发动机上与 EGR 同时使用，以全面改善发动机的排放水平。同时，DOC 也多用在 SCR（选择催化还原）系统中，以促进尿素的水解反应和防止 NH_3 的泄漏。另外，DOC 可以把部分 NO 氧化为 NO_2，为接下来的 SCR 或微粒捕集器（DPF）再生反应做准备。

图 6-2 为美国 JM（Johnson Matthey）公司开发出的一种采用催化再生的连续再生微粒捕集系统（continuous regeneration trap，CRT），即在 DPF 前面放置一个 DOC。柴油机排出的废气首先经过一个 DOC，在 CO 和 C_xH_y 被净化的同时，NO 被氧化成 NO_2：

$$NO + O \longrightarrow NO_2 \tag{6-1}$$

NO_2 本身是化学活性很强的氧化剂，在随后的 DPF 中，NO_2 与微粒进行如下氧化反应：

$$NO_2 + C \longrightarrow CO + NO \tag{6-2}$$

该反应在 250℃左右即可进行。但当排气温度高于 400℃时，化学平衡条件趋于产生 NO 而难以产生 NO_2，不能使 DPF 中的微粒起燃，再生效率急剧下降。

在 CRT 系统中使用温度传感器，微分型压力传感器，在 DPF 下游放置一个碳烟传感器，以此检测系统的运行状况。CRT 系统要求的柴油含硫量小于 10^{-5} ppm。应用催化再生的主要缺点是固体微粒与催化剂的接触反应极不均匀，很难进行完全再生。另外，由于柴油机排气中的微粒含量很大，随着时间的推移，催化剂的作用会逐渐减弱甚至完全消失，即催化剂中毒，从而影响到过滤体的有效再生和对其他有害气体的催化净化效果。

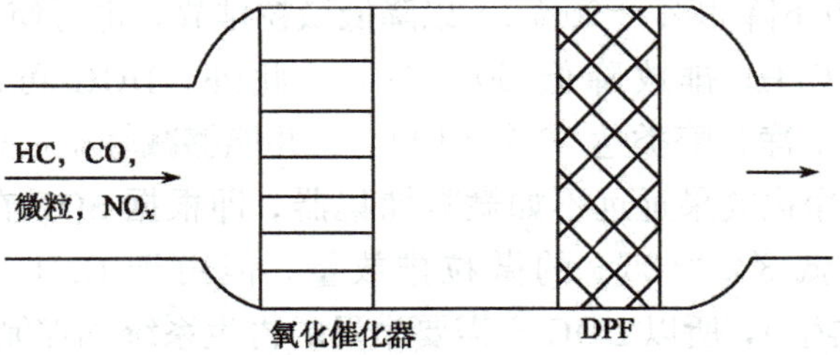

图 6-2　CRT 系统示意图

6.1.2　微粒捕集器

柴油机微粒捕集器（diesel particulate trap-oxidizer，DPT；或 diesel particulate filter，DPF）研究始于 20 世纪 70 年代，现在被认为是最实用、最有效并形成商品化产品的柴油机微粒后处理技术。

1. 微粒捕集器的过滤机理

1）扩散机理

在柴油机排出的废气中，微粒由于气体分子的热运动而做布朗运动，微粒的运动轨迹与流体的流线不一致，微粒越小，这种运动越明显。由于布朗运动造成了扩散效应，当排气流经过滤器捕集单元的壁面和微孔时，捕集单元对微粒的运动起到了汇集的作用，造成微粒的浓度梯度，引起微粒的扩散运输，从而使微粒被捕集。

2）惯性碰撞机理

当柴油机排气流经捕集单元时，通过适当的微孔设计，使气流的流线弯曲和转折，由于有一定质量的微粒所产生的动量使其偏离流线，与捕集单元发生碰撞被捕集分离而沉积在捕集单元中。

3）拦截机理

拦截机理就像筛子原理，当微粒的直径大于过滤材料的孔径时，微粒就被拦截下来；而当微粒直径小于过滤材料的孔径时，由于有其他机理的综合作用而使小微粒在过滤体表面形成堆积，等同于减少了过滤材料的孔径，从而将小微粒拦截下来。

4）重力沉降机理

当柴油机排气流经捕集单元时，较大的微粒由于重力作用而脱离原来的流动轨迹而沉积在捕集单元上。

图 6-3 表示了微粒捕集的过滤机理，采用不同过滤材料的捕集器结构可能不同，但过滤机理基本相同。由于柴油机排气微粒质量小、流速快，通常可以忽略重力的影响，一般可不考虑重力沉积机理对微粒捕集效率的影响。

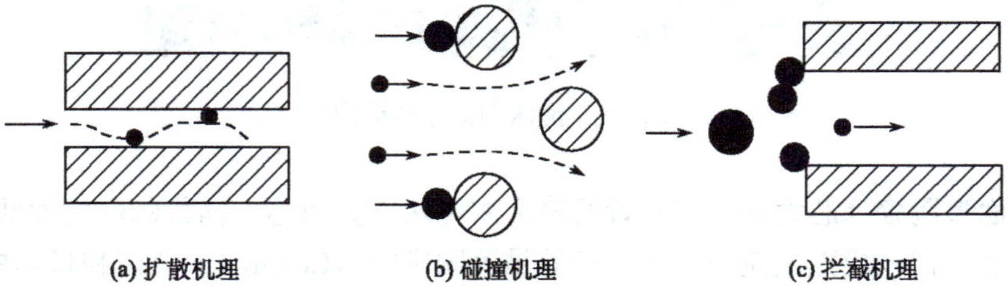

图 6-3　微粒捕集机理

2. 微粒捕集器的滤芯

DPF 的工作主体是过滤体即滤芯。滤芯应具有较高的过滤效率，具有大的过滤面积、耐热冲击性好、较强的机械性能指标、热稳定性好及能承受较高的热负荷、较小的热膨胀系数，在外形尺寸相同的情况下背压小、背压增长率低、适应再生能力强、质量轻。目前国内外研究和应用的滤芯主要有陶瓷滤芯和金属滤芯。表

6-1 为不同滤芯及部分特性对比。

表 6-1　不同滤芯及部分特性对比

滤芯	过滤方式	过滤效率/%
泡沫陶瓷	体积型	50～70
堇青石蜂窝陶瓷	表面型	60～95
陶瓷纤维毡	表面型	50～95
金属滤芯	体积型	20～70

1）陶瓷滤芯

陶瓷滤芯可分为体积型和表面型两类。体积型陶瓷滤芯采用泡沫陶瓷制成，捕集效率不高，为50%～70%，且紧凑性差。泡沫陶瓷（图 6-4）是将浸渍堇青石陶瓷浆体的聚氨酯泡沫料半成品经高温煅烧，塑料气化逸出，得到陶瓷骨架，它们具有大致圆形的孔道，孔径大多为 0.25～0.5mm，沿着深度弯弯曲曲，少量孔道是不贯通的。泡沫陶瓷 DPF 的滤芯一开始效率较低，随着微粒的沉积过滤效率逐渐提高，但当积聚微粒过多时引起已吸附的微粒意外剥离，使微粒排放量突然增加。

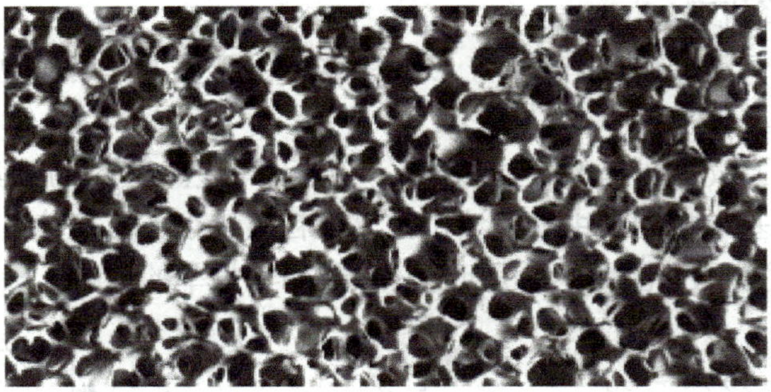

图 6-4　泡沫陶瓷显微结构

表面型陶瓷滤芯大多采用堇青石蜂窝陶瓷块作为滤芯，捕集的微粒大部分沉积在表面上，比较成熟且应用较多的产品是美国康宁（Corning）公司和日本的 NGK 公司生产的壁流式蜂窝陶瓷 DPF，目前已在我国得到应用。壁流式蜂窝陶瓷 DPF 工作原理如图 6-5 所示，相邻两个通道中，一个通道进口被堵住，另一个通道的出口被堵住，排气从一个孔道进口流入后，必须穿过陶瓷多孔性壁面从相邻孔道出口流出，排气中的微粒沉积在壁面上，其捕集效率可从干净时的 85%～90% 到满载微粒时的 90%～95%，但成本较高，并且其结构决定了容易发生热冲击损伤。近年来，制造技术的明显突破，使得壁流式蜂窝陶瓷 DPF 的壁厚减薄，开口横截面积增大，从而背压损失降低，使用量进一步扩大。但是，这种滤芯受温度影响较大，排气温度较低时沉积在壁面的碳氢成分将在排温升高时重新挥发出来，并排向大气；发动机工作的热循环引起过滤体尺寸的交替振动，会导致过滤材料的持续退化；若采用热再生，导热系数小的堇青石容易因受热不均而局部烧熔或破裂。另一种表面型陶瓷滤芯为陶瓷纤维毡，具有高度表面积化的特点，过滤体内纤维表面全是有效过滤面积，过滤效率可高达 95%，美国 3M 公司生产的 DPF 采用该材料，它能承受再生时的较高温度。但陶瓷纤维是一种脆性的耐高温材料，生产工艺较复杂且易损坏。

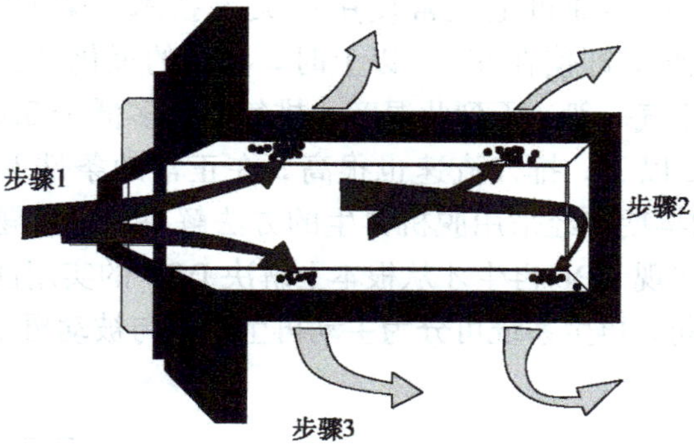

图 6-5 壁流式蜂窝陶瓷 DPF 工作步骤示意图

2）金属滤芯

金属滤芯在材料的强度、韧性、导热性等方面有陶瓷无法比拟的优势。金属滤芯（图 6-6）孔隙大小沿气流方向可任意组合，可使捕获的微粒在过滤体中沿过滤厚度方向分布均匀，提高了过滤效率并延长了过滤时间。但单纯金属丝网过滤体的捕集效率相对较低，只有 20%～50%。若利用金屑丝网的良好导电性，在过滤体上游加电晕荷电装置，使微粒荷电，带电微粒在经过金属丝网时由于静电作用吸附在金属丝网上，从而可使综合过滤效率提高到 50%～70%。

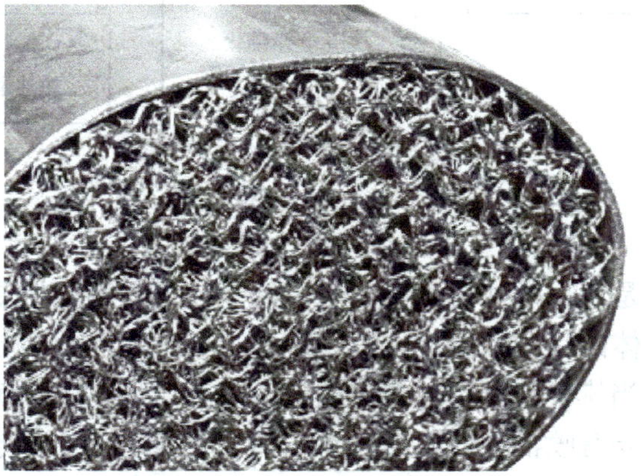

图 6-6 金属滤芯

3. 过滤体再生

DPF 把微粒从柴油机排气中过滤出来，沉积在滤芯内，积聚的微粒会逐渐增加排气的流动阻力，增大柴油机排气背压，影响柴油机的换气和燃烧，降低功率输出，增加燃油消耗。因此，必须及时清除 DPF 滤芯中积聚的微粒，此过程称为再生，这是 DPF 能否在柴油机上正常使用的关键技术。柴油机排气微粒通常在 560℃以上时开始燃烧，即使在 650℃以上时，微粒的氧化也要经历 2 分钟。而柴油机在正常情况下排气一般达不到此温度，排气温度多低于 500℃，一些城市公交车排温甚至在 300℃以下，排气流速也很高，在正常的条件下难以烧掉微粒。因此，在 DPF 开发的早期曾经采用脱机再生的方法解决再生问题，但使用麻烦，只有在柴油机上自动实现 DPF 再生才从根本上解决 DPF 的实用性问题。根据原理和再生能量来源的不同，再生系统可分为主动再生系统与被动再生系统两大类，如图 6-7 所示。

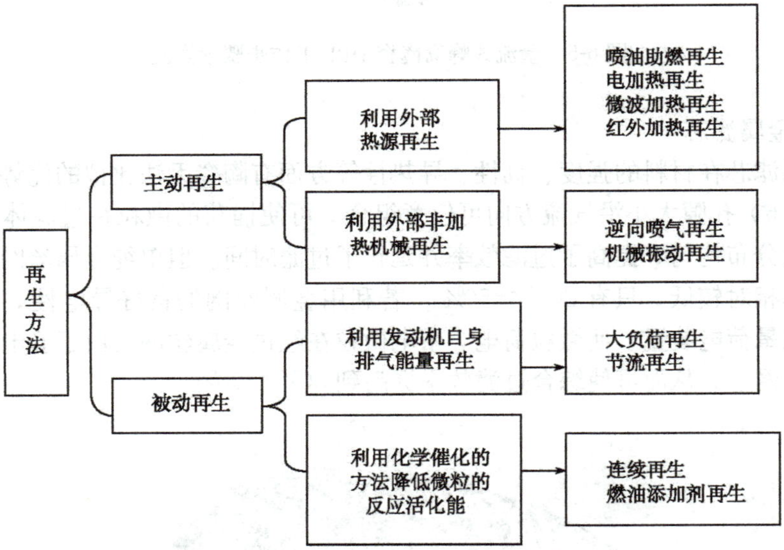

图 6-7　DPF 再生技术

主动再生系统是通过外加能量提高气流温度到微粒的起燃温度使捕集的微粒燃烧，达到再生过滤体的目的。主动再生系统通过传感器监视微粒在过滤器内的沉积量和产生的背压，当排气背压超过预定的限值时就启动再生系统。根据外加能量的方式，这些系统主要有喷油助燃再生系统、电加热再生系统、微波加热再生系统、红外加热再生系统、逆向喷气再生系统及机械振动再生系统。

（1）喷油助燃再生系统是在 DPF 前方设置一个燃烧器，向内喷入柴油（或甲烷）和二次空气，用电点火燃烧，使燃烧器喷出的火焰温度达 700℃以上，以便可靠点燃微粒。

（2）电加热再生是采用电热丝或其他电加热方法对 DPF 加热，以促使微粒燃烧。电加热再生避免了采用复杂昂贵的燃烧器，同时电加热可消除二次污染的问题。

（3）微波加热再生是利用微波选择性地加热微粒进行再生，微粒可以 60%～70% 的能量效率吸收频率为 2～10GHz 的微波。微波不会加热堇青石陶瓷，因为它的损耗系数很低。微波加热再生是一种较有前途的热再生方法。

（4）红外加热再生是利用辐射能量主要集中在红外波段的加热器，对辐射能的吸收较好的灰体微粒进行辐射加热。红外加热再生提高了加热速率和热量利用率，减少了再生过程的能量消耗。

（5）逆向喷气再生是在过滤器的后方装上压缩空气喷射器，用 0.7MPa 左右的压缩空气脉动的向过滤器反吹，被吹掉的微粒聚集到载体以外的地方（膨胀室）由电热装置引燃烧掉。

（6）机械振动再生利用机械振打机构振打和摇动过滤体表面，使其产生多方向的振动而使沉积的微粒脱落。

被动再生系统利用柴油机排气自身的能量使微粒燃烧，达到再生 DPF 的效果。一方面可通过改变柴油机的运行工况提高排气温度，以达到微粒的起燃温度使微粒燃烧，但此措施是以降低柴油机的输出功率、增加油耗为代价的。大负荷再生是利用柴油机高速大负荷运行时，排气温度可达 500℃以上，使沉积在捕集器内的微粒自行燃烧，达到再生目的。节流再生是通过控制柴油机的进气量，即进气节流或排气节流，以提高排气温度，使捕集器内的微粒着火燃烧。另一方面可以利用化学催化的方法降低微粒的反应活化能，使微粒在正常的排气温度下燃烧，此措施是较为理想的被动再生方法，一些贵金属、金属盐、金属氧化物及稀土复合金属氧化物等催化剂对降低柴油机碳烟微粒的起燃温度和转化有害气体均有很大的作用。

虽然目前柴油机微粒捕集器（DPF）再生方法很多，但是无论主动再生还是被动再生都存在一些问题。主动再生需要消耗外部能源，经济性差，加热不均匀，再生控制难；催化再生过滤体温度低，过滤体可靠性得到保证，但需要使用无硫柴油，不适合我国国情。

6.2 降低 NO_x 排放的机外净化技术

在柴油机排气的富氧条件下去除 NO_x 一直是催化化学研究的热点和难点。迄今为止，富氧 NO_x 催化转化技术有吸附催化还原器（LNT）、选择性催化还原器（SCR）、选择性非催化还原（SNCR）以及等离子技术等。从实用的角度，LNT 和 SCR 更能满足柴油机排气中温度组分等多变的反应环境，故近几年的研究主要集中在 LNT 和 SCR 上。

6.2.1 稀燃 NO_x 捕集器

稀燃 NO_x 捕集器（lean-burn NO_x trap，LNT），又称 NO_x 吸附催化还原器（adsorption-reduction catalyzator，ARC；或 NO_x storage and reduction catalysis，NSR）。LNT 依赖于发动机周期性稀燃和富燃工作的精确控制，在排气温度 250～500℃时，其对 NO_x 的转化效率可达 70%～90%。相对于机内净化技术，LNT 存在燃油经济性优势。文献（刘巽俊，2005）采用机内净化措施把 NO_x 排放为 0.25g/km 的欧Ⅳ发动机改造成 NO_x 排放为 0.08g/km 的欧Ⅴ发动机，需牺牲 5% 的燃油经济性，如果使用 LNT，只需牺牲 3% 的燃油经济性。由于一般柴油机无法实现 LNT 再生所需要的富燃状态，NO_x 吸附催化转化器最初只用于直喷式汽油机和稀燃汽油机，后来才逐渐研究用于电喷柴油机。

1. LNT 的工作原理

1）稀燃阶段

当发动机正常运转时处于稀燃阶段，排气处于富氧状态，NO_x 被吸附剂以硝酸盐（MNO_3，M 表示碱金属，如 Na、K、Ba 等）的形式存储起来：

$$NO + 0.5O_2 \xrightarrow{\text{催化剂}} NO_2 \tag{6-3}$$

$$NO_2 + MO \xrightarrow{\text{吸附}} MNO_3 \tag{6-4}$$

LNT 的工作效率与排气温度密切相关。在稀燃条件下，排气温度过高时，式（6-3）中 NO 与 NO_2 之间的化学平衡向 NO 偏移；当排气温度过低时，催化剂活性低，式（6-3）中 NO 被氧化成 NO_2 的量仍然很少。由于 NO 很难被 MO 吸附，式（6-4）的吸附效果受到明显影响。因此，受工作温度限制，LNT 不能太靠近发动机安装。

2）富燃阶段

当吸附达到饱和时，需要再生吸附剂使其能够继续正常工作，即在发动机富燃的条件下，MNO_3 分解释放出 MO 和 NO_x。而后，NO_x 再与 CO 和 C_xH_y（x、y 分别表示碳和氢的原子数）在贵金属催化剂下被还原为 N_2。

$$MNO_3 \xrightarrow{\text{脱附,再生}} NO + 0.5O_2 + MO \tag{6-5}$$

$$NO + CO \xrightarrow{\text{催化剂}} 0.5N_2 + CO_2 \tag{6-6}$$

$$(2x + 0.5y)NO + C_xH_y \xrightarrow{\text{催化剂}} (x + 0.25y)N_2 + 0.5yH_2O + xCO_2 \tag{6-7}$$

实际使用 LNT 时，需要发动机管理系统进行控制，以便及时改变发动机工况而产生富燃条件。其中的时间间隔和富燃时间尤为重要，富燃时间过长使得燃油消耗太多，过短则 NO_x 净化率不高。虽然，富燃条件的建立使发动机燃油消耗增加，但相对于机内净化技术，LNT 还是存在燃油经济性优势的。另外，式（6-5）中吸附剂的再生需要一定的温度，这主要取决于所使用的催化剂。式（6-6）与（6-7）也表明，LNT 能够净化一部分 CO 和 C_xH_y。

2. LNT 对吸附剂的要求

LNT 要求 NO_x 的储存材料 MO 有较大的吸附容量，且在非还原气氛下有很好的稳定性。当吸附剂具有较大的吸附容量时，可减少产生富燃的频率，从而降低成本并提高燃油经济性。目前 LNT 的吸附能力限制了其在重型柴油车上的广泛应用，但在轻型柴油车上有很大的应用前景。

3. LNT 面临的主要问题

LNT 应用于柴油机中主要存在两个问题。第一个问题是柴油机不能自动在浓混合气下运行，不能自动构造 LNT 再生时所需的还原氛围。目前，此问题可以通过较高的排气再循环、空气节流、喷油修正以及增加 C_xH_y 等策略来解决。第二个问题是 LNT 容易硫中毒。吸附剂对硫有很强的亲和力，因为硫燃烧生成 SO_2 会与吸附催化剂发生类似 NO 的反应而生成 $BaSO_4$。$BaSO_4$ 一旦形成，就特别稳定。这就影响 LNT 吸附 NO_x 的效率。再者，燃烧生成的 SO_2 可与机油燃烧排放物反应生成硫酸盐。这些硫酸盐会覆盖在催化剂的表面，影响催化效果。国外的研究表明，要使该硫酸盐分解不但需要富燃气氛，而且要超过 600℃的温度。因此硫对 LNT 性能的影响很大，解决方案为采用脱 S 燃料、减少润滑油中的硫或采用双反应室等。

如图 6-8 所示，降硫双反应室工作原理包含了发动机排气中硫的吸附与再生过程。当在线处理有害气体时，发动机排气首先进入 SO_2 吸附室，在催化剂 Pt 和吸

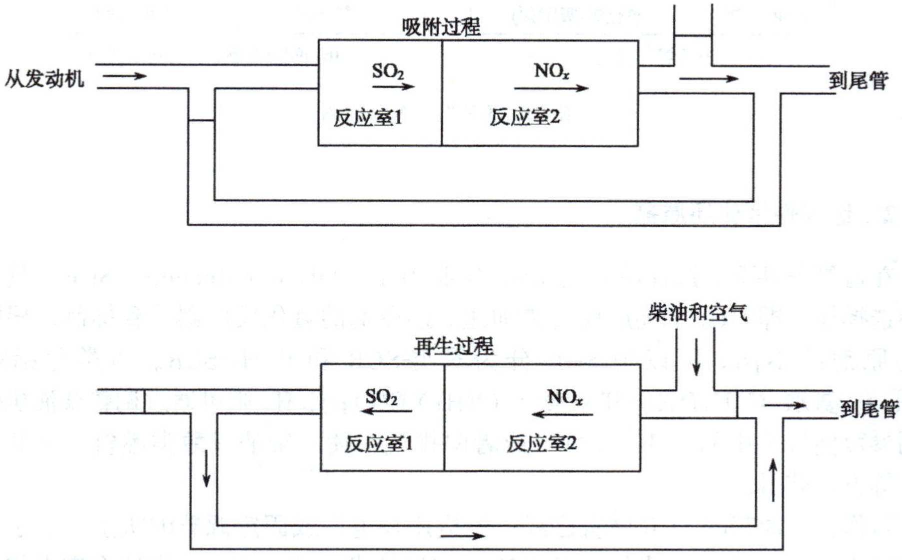

图 6-8　降硫双反应室工作原理

附剂 sorber 作用下，废气滤除 SO_2 之后再进入 NO_x 反应室中，此过程为 SO_2 的吸附过程：

$$SO_2 + 0.5O_2 + Pt + Sorber \longrightarrow Pt + SO_x:Sorber \quad (6\text{-}8)$$

离线再生过程中还原剂和气体流动方向正好与吸附过程相反。通过阀门可控制废气和再生气体的流动，从而解决了 SO_2 使催化剂失效的问题。这种系统在用柴油作为还原剂时，可使 NO_x 的转换率高达 95% 以上。SO_2 吸附剂的再生反应为

$$4Pt + 4SO_x:Sorber + CH_4 \longrightarrow 4SO_2 + 2H_2O + CO_2 + 4Pt + 4Sorber \quad (6\text{-}9)$$

4. 样例说明：含碱金属钡（Ba）吸附剂的 LNT

以含碱金属钡（Ba）的吸附剂为例，吸附催化还原器的工作原理图如图 6-9 所示。在稀燃条件下，排气中 NO 通过金属铂（Pt）的催化作用氧化成 NO_2，NO_2 进一步与吸附剂 BaO 反应生成 $Ba(NO_3)_2$（硝酸钡）而被捕集；当吸附达到饱和时，调整发动机的工作状况，使其达到富燃条件，发动机排气中的 C_xH_y 和 CO 含量增加，硝酸钡又分解并释放出 NO_x，NO_x 再通过金属铑（Rh）的催化作用，与 C_xH_y 和 CO 反应被还原成 N_2。

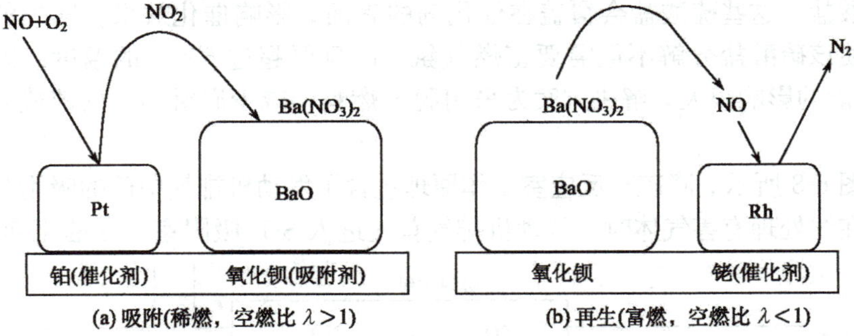

图 6-9　LNT 工作原理图

6.2.2　选择性催化还原器

在富氧条件下，选择性催化还原（selective catalytic reduction，SCR）具有很强的选择性，即 NO_x 的还原反应被加速，还原剂的氧化反应则受到抑制。根据使用还原剂的不同，可以把 SCR 分为氨类-SCR 和 C_xH_y-SCR。氨类包括氨气（NH_3）、氨水（NH_4OH）和尿素（$(NH_2)_2CO$）；C_xH_y 则可通过调整柴油机燃烧控制参数使排气中的 C_xH_y 增加，或者向排气中喷入柴油或醇类燃料（甲醇或乙醇）等方法获得。

氨作为还原剂的 SCR 装置已经广泛应用在电厂或固定源柴油机上。由于其技术比较成熟，目前被认为是最好的 NO_x 控制技术，欧洲重型汽车协会宣布将采用氨类-SCR 技术作为达到欧Ⅳ以上排放法规的技术路线。但氨的泄漏、储运和供应

问题是氨类-SCR 技术实际应用要面对的问题，故近年对 C_xH_y 选择还原 NO_x 技术的研究逐渐升温，以期利用燃料 C_xH_y 来作为还原剂。与其他催化方法一样，使用 SCR 降低 NO_x 要求柴油含硫量越低越好。因为硫会通过 $S \rightarrow SO_2 \rightarrow SO_3 \rightarrow NH_4HSO_4$ 或者 $(NH_4)_2SO_4$ 的途径生成硫酸铵或硫酸氢铵，它们沉积在催化剂表面上会使其失活。

1. 氨类-SCR

以氨气用作还原剂的 SCR 系统的高效工作温度与车用柴油机排气温度相当，还原效率较高，但必须严格控制 NH_3 和氧的比例，若 NH_3 过量排入大气会造成二次污染。其次，该系统反应适宜的温度较窄。温度太高，NH_3 被氧化；温度太低，催化剂活性降低。再者，NH_3 在存储、运输及使用过程中易泄漏，致使其运转费用较高。以氨水作还原剂的 SCR 系统可以降低柴油机 NO_x 排放 95% 以上，但柴油机需要一套复杂的控制还原剂喷射量的系统。对于柴油机来说，用氨水作为还原剂并不合适，因为氨的气味会使人感到难受。尿素作为还原剂，不仅克服了以往所用还原剂难于贮存、不便于运输的缺点，而且它本身无毒、经济效益高。但是，由于尿素的冰点只有−11℃，所以在温度较低的情况下作业，可能会产生结晶，但可以通过对其采取保温措施来解决。

尿素-SCR（urea selective catalytic reduction）技术是将尿素与水以适当比例（约含尿素 1/3）混合后喷入排气管中，经过热解与水解后生成 NH_3，NH_3 与柴油机尾气混合，在一定的温度和催化剂条件下把尾气中的 NO_x 有选择性地还原为 N_2，同时还生成水 H_2O。尿素是一种无害的物质，通常从天然气中取得，广泛应用于工业和农业领域。SCR 的催化剂一般用 V_2O_5-TiO_2、Ag-Al_2O_3，以及含有 Cu、Pt、Co 或 Fe 的人造沸石（Zeolite）等。SCR 的工作温度范围为 250～500℃，其化学反应如下：

$$(NH_2)_2CO = HNCO + NH_3 \ (> 200℃) \tag{6-10}$$

$$HNCO + H_2O = CO_2 + NH_3 \tag{6-11}$$

$$4NH_3 + 4NO + O_2 = 4N_2 + 6H_2O \tag{6-12}$$

$$4NH_3 + 2NO + 2NO_2 = 4N_2 + 6H_2O \tag{6-13}$$

$$8NH_3 + 6NO_2 = 7N_2 + 12H_2O \tag{6-14}$$

反应式（6-10）和（6-11）主要由尿素喷射系统完成，反应式（6-12）、式(6-13)和式（6-14）在 SCR 催化剂表面上进行。可见对于 SCR 装置的影响因素而言，首先 SCR 还原反应过程中必须有 O_2 存在并且有适宜的温度；其次，柴油中硫含量将会使 SCR 装置里的催化剂中毒，使其工作效率大大下降，因此必须提高燃油品质；再者，过多微粒会使混合气不能充分与催化剂接触，影响 SCR 效率，如在 SCR 装置前加装微粒捕集器，即可降低微粒排放，也可解决微粒对 SCR 的影响。

尿素-SCR 装置的外表与消声器很像，只是明显大一些，一般安置在排气气流中。在美国，尿素的使用成本预计与柴油相当。康明斯中等系列发动机采用尿素-SCR 系统，每降低 1.36g/(kW·h) 的 NO_x，SCR 发动机消耗尿素的比例大约是燃油消耗的 1.5%。假设将 NO_x 的含量从 1.63g/(kW·h) 降低到 0.27g/(kW·h)，在 965km 的行程中发动机消耗了 378.6L 的柴油 (39.2L/100km)，则这段行程中的尿素消耗为 5.7L。尿素水溶液以液态的形式储存在尿素罐中，罐的尺寸应尽量大（约 18.9～113.6L），以保证驾驶员尽量少的加液，但同时又要满足车辆底盘布置和重量方面的约束。尿素-SCR 系统需要对尿素的喷射量进行严格控制。如果尿素喷射量太多，产生的 NH_3 相对化学反应式配比的 NO_x 过多，一部分 NH_3 就会穿过催化剂排出；如果尿素喷量太少，产生的 NH_3 相对 NO_x 过少，NO_x 参与反应量减少，达不到降低 NO_x 的目的。为了给发动机实时产生的 NO_x 排气提供精确数量的尿素，需要提供精密复杂的喷射系统、控制器和传感器（包括温度传感器、尿素液含量传感器、废气传感器和废气温度传感器）。由于尿素水溶液约在 6.7℃时会结冰，储液罐和尿素喷射系统有防冻保护。

图 6-10 是 SCR 装置工作原理图所示，尿素泵将尿素柜中的尿素液泵入计量器中，形成具有一定压力的尿素液待用。计量器收到控制中心的指令后，提取一定量的尿素液与压缩空气混合形成初步雾化的尿素雾进入喷枪。在喷枪里初步雾化的尿素与压缩空气进一步混合形成尿素雾，分解成氨 NH_3 和水 H_2O 并与烟气充分混合，然后进入 SCR 反应装置。在 SCR 装置中的催化剂作用下，氨 NH_3 将 NO_x 迅

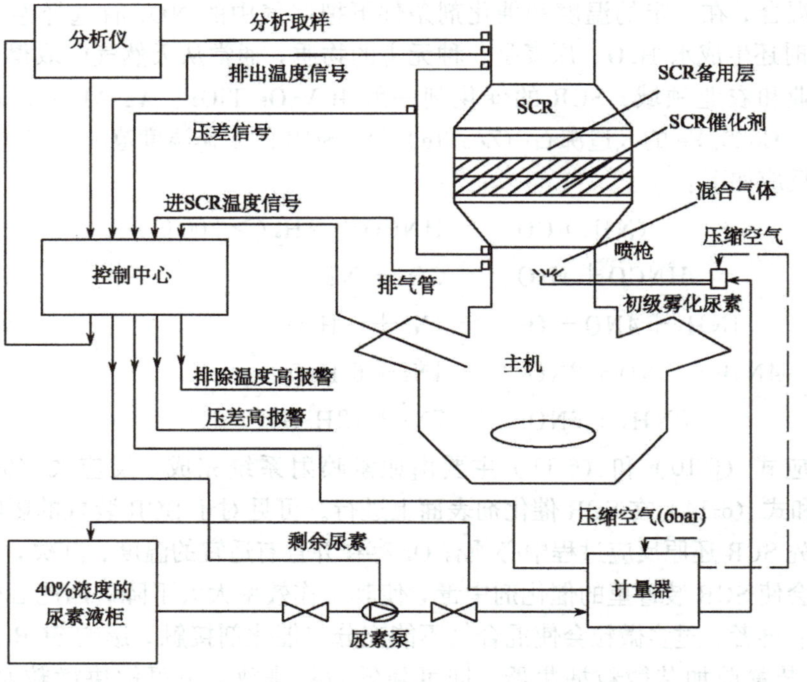

图 6-10　SCR 装置工作原理图

速还原为 N_2，随烟气排入大气。

图 6-11 是广西玉柴机器股份有限公司生产的YC6L-40 柴油机 SCR 系统，采用的是压缩空气辅助喷射系统。图 6-12 是发动机原机和使用 SCR 系统的 ESC（欧洲稳态循环）排放测试结果，图中数据显示：ESC 排放测试循环 NO_x 的转化效率达 73%。SCR 系统对 CO、HC、微粒排放也有影响，相对原机，HC 降低 85%，而 CO 则增大 71%，微粒降低 16%。这是由于 SCR 催化器对 HC 有较强的不完全氧化催化作用，即它对 HC 与氧生成 CO 的反应有较强的催化作用，发动机废气中的 HC 在 SCR 催化器的催化作用下与氧发生不完全氧化反应生成 CO，从而 HC 大幅度降低，CO 增加。微粒有所降低是由于微粒中含有一定的可溶性成分，这些可溶性成分一部分来自于排气中的 HC，HC 在 SCR 催化器的催化作用下被大量氧化，微粒也就减少。

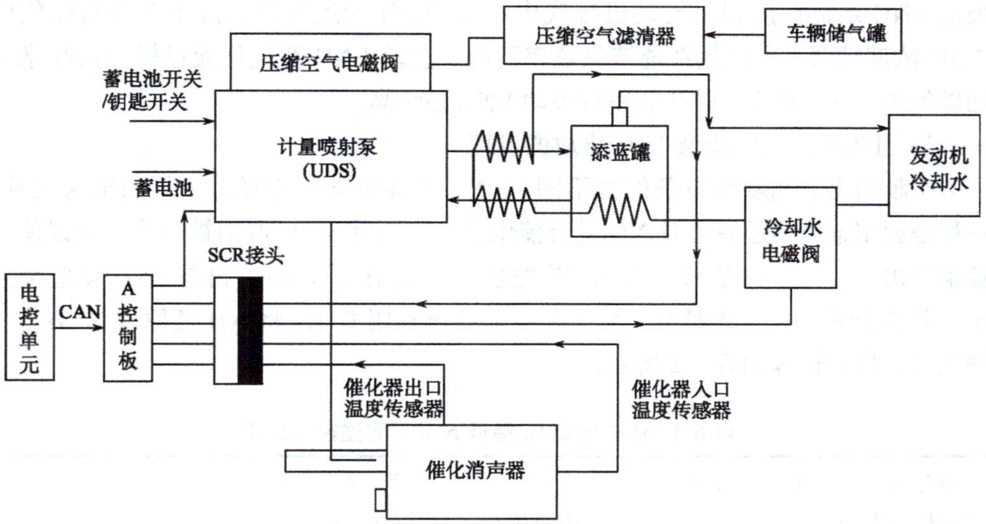

图 6-11　YC6L-40 柴油机 SCR 系统

SCR 使用尿素还原剂时，NO_x 的转化效率可达到 85%～90%，其转化效率很大程度取决于对尿素喷射系统的标定和在催化剂表面上进行的催化反应的匹配。但 SCR 系统成本较高，大约是车辆成本的 3%～5%，以及存在安装转换器和尿素储存罐所需空间等问题，在轻型车上很难推广使用。但在欧洲重型车上已得到广泛应用。

2. C_xH_y-SCR

C_xH_y-SCR 也称稀燃 NO_x 催化器（lean NO_x catalysis system，LNC），它与氨类-SCR 类似，不同的是，氨类-SCR 采用各种氨类物质作为还原剂，而 LNC 采用 C_xH_y 作为还原剂来减少 NO_x 排放。LNC 的转化效率较低，一般应用于轻型柴油车。LNC 包括被动 LNC 系统（passive LNC）和主动 LNC 系统（active LNC）。

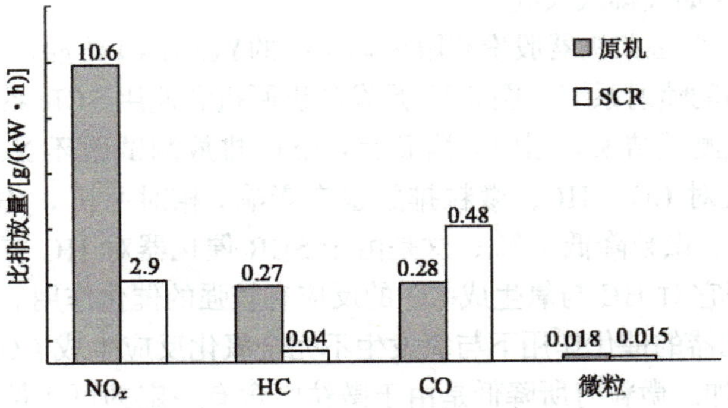

图 6-12　原机和使用 SCR 系统 ESC 排放测试结果

被动 LNC 系统直接利用发动机排气中的 C_xH_y 作为还原剂，由于柴油机排气中 C_xH_y 浓度较低，所以此系统转化效率不高；主动 LNC 系统可通过燃油后喷来增加排气中 C_xH_y 浓度，转化效率较被动 LNC 系统高。

1）还原剂 C_xH_y 降低 NO_x 排放的机理

文献指出，随着反应条件的不同，LNC 存在不同的途径，主要归纳为三种。一种是利用金属的还原性对 NO 进行催化分解，然后 C_xH_y 脱附被吸附的氧以使活性组分再生。第二种是部分 C_xH_y 首先被氧化成 HC^*，HC^* 再与 NO_x 反应生成 N_2。第三种是 NO 首先被氧化为 NO_2，随后再利用 C_xH_y 将 NO 还原成为 N_2。三种途径的反应机理如表 6-2 所示。

表 6-2　还原剂 C_xH_y 降低 NO_x 三种途径的机理

途径一：NO 的催化分解及活性组分的再生	$2NO \longrightarrow N_2 + 2O\ (ads.)$
	$HC + O\ (ads.) \longrightarrow CO_x + H_2O$
途径二：部分的 C_xH_y 氧化反应	$HC + O_2$ 和/或 $NO_x \longrightarrow HC^*$
	$HC^* + NO_x \longrightarrow N_2 + CO_x + H_2O$
途径三：NO_2 作为强氧化剂的生成反应	$2NO + \frac{1}{2}O_2$ 或 $MeO \longrightarrow NO_2$
	$NO_2 + HC \longrightarrow N_2 + CO_x + H_2O$

2）催化剂及 C_xH_y 种类对 NO_x 转化率的影响

图 6-13 与图 6-14 分别给出了不同催化剂 Ag-Al_2O_3 系和 Pt-Zeolite 系中不同 C_xH_y 对 NO_x 的转化率。就 C_xH_y 种类对 NO_x 转化率的影响而言，NO_x 转化率随加入 C_xH_y 的种类不同而显著不同，C_3H_6 的还原特性最为突出。就催化剂种类对 NO_x 转化率的影响而言，贵金属 Pt 系催化剂在 200℃左右转化率最高，即 Pt 可以改善催化剂的低温活性；而非贵金属的 Ag（Cu）系催化剂则在 400～500℃时转化率最高。

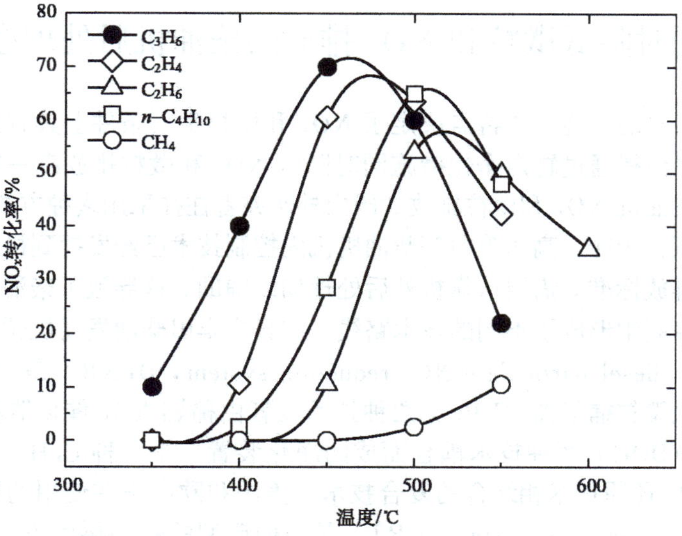

催化剂：Ag（2% 重量）/Al_2O_3（小球状）

C_xH_y 的浓度＝1500×106C

图 6-13　不同 C_xH_y 在 Ag-Al_2O_3 系催化剂上的还原特性

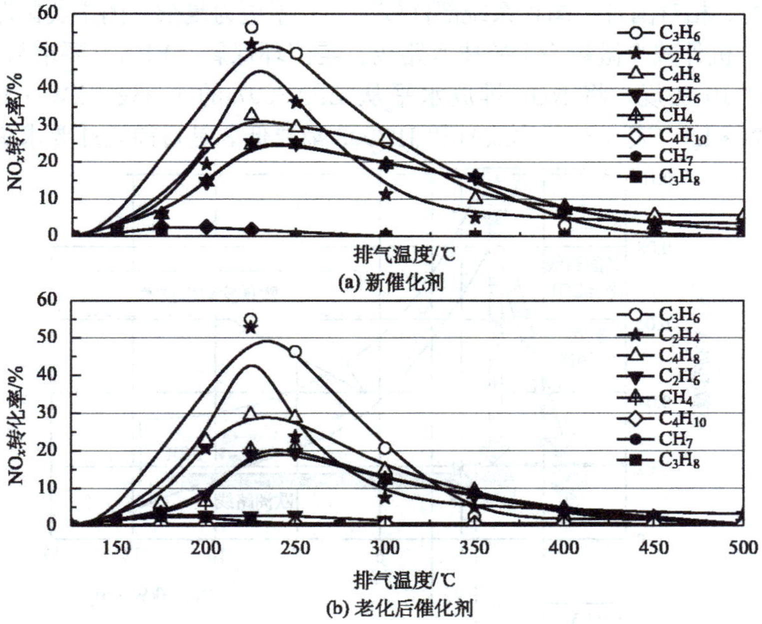

图 6-14　不同 C_xH_y 在 Pt-Zeolite 系催化剂上的还原特性

6.3 同时降低微粒和 NO_x 排放的柴油机后处理净化技术

柴油机自身的燃烧方式特点决定了 NO_x 和微粒生成条件上具有互逆性，二者间的折中关系使得通过缸内净化措施同时降低 NO_x 和微粒排放有一定的限度。为了同时降低柴油机 NO_x 和微粒排放，国内外研究者往往采用多种方式并举的措施。可变涡轮增压、中冷、高压喷射等柴油机机内控制技术已经发挥到极致，为实现越来越严格的排放标准，需要依靠机外后处理加以辅助，这导致了柴油机在国Ⅲ以上阶段的排放控制中形成了不同的技术路线。如日本丰田柴油发动机轿车采用的四元催化转化器（diesel particulate-NO_x reduction system，DPNR）是由稀燃 NO_x 催化器和柴油机微粒捕集器（DPF）两种技术或者由稀燃 NO_x 催化器和柴油机氧化催化反应器（DOC）两种技术耦合而成的净化装置，是一种 C_xH_y、CO、微粒氧化技术和 NO_x 还原技术相结合的复合技术。美国和欧洲正在使用的连续再生过滤器（continuous regenetatig trap，CRT）是一种典型的被动再生方法，由 DOC 和 DPF 组成。而 SCRT 系统则集成了 CRT 和 SCR 技术用于同时降低 NO_x 和微粒排放。

研究表明，在国Ⅲ基础上，进一步优化柴油机机内燃烧技术，再加上相应后处理净化技术，可以达到国Ⅳ排放标准。图 6-15 为欧Ⅳ两条不同技术路线的主流排放控制方案，相对国Ⅲ，国Ⅳ系统部件较多，技术更为复杂。图中美国路线以机内减少 NO_x、机外减少微粒为主的技术路线。美国环保署（EPA）要求从 2010 年起实施 EPA2010 法规，将 NO_x 排放水平从 EPA2007 的 1.63g/(kW·h) 降低到 0.27g/(kW·h)（表 6-3），比欧Ⅵ和 JP2009 都要低，是目前全球要求最严的排放

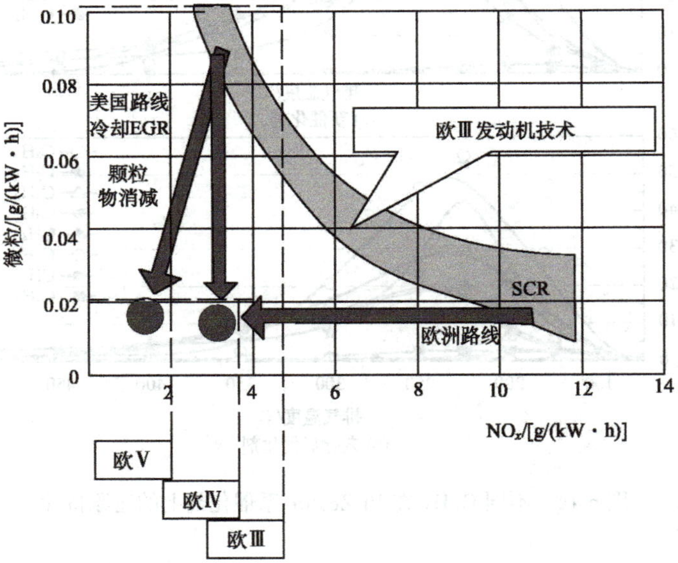

图 6-15 柴油机两条不同技术路线的主流排放控制方案

法规，为了应对这一标准，以美国为代表的一些国家和地区的环保部门和发动机制造商倾向于采用“EGR＋DPF/DOC”的技术路线，通过 EGR 把机内 NO_x 降下来，允许微粒排放较多，然后通过排气后处理装置 DPF 或 DOC，或将二者组合来降低机外微粒排放。欧洲路线是以机内减少微粒、机外减少 NO_x 为主的技术路线。欧洲地区的大多数发动机制造商倾向于“优化燃烧＋SCR”的技术路线，先通过机内燃烧系统优化，把微粒降下来，允许 NO_x 缸内排放较高，然后再通过 SCR 技术降低机外 NO_x 排放量，目前已采用 SCR 技术路线的厂商主要有戴姆勒-克莱斯勒、大众、奥迪、奔驰、VOLVO、DAF、IVECO 等汽车及发动机制造商。

表 6-3　美欧日与中国重型车（3.5 吨以上）排放法规限值与实施时间对比（单位：g/(kW·h)）

时间/年	欧洲		美国		中国		日本	
2000	欧Ⅲ	NO_x:5.0 微粒:0.10	EPA1998	NO_x:5.43 微粒:0.14	国Ⅰ	NO_x:8.0 微粒:0.36	JP97	NO_x:4.5 微粒:0.25
2001								
2002								
2003					国Ⅱ	NO_x:7.0 微粒:0.15	JP2003	NO_x:3.38 PM:0.18
2004			EPA2004	NO_x:3.40 微粒:0.14				
2005	欧Ⅳ	NO_x:3.5 微粒:0.02					JP2005	NO_x:2.0 微粒:0.027
2006								
2007			EPA2007	NO_x:1.63 微粒:0.013	国Ⅲ	NO_x:5.0 微粒:0.10		
2008	欧Ⅴ	NO_x:2.0 微粒:0.02						
2009							JP2009	NO_x:0.7 微粒:0.01
2010			EPA2010	NO_x:0.27 微粒:0.013	国Ⅳ	NO_x:3.5 微粒:0.02		
2011								
2012					国Ⅴ	NO_x:2.0 微粒:0.02		
2013 以后	欧Ⅵ	NO_x:0.4 微粒:0.01						

注：表中实施时间是指型式认证的时间，对应生产一致性的实施时间一般延迟 1 年。

对比“美国路线”和“欧洲路线”，结果表明，在动力性和经济性方面，同等排量的欧Ⅳ发动机采用 SCR 技术相比 EGR 技术能够节油近 10%，且动力更加强劲；在使用工况方面，由于 SCR 技术仅在一定的工作温度范围内才有效果，更适合长时间大负荷工作的重型柴油机，而在城市工况下的轿车柴油机，长期工作在低负荷区域，尾气温度不能达到要求，所以只适合使用 EGR 技术；在成本方面，采用 SCR 系统的发动机无论其排量大小，都需要安装一套尿素定量控制和喷射系统，成本随排量变化不大，而 EGR 技术所使用的微粒捕集器，会因排量不同而产生巨大的成本差异，所以，小型柴油机使用 EGR 技术，制造成本要远低于大型柴油机；在技术升级方面，单独采用 SCR 技术或者“EGR＋DPF”技术一般只能达到欧Ⅳ或者欧Ⅴ排放标准，更高的排放标准需要这两种技术（或者其中一项技术与其他技术）的集成。

我国的石油近一半依靠进口，燃油中硫含量高且低于 0.005%（质量分数）的要求较难实现。因此，我国企业在选择中/重型车用柴油机满足国Ⅳ、国Ⅴ排放法规要求打算采用的技术路线时，柴油机燃油耗和对硫的敏感性是选择技术方案必须考虑的重要因素，而 SCR 技术对燃油含硫量要求较低且具有较多优点。鉴于此，国内研究机构和主要柴油机企业达成一致意见，在中国将“欧洲路线”SCR 技术作为主要技术路线。

目前，国内主要汽车发动机生产企业基本上都已具备了生产“国Ⅲ”柴油发动机的能力，并正在开展采用 SCR 排放后处理技术的国Ⅳ、国Ⅴ柴油机的研发和匹配工作。2010 年玉柴的 SCR 技术获得重大突破，该系统能够适应高硫柴油的国内油品现状，运行 33 万 km 后，后处理系统无明显劣化迹象；潍柴国Ⅳ柴油机同样采用 SCR 技术路线，产能达 10 万台；锡柴国Ⅳ机型生产平台也已完善，部分机型采用 SCR 路线，且部分机型采用 EGR 路线；上海日野发动机有限公司国Ⅳ发动机的技术路线为超高压共轨＋无级调节的电控 EGR＋可变几何截面的涡流增压器；东风朝柴 4102-CE4B 国Ⅳ机采用“博世电控系统＋EGR＋POC＋DOC”后处理技术；全柴两款国Ⅳ柴油机采用普通的“高压共轨＋电动水冷、EGR＋尾气后处理”。虽然，国内主流柴油机企业都表示其技术路线将采用 SCR 模式，但许多厂家为降低成本都在进行着 EGR 模式的尝试，对于后者，业内人士多认为将会步国Ⅲ阶段 EGR 技术路线的后尘，难以达标。

习　题

6-1　柴油机氧化催化反应器在使用过程中应注意哪些问题？

6-2　试述氧化催化反应器在柴油机中的应用。

6-3　试述柴油机微粒捕集器的关键技术。

6-4　什么是柴油机微粒捕集器的再生？再生方式有哪些？

6-5　试述几种体积过滤型和表面过滤型柴油机微粒捕集器的优缺点？

6-6　稀燃 NO_x 捕集器的工作原理是什么？

6-7　稀燃 NO_x 捕集器面临的主要问题有哪些？

6-8　选择性催化还原器的还原剂主要有哪些？

6-9　什么是四元催化转化器？

6-10　试述欧Ⅳ两条不同技术路线“美国路线”和“欧洲路线”，并指出其优缺点。

6-11　试述我国实现国Ⅳ的主要技术路线。

第 7 章　替代燃料与排放

通过分析传统石油燃料品质的改善，以及含氧燃料的燃烧对降低内燃机排放污染物的影响，了解主要替代燃料的主要组分及其物理-化学性质。因替代燃料成分复杂，需要掌握生物燃料和气体燃料的特点、替代燃料燃烧的特性及其在发动机上应用的技术要求，重点理解替代燃料对内燃机排放的影响方式和规律。

7.1　传统石油燃料

在未来的几十年内，传统石油燃料仍然是内燃机的主要燃料。内燃机的排气污染物都是燃料在气缸内燃烧产生的，因此，污染物的种类和数量显然与燃料的性质直接相关，燃料性质是污染物产生的重要影响因素。排放控制水平越高、排放控制技术的精密程度越高，对油品中的有害物质就越敏感，对油品质量的要求也越苛刻。

提高油品品质可以直接改善内燃机排放，也能够为有关排气处理技术的应用创造条件。因此，我国非常重视油品品质的提高工作。

7.1.1　汽油品质的改善

汽油品质的提高主要体现在三个方面：高标号化、无铅化和组分优化。高标号化即提高汽油的辛烷值，增强汽油的抗爆性，增大汽油机的压缩比，提高汽油机的动力性与经济性。无铅化可以减少空气的铅污染，促进各类催化器的使用。中国已实现汽油的高标号化和无铅化。

汽油的主要品质参数包括苯含量、芳烃含量、烯烃含量、硫含量、含氧化合物含量、蒸气压和馏程等。

苯是致癌物质，它通过蒸发和燃烧进入大气中，对人体健康带来直接影响。

芳香烃是一种具有较高的辛烷值（研究法辛烷值 RON＞100，马达法辛烷值 MON＞95），由于芳烃分子结构比烷烃稳定，所以燃烧速度较慢，在其他条件相同时将导致较高的未燃 HC 排放量。当从含芳烃多的高级汽油改为烷烃汽油时，HC 排放量明显下降。芳香烃具有较高的 C/H 比，因而有较高的密度和较大的 CO_2 排放量。汽油中芳香烃的质量分数从 50% 降到 20%，CO_2 排放量可减少 5% 左右。芳香烃燃烧温度高，从而增加了 NO_x 排放量。重的芳香烃和其他高分子重化合物都有可能在汽油机燃烧室表面形成沉积物，增加排气中 HC 和 NO_x 的排放。现代车用汽油正逐步限制芳烃含量。

烯烃具有较高的辛烷值，但热稳定性差，易于在发动机的进气系统里形成胶状沉淀物。烯烃蒸发到大气中是一种化学活性物质，生成臭氧活性 MIR 值比烷烃高，容易在光化学反应中生成臭氧，还会生成有毒的二烯烃。研究表明，车用汽油中烯烃的质量分数从20%降到5%，会使大城市中臭氧生成率下降20%～30%。减少小分子烯烃的效果尤为明显。

硫化物燃烧后会形成SO_2、SO_3，排到大气中污染环境，也对发动机部件构成腐蚀，同时硫会导致催化器的效率降低，并可导致氧传感器的灵敏度下降而使排放量增加。在各国汽油标准中，硫含量均呈下降趋势。

汽油中加入含氧有机化合物，如甲基叔丁基醚（MTBE）和乙醇等，汽油自身含有的氧有助于氧化汽油的不完全燃烧产物CO和HC，降低它们的排放。但含氧有机化合物的热值比汽油低，大量加入会影响发动机性能。

蒸气压和馏程反映了汽油的挥发性。汽油的挥发性太差会影响其与空气形成均匀混合气；挥发性太强则会产生较多的挥发损失，并可能在进气系统中产生气阻。

7.1.2 柴油品质的改善

提高柴油品质主要从三个方面出发：提高十六烷值、降低硫含量和降低芳烃含量。

柴油的十六烷值对柴油机燃烧的滞燃期有很大影响。如果十六烷值较低，则滞燃期较长，初期预混燃烧的燃油量增加，初期放热率峰值和最高燃烧温度较高，因而NO_x排放量增加。满足未来排放标准的柴油机，要求所使用的柴油十六烷值不低于49。

柴油中的硫在燃烧后以SO_2形式随排气排出，其中一部分SO_2（2%～3%）被氧化成SO_3，然后与水结合形成硫酸和硫酸盐。当柴油中硫的质量分数w_S从3×10^{-3}减小到5×10^{-4}时，柴油机的微粒排放量可能下降10%～15%。柴油机硫含量的降低不仅降低了微粒排放，而且使在柴油机上应用催化器成为可能。

柴油的芳烃含量直接影响其十六烷值，两者之间有逆变关系。芳烃是柴油中的有害成分，芳烃燃烧时冒烟倾向严重，所以当柴油中芳烃的体积分数φ_{AH}增加时，柴油机微粒排放的质量浓度急剧增加。柴油机的CO、HC排放也随柴油芳烃含量增加而增加。NO_x排放受柴油芳香烃含量影响较小。研究表明，柴油中芳烃的体积分数φ_{AH}从30%降低到10%，可使NO_x排放下降4%～5%。

7.2 替代燃料简介

由于世界范围的石油资源日渐短缺，以及改善排气（包括温室气体排放等）以减少环境污染的要求，单纯依靠改进内燃机燃烧系统还不能同时解决能源短缺和改善环境污染两个问题，这就促使人们对内燃机替代燃料研发的重要性及迫切性的认知度更加深入。开展替代燃料的研究和推广工作，对于减轻我国在石油进口和环境问题上的压力具有重要意义。内燃机替代燃料主要有酯类燃料、醇类燃料、醚类燃料、天然气和石油气等，它们的排放污染较低，也被称为清洁燃料。

内燃机替代燃料主要分为液体燃料和气体燃料两大类。

7.3 含氧燃料及其排放特性

当前清洁替代燃料研究的重点是液体燃料，而液体替代燃料基本上是含氧燃料。目前的研究结果表明，燃料的含氧量对发动机的燃烧和排放特性有较大的影响，含氧燃料能明显降低微粒的生成。

在探索含氧燃料对发动机燃烧和排放的影响时，一般要考虑以下几方面：

(1) 燃料本身的含氧量，质量百分数%；

(2) 含氧燃料的化学结构，即燃料中的氧原子、氢原子和碳原子的结合方式；

(3) 含氧燃料的挥发性（初馏温度 *T*10，以及中馏温度 *T*50）；

(4) 混合燃料中基础燃料的性质。

7.3.1 含氧化合物的主要物理-化学性质

在化学试剂中有不少含氧化合物，它们常被作为混合物燃料的组成部分在基础研究中被应用，在表 7-1 所示为某些含氧化合物的主要物理-化学性质。

表 7-1 某些含氧化合物的主要物理-化学性质

名称	缩写	分子式	含氧量（质量分数）/%	密度（质量分数）/(g/cm^3)	沸点/℃	低热值/(MJ/kg)	十六烷值
二甘醇 3，4 二甲基醚 (Dilthylene Glycol Diemethyl Ether)	DGM	$CH_3O(CH_2)O(CH_2)_2OCH_3$	35.8	0.950	163	24.5	126
2-乙基己基醋酸酯 (2-Ethylhexyl Acetate)	2-EHA	$CH_3(CH_2)_7O(CO)CH_3$	18.6	0.878	199	35.2	—
乙烯基二甘醇单-正-丁基醚 (Ethylene Glycol Mono-n-Butyl Ether)	ENB	$CH_3(CH_2)_3O(OH_2)_2OH$	27.1	0.905	171	32.4	35
双-正-丁基醚 (Di-n-butyl ether)	DBE	$CH_3(CH_2)_3OCH_3(CH_2)_3$	12.3	0.771	142	38.7	100
二甲氧基甲烷 (Dimethoxy Methane)	DDM	$CH_3O(CH_2)OCH_3$	42.1	0.998	42	23.74	49
二甲基碳酸酯 (Dimethyl Carbonate)	DMC	$CH_3O(CO)OCH_3$	53.3	1.079	90.9	13.5	—
二乙基琥珀酸酯 (Diethy Succinate)	DES	$CH_3(CO)O(CH_2)_4O(CO)CH_3$	36.8	1.047	212	22.9	—
二烯基二甘醇双-特-丁基醚 (Ethylene Glycol Di-t-Butyl Ether)	EDTB	$(CH_3)_3CO(CH_2)_2OC(CH)_3$	18.4	0.800	169	35.8	—
甲醇 (Methanol)	MeOH	CH_3OH	50.0	0.793	65.1	20.5	—

7.3.2 燃料含氧量对柴油机燃烧和排放的改进

图 7-1 所示为四种含氧化合物及其和柴油的混合液的燃烧和排放特性，其中 DGM 和 DBE 具有高的着火性能和十六烷值，另外两种 EHA 和 ENB 着火性能差，在一台缸径＝110mm，冲程＝106mm，标定功率为 11.8kW/2200r/min 的四冲程柴油机上进行对比试验。从图中可以看出，烟度的降低似乎与含氧化合物的种类没有关系，仅与混合燃料的含氧量有关。燃料中的含氧质量大约达到30%，发动机的烟度趋于零。此外，发动机的废气排放 NO_x、THC、CO 也随含氧量增加而下降，发动机的比能量消耗率 BSEC（MJ/(kW·h)）也随之下降，发动机的噪声视

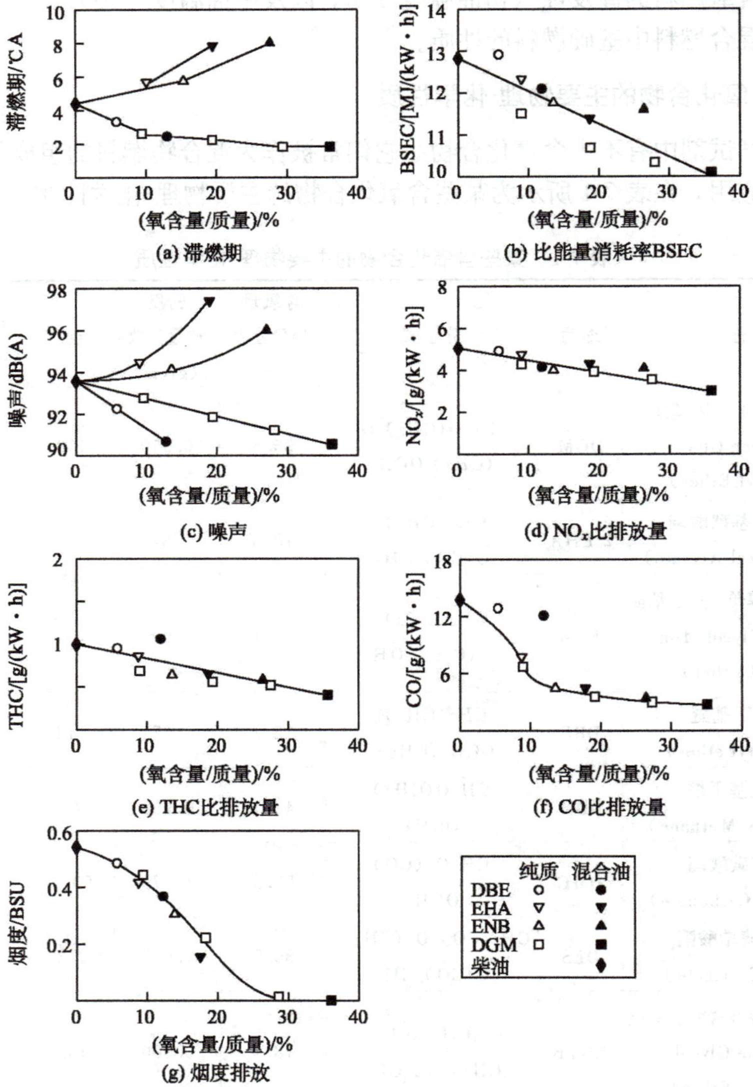

图 7-1 含氧燃料及其混合液与柴油的燃烧、排放特性对比（P_{me}＝0.75MPa）

替代燃料的着火性能而定，着火性能好的，噪声值下降，反之则升高。因此选用具有较好着火性能的含氧替代燃料是很重要的，它可以在无烟运行的同时获得 NO_x、THC、CO、噪声和经济性的同时改善。

图 7-2 所示为用高速摄影拍摄的柴油机燃烧室中燃烧正石蜡烃（n-paraffin）和燃烧 DGM 含氧燃料时的火焰照片的对比。由图可知，正石蜡烃的火焰光亮，分布较广，包括了整个燃烧室；而含氧燃料 DGM 的火焰集中在凹坑内，并且不亮，这说明 DGM 产生的碳烟少，而且碳烟的消失比正石蜡烃燃料快。DGM 燃料在着火后也生成碳烟，只是它生成量小而且比普通燃料氧化消失快。

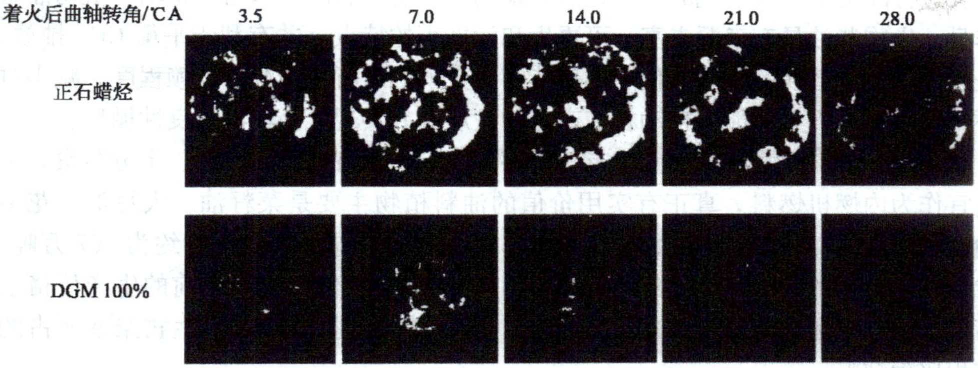

图 7-2　柴油机燃用正石蜡烃与 DGM 时的火焰照对比

图 7-3 所示为柴油和含氧燃料的示功图和放热率曲线。由图可知，应用含氧燃料 DGM，出现了比较理想的放热率曲线，即有比较适当的预混燃烧、活跃的主燃烧以及不拉长的过后燃烧。含氧燃料 ENB 由于着火性能差，滞燃期长，预混燃烧峰值高，噪声大，但与柴油相比，NO_x、THC、CO 和烟度仍有所降低。

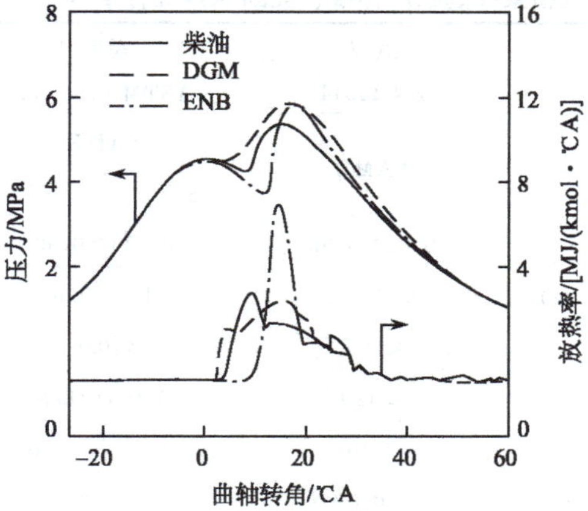

图 7-3　柴油与含氧燃料的示功图、放热率曲线的对比（$p_{me}=0.75\text{MPa}$）

7.4　液体替代燃料及其排放特性

液体替代燃料主要是指酯类燃料、醇类燃料和醚类燃料，其物理-化学性质对发动机的性能与排放有着重要影响，特别是它们均为含氧燃料。

7.4.1　生物柴油

生物柴油是以油料作物和野生油料油脂以及动物油脂、餐饮废油等为原料，与醇类进行酯交换反应制成的一种燃料，是动、植物油脂的单脂而不是动、植物油脂本身。生物柴油具有来源丰富、可再生和污染小的特点，并有利于平衡 CO_2 排放，是理想的柴油替代燃料，其使用不仅能够减少人们对石油资源的依赖程度，减小对环境的污染，而且还能够带动相应产业的发展，并实现社会经济的良性循环。

世界上油料植物很多，大约有 100 多种，但它们有的产量很小、十分名贵，不适宜作为内燃机燃料，真正有实用价值的油料植物主要是菜籽油、大豆油、花生油、棉籽油、葵花籽油等少数几种。2005 年欧洲生物柴油的总产量约为 607 万吨，占总燃料消耗的 2%，2010 年的目标为 5.75%。由于生物柴油目前的生产价格较高，一般都是和柴油混合使用，例如 B20 生物柴油是指混合油中生物柴油所占的体积比为 20%。

1. 生物柴油的标准

由于生物柴油的碳链结构和性质与柴油相似，因此，可在现行柴油机结构不作改动的情况下代替柴油使用。

一些国家的生物柴油标准，如欧洲标准、美国 ASTM 标准和中国的拟定标准，详细地规定了生物柴油各个项目指标的限值，如表 7-2 所示。

表 7-2　生物柴油的欧洲标准、美国 ASTM 标准和中国拟定标准

指标及衡量单位	欧洲 EN 14214	美国 ASTM 6751-03a		中国 GB/T20828—2007	
适用于	FAME	FAME		质量指标	
		S15	S500	S500	S50
密度（15℃）/(g/cm³)	0.86～0.90	0.875～0.90		0.82～0.90	
运动黏度（40℃）/(mm²/s)	3.5～5.0	1.9～6.0		1.9～6.0	
酸值/(mgKOH/g)	≤0.5	≤0.8		≤0.8	
闪点/℃	≥120	≥130（闭口法）		≥130（闭口法）	
硫含量/(mg/kg)	≤10	≤0.0015	≤0.05	≤500	≤50
硫酸灰分（质量分数）/%	≤0.02	≤0.02		≤0.02	
水分/(mg/kg)	≤500	≤0.050%（体积分数）		≤500	

续表

指标及衡量单位	欧洲 EN 14214	美国 ASTM 6751-03a		中国 GB/T20828—2007	
适用于	FAME	FAME		质量指标	
		S15	S500	S500	S50
总杂质/(mg/kg)	≤24	≤20		—	
铜片腐蚀级别 (50℃,3h)	1	3		≤1	
氧化稳定性/h	≥6	—		≥6	
十六烷值	≥51	≥47		≥49	
甲醇含量 (质量分数)/%	≤0.20	≤0.30		—	
酯含量 (质量分数)/%	≥96.5	—		—	
碘值/[g/(100g)]	≤120	≤115		—	
碘含量/(mg/kg)	≤10	≤1		—	
碱金属含量 (Na, K)/(mg/kg)	≤5	—		—	
碱土金属含量 (Ca, Mg)/(mg/kg)	≤5	—		—	
浊点/℃	—	≤0.050		—	
90%回收温度/℃	—	≤360		—	

注：S15 和 S500 分别指生物柴油中硫含量的最大值（单位：ppm）。

2. 生物柴油的特性

经过酯化处理后的植物油单脂的主要性质如表 7-3 所示。

表 7-3　植物油甲酯的主要性质

性能	大豆油甲酯	菜籽油甲酯	葵花籽油甲酯	棉籽油甲酯	黄连木油甲酯	麻风树油甲酯
密度/(kg/L)	0.873	0.880	0.885	0.873	0.884	0.877
运动黏度(40℃)/(mm^2/s)	4.2	9.0	4.4	9.3 (25℃)	4.4	4.3
闪点/℃	160	145	—	110	175	165
十六烷值	45	53	49	—	46	48
质量低热值/(MJ/kg)	38	40	37.7	38.8	38.2	38.4
(氧含量/质量)/%	10.3	10.0	10.0			

生物柴油有以下优点：

(1) 摩尔质量、黏度、密度、表面张力均大幅度下降。

(2) 十六烷值提高，着火性能改善。

(3) 含氧量增加，有利于混合气的燃烧和降低排放。

(4) 灰分、残碳含量大大减少。

(5) 酯化动植物油单脂和柴油之间可以实现互溶。

应用生物柴油时应注意以下几点：

(1) 生物柴油残碳含量较高，发动机容易积碳，导致磨损增加。

(2) 生物柴油的浊点、凝点较高，低温流动性差，必要时要添加流动性能改进剂。

(3) 氧化安定性差，容易生成老化产物，会堵塞滤清器，排烟增大和启动困难。

3. 生物柴油发动机的性能及其排放特性

对各种原料的生物柴油进行大量的试验，研究表明：燃用不同的生物柴油后，发动机具有相似的性能与排放特性。因此，鉴于篇幅有限，本文以麻风树（jatropha）油甲酯、黄连木（pistacia）油甲酯为例，说明其应用在柴油机上并与燃用柴油相比较的情况。试验用发动机为 ZS195 直喷式柴油机，压缩比 17，喷油提前角 18°，喷油压力 18MPa，转速 2000r/min。

1）发动机的性能

在柴油机不作任何改动的情况下应用麻风树油甲酯、黄连木油甲酯，发动机在运行时，都能达到原机的标定功率，而油耗率增加 4%～5%，这主要是生物柴油的热值低于柴油而需要增加供油时所致。

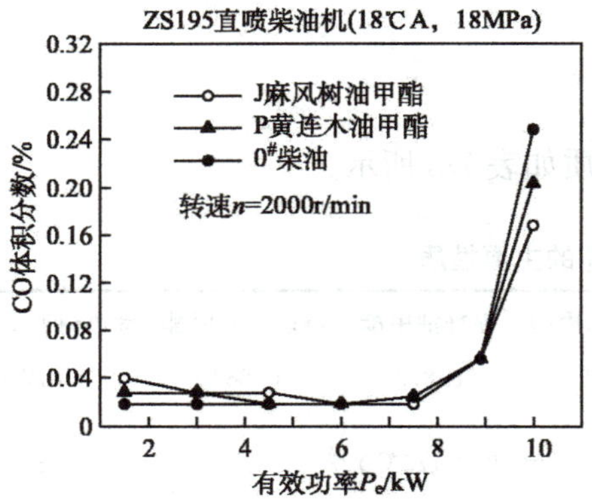

图 7-4　生物柴油 CO 排放与负荷的关系

2）发动机的排放特性

(1) CO 排放分析。

如图 7-4 所示，在中小负荷时麻风树油甲酯、黄连木油甲酯的 CO 排放与 $0^{\#}$ 柴油相当，而在大负荷，麻风树油甲酯、黄连木油甲酯的 CO 排放量低于 $0^{\#}$ 柴油。

因为中小负荷时柴油机缸内为富氧燃烧状态，各种燃料能够较充分地燃烧，从而使 CO 的排放稳定地保持在较低水平上；而大负荷时，随着燃料喷射量的增加，发动机过量空气系数变小，CO 的氧化受到缸内空气含量的制约，因此 CO 排放量相应增加。然而，生物柴油是含氧燃料，有利于燃料燃烧，因此减少了大负荷时 CO 的排放。

(2) HC 排放分析。

如图 7-5 所示，在整个负荷范围内 HC 的变化比较平缓，与 $0^{\#}$ 柴油相比，麻风树油甲酯、黄连木油甲酯的 HC 排放量显著下降 35% 左右，其主要原因是麻风树油甲酯、黄连木油甲酯含氧。

一般而言，芳香烃含量少的燃料滞燃期短，促使 HC 排放降低，且十六烷值高的燃料，燃油着火性好，滞燃期短，从而能够降低未燃碳氢和裂解碳氢的生成量。上述几种因素共同的作用，使得生物柴油的碳氢排放有所改善。

(3) NO_x 排放分析。

生物柴油对 NO_x 的排放影响不大，基本上与 0 号柴油相当，NO_x 排放随着负荷的增大而相应增加，如图 7-6 所示。

对于柴油机而言，中小负荷时混合气中有较充足的氧，但燃烧室内温度较低，故 NO_x 排放量处于较低的水平，随着负荷的增加，燃烧室内气体温度升高，促使生成更多的 NO_x 排放物。而同时生物柴油具有相对较高的十六烷值，因此滞燃期较短，这样就存在了使 NO_x 排放减少的趋势。但随着负荷的增加，缸内最高温度也相应增加，又增加了 NO_x 的生成与排放。因而，在这两种主要因素中温度起主要作用，生物柴油的 NO_x 排放在整个负荷范围内与柴油排放量基本相当。

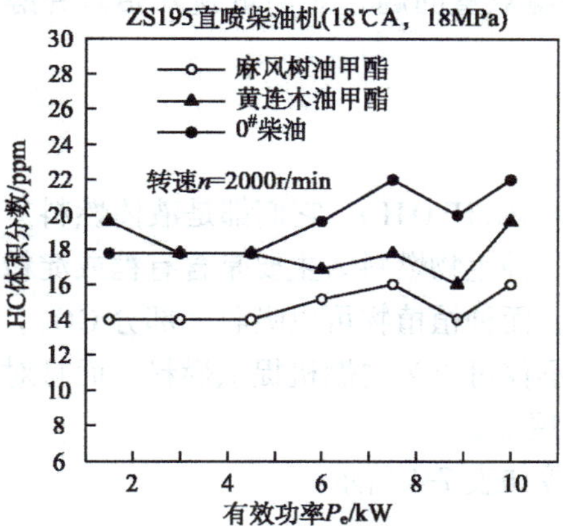

图 7-5　生物柴油的 HC 排放与负荷的关系

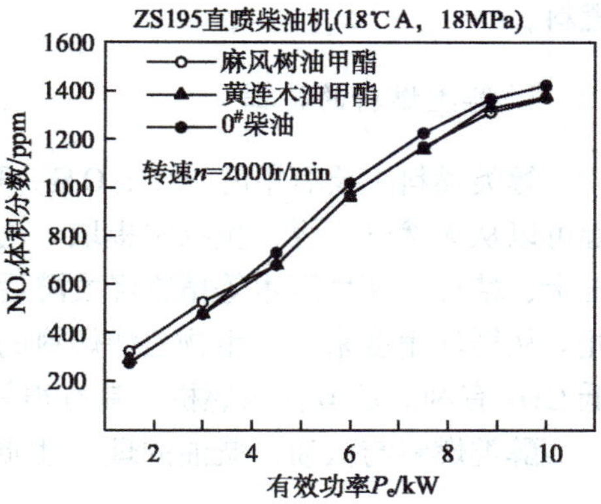

图 7-6　生物柴油的 NO_x 排放与负荷的关系

(4) 碳烟排放分析。

图 7-7 表明，在整个负荷范围内，碳烟排放随着负荷的增大而相应增加。与 $0^{\#}$ 柴油相比，燃用麻风树油甲酯、黄连木油甲酯后、碳烟排放量有明显的降低。在小负荷时，生物柴油对碳烟排放影响不大；而在中大负荷时，碳烟排放有较大幅度的降低。

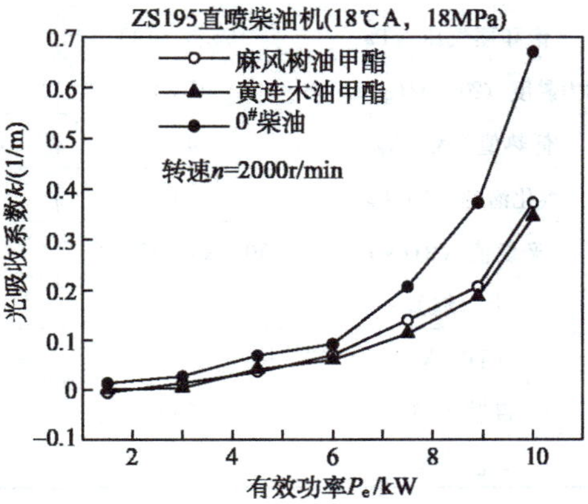

图 7-7　生物柴油的碳烟排放与负荷的关系

对于柴油机而言，小负荷时发动机过量空气系数大，燃料能够充分地燃烧，因此碳烟排放相对较低，麻风树油甲酯、黄连木油甲酯中所含的氧对降低碳烟排放影响不明显。随着发动机负荷不断增大，燃料的喷入量也越来越多，混合气过浓区域增多，造成缸内处于缺氧状态，从而使碳烟排放增加。此时，麻风树油甲酯、黄连木油甲酯的自供氧功能减少了混合气的过浓区域，能够使燃料进行比较充分的燃烧，从而降低了发动机的碳烟排放。随着负荷的进一步增大，碳烟排放的降低效果更加明显。另外，与含较多芳香烃的柴油不同，生物柴油不含芳香烃，是直链结构，生成碳烟颗粒的倾向减小，能够改善碳烟排放，这也是麻风树油甲酯、黄连木油甲酯能够降低碳烟排放的另一个原因。

7.4.2 醇类燃料

20 世纪 70～80 年代，由于石油供应紧张，世界各国曾掀起过醇类燃料作为内燃机替代燃料使用的研究高潮，但后来由于石油供应充足，醇类燃料在内燃机上的研究与应用有所停顿。目前，由于能源与环境双重问题，人们重新开始研究醇类燃料。

1. 醇类燃料的特征

醇类燃料主要有甲醇（CH_3OH）和乙醇（C_2H_5OH），它们都是液体燃料。甲醇可以从天然气、煤、生物中提取，乙醇是一种生物燃料，主要是含有糖或淀粉的玉米、秸秆、速生灌木等植物经发酵后制成。而种植植物可以吸收一部分 CO_2，因此，从循环角度来看，生物乙醇燃料的使用不仅可以为内燃机提供燃料，而且对降低 CO_2 有利，乙醇在内燃机上具有很好的发展前景。

醇类燃料与汽油、柴油的理化性质的比较如表 7-4 所示。

表 7-4 醇类燃料与汽油、柴油的理化性质比较

燃料	汽油	柴油	甲醇	乙醇
物理状态	液态	液态	液态	液态
车上的存储状态	液态	液态	液态	液态
密度/(10^3·kg/m^3)	0.68	0.86	0.78	0.73
沸点/℃	125.7	180-360	64.7	78.3
饱和蒸气压/kPa	55.0～103	<1.37	31.62	15.81
动力黏度（20℃）/(mPa·s)	0.34	4.0	0.57	1.19
低热值/(MJ/kg)	44.52	42.5～44.4	20.26	27.20
汽化潜热/(kJ/kg)	297	250	1101	862
辛烷值（RON）	90，93，95，97	20-30	111	108
十六烷值	27	40-55	3-5	8
闪点/℃	−43		11	21
自燃点/℃	260	250	470	420
理论空燃比	14.8	14.3	6.45	9.0

续表

燃料	汽油	柴油	甲醇	乙醇
分子量	100～115		32	46
在空气中的可燃范围	1.3～7.6	1.4～7.6		
碳（质量分数）/%	87	86	37.5	52.2
氢（质量分数）/%	13	14	12.5	13
氧（质量分数）/%	0	0	50.0	34.8

醇类燃料的特点主要有：

(1) 低热值比汽油、柴油低，甲醇低热值为汽油的46%，乙醇为汽油的62%；但醇类燃烧时的理论空燃比小。

(2) 蒸发潜热大，甲醇为1101kJ/kg，乙醇为862kJ/kg，从而使混合气在燃料蒸发时温降大，有利于提高发动机的充量和动力性，但不利于发动机的启动和暖机。

(3) 辛烷值比汽油高，甲醇为111，乙醇为108，可采用高压缩比，有利于提高发动机的动力性和经济性。十六烷值低，在柴油机上应用时，需要有助燃措施。

(4) 含氧量较高，甲醇为50%，乙醇为34.8%，有利于混合气的燃烧和降低排放。

(5) 腐蚀性大。醇具有较强的化学活性，能腐蚀锌、铝等金属，醇与汽油的混合燃料对橡胶、塑料的溶胀作用比单独的醇或汽油都强，混合20%醇时对橡胶的溶胀最大。

2. 醇类燃料发动机的性能及其排放特性

甲醇和乙醇可以以单一燃料（M100或E100）使用，也可在汽油和柴油中以掺混一定比例的形式作为混合燃料供发动机使用。甲醇和乙醇具有相近的物性，下面以一种醇为例进行讲述，其结论对另一种醇也大致适用。

1) 点燃式发动机燃用甲醇-汽油混合燃料

试验表明，汽油机不作（可极少作）任何改动，甲醇-汽油混合比的上限为15%甲醇。此时需要处理的问题仅是材料相容性、混合液分层以及蒸气压力值高。随着甲醇掺混比的增大，需要考虑的问题有：

① 燃油系统的材料；

② 化油器或燃油喷射系统元件的调整，以补偿甲醇热值低，要求混合油流量大；

③ 暖机调节以改善运行性能和排放；

④ 燃油系统改造，主要是输油泵的循环系统，以防止气阻，用大容量输油泵，增加循环供油量；

⑤ 引入高能点火系统以改善在稀混合气条件下的运转性能。

(1) 发动机性能。

甲醇化学计量空燃比的单位质量混合气的热值（2.656MJ/kg）与汽油的

(2.780MJ/kg）大致相同，但由于甲醇燃烧速度快、传热损失小、容积效率较高，以及甲醇是含氧燃料等原因，在相同的压缩比和点火提前角下，燃用低掺混比汽油-甲醇混合燃料时，发动机的功率和经济性都可以比原汽油机有所提高。在相同最大功率的要求下，可以充分利用甲醇的稀燃特征，进一步降低油耗。图 7-8 表明，在相同最大功率的要求下，M15 将过量空气系数从 0.9 增至 0.95 时，可获得 5% 的油耗降低。图 7-9 所示为不同甲醇掺混比下发动机功率的变化，可以看出随着甲醇比例的增加，功率有少量的增加，但对汽油机加速性能影响不大。

（2）发动机排放特性。

图 7-10 所示为电喷汽油机在应用甲醇混合油后的排放和掺混率的关系，由图中可知，掺混甲醇汽油机的 CO 的排放量比原汽油机有一定的降低，而 HC、NO_x 排放两者差不多。主要原因是甲醇的含氧量较高，有利于混合气的燃烧，从而是降低了 CO 的排放。

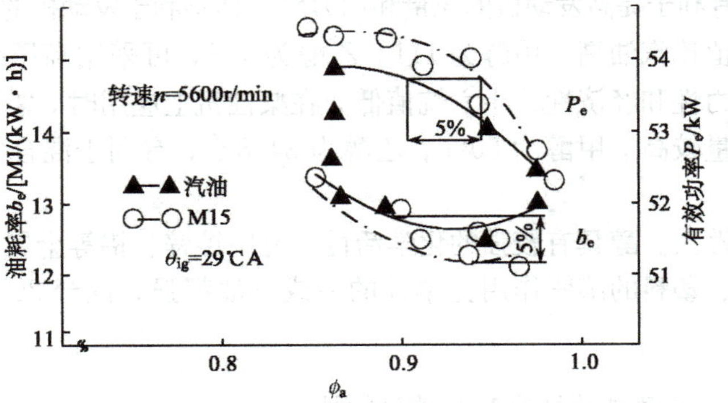

图 7-8　发动机有效功率和有效燃油消耗率 b_e 随过量空气系数 ϕ_a 的变化关系

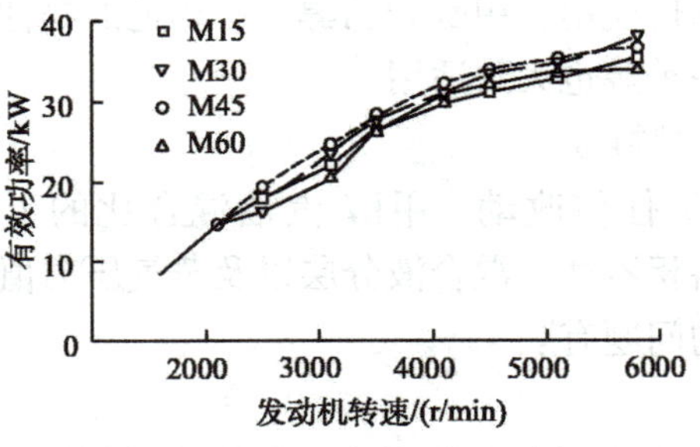

图 7-9　不同甲醇掺混比下
发动机的功率曲线

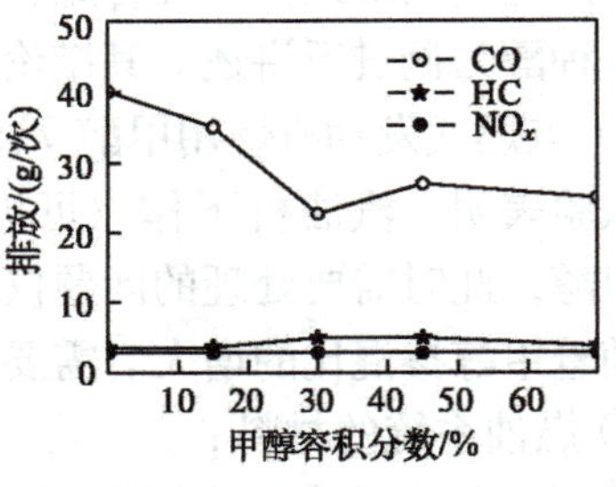

图 7-10　不同甲醇掺混比
汽油机的排放值

2）压燃式发动机燃用醇类燃料

汽油-乙醇燃料已在汽油机上得到较好的应用，而柴油-乙醇的研究工作也在进行中，柴油-乙醇的使用更能发挥乙醇燃料燃烧热效率高的特点并降低柴油机碳烟排放。

柴油-乙醇混合燃料按乙醇掺混比例记为E0（柴油）、E10（10体积% 乙醇）和E20（20体积%）。

（1）发动机性能。

乙醇与柴油相溶性差，直接混合很容易分层，并且醇类混合比例越大，形成的混合溶液稳定性也就越差。其主要原因是它们之间的理化性质差异很大，无法满足柴油机燃料的要求，因此，需要在混合燃料中添加助溶剂。

乙醇的十六烷值较低，乙醇的添加将使柴油与乙醇的混合燃料十六烷值下降、着火滞燃期增加。混合燃料的热值随着燃料中乙醇比例的增加而降低，为此，要得到相同功率输出就需要增加供油量。混合燃料的汽化潜热随着乙醇比例的增加而增加，燃油的汽化会使缸内的温度下降，使着火滞燃期增加。

混合燃料中醇的质量分数在30%以下时，在不改变发动机结构的情况下，发动机的动力性能随着醇的质量分数而有不同程度的降低，其决定因素是醇类燃料的低热值和所占比例。发动机要在相同的负荷的转速下运行，需要向缸内喷入更多的燃料。在经济性能方面，有效燃油消耗率换算成当量柴油热值有效燃油消耗率时，其当量油耗率随着混合燃料中含氧量的增加而有2%～5%的改善，这表明乙醇的添加可改善发动机燃烧过程提高热效率。如图7-11所示，随着混合燃料中含氧量的增加，混合燃料的热效率有所增加，说明乙醇燃料中的氧可有效地缓解可燃混合气形成过程中局部缺氧的情况，尤其在缺氧相对严重的扩散燃烧期，乙醇对改善扩散燃烧和降低碳烟排放有利。

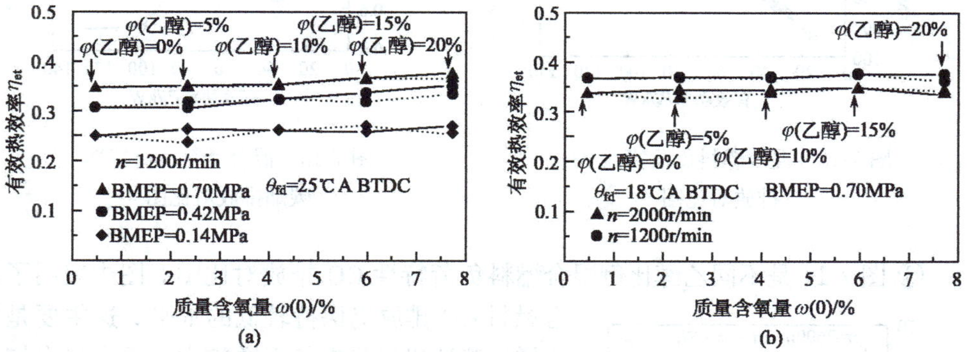

图7-11　柴油-乙醇混合燃料有效热效率与燃料中质量含氧量的关系

…未添加十六烷值改进剂；—已添加十六烷值改进剂

（2）发动机排放特性。

与使用柴油相比，发动机在使用醇类燃料时排放特性在CO和烟度方面均有不同程度的改善，而NO_x基本不变，HC略有升高。

图7-12～图7-15为广西玉柴机器股份有限公司YC6108-21ZLQ增压中冷柴油机台架试验的排放测量结果，图中分别表达了柴油-乙醇混合燃料发动机的各排放成分的排放特性，从图中可以看出：

① 图 7-12 中给出了不同乙醇比例混合燃料负荷特性 NO_x 排放对比图，图中表明了混合物燃料的 NO_x 排放与柴油相比基本相同，且与乙醇的掺烧比基本无关。主要原因是乙醇具有较高的汽化潜热，混合燃料喷入缸内将带来较大的温降，有利于 NO_x 的降低，但是，混合燃料的滞燃期增加，滞燃期内形成的可燃混合气数量增加，预混燃烧量增加，缸内最高平均气温升高，NO_x 排放浓度增加。综合效果是 NO_x 排放变化不大。

② 图 7-13 是不同乙醇比例混合燃料负荷特性碳烟排放对比图，图中表明了排气烟度在整个转速范围内都有明显改善，且随着乙醇混合比的提高或质量含氧量的增加，改善程度增大，中高负荷的改善尤其明显，相对柴油分别有较大幅度的降低。烟度改善的主要原因是乙醇类燃料为含氧燃料，其自带的氧能力可有效缓解可燃混合气形成过程中局部缺氧的情况，在不引起 NO_x 上升的同时降低碳烟排放。另外，乙醇的添加减少了喷射初期浓混合气区域，滞燃期内形成的或燃混合气量增加，预混燃烧量增加，扩散燃烧量减少，也使碳烟浓度降低。

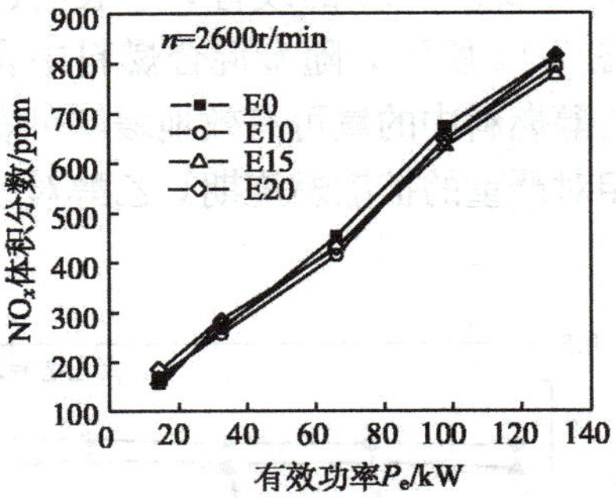

图 7-12 混合燃料负荷特性 NO_x 排放对比图

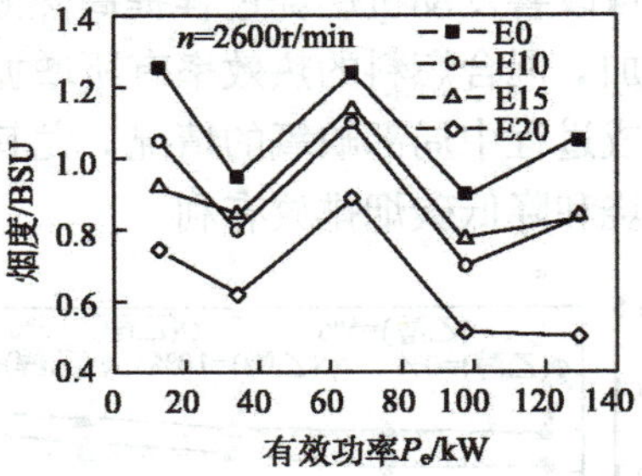

图 7-13 混合燃料负荷特性碳烟排放对比图

③ 图 7-14 是不同乙醇比例混合燃料负荷特性 CO 排放对比图，图中表明了混合燃料 CO 排放仍保持较低的水平，这主要是因为增压柴油机过量空气系数较大，混合气燃烧较完善。掺烧乙醇的混合燃料 CO 排放随着负荷的增大而有较明显的改善，乙醇的含氧量有利于改善 CO 的排放。

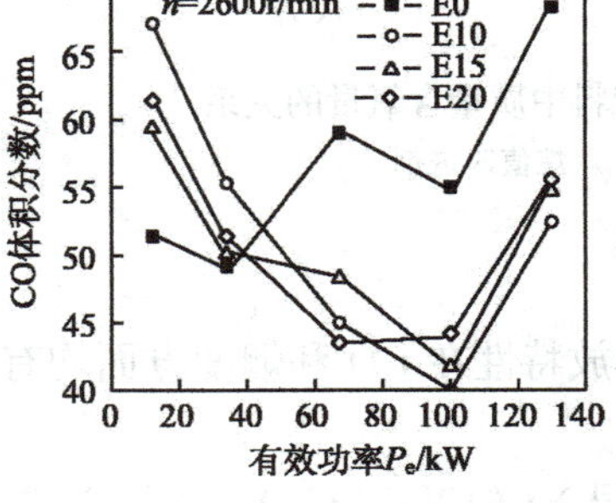

图 7-14 混合燃料负荷特性 CO 排放对比图

④ 图 7-15 是不同乙醇比例混合燃料负荷特性 HC 排放对比图，图中表明了 HC 的排放值略有升高，但仍较低。这是因为乙醇的添加有利于增加稀混合气，减少了浓混合气区域。同时，由于混合燃料的热值下降，随着乙醇添加比例的增

加，每循环喷油量增加，使 HC 排放增多。

3. 醇类燃料的非常规排放

甲醛及其他醛酮类物质是目前人们愈来愈重视的空气污染物，1987 年美国将甲醛、乙醛列为有致癌作用的物质。汽车及其他以烃类物质为燃料的设备或装置都可能在燃烧不完全时向大气中排放醛类物质。准确检测尾气中的醛类排放，对控制甲醛排放、推广醇类燃料有很重要的意义。

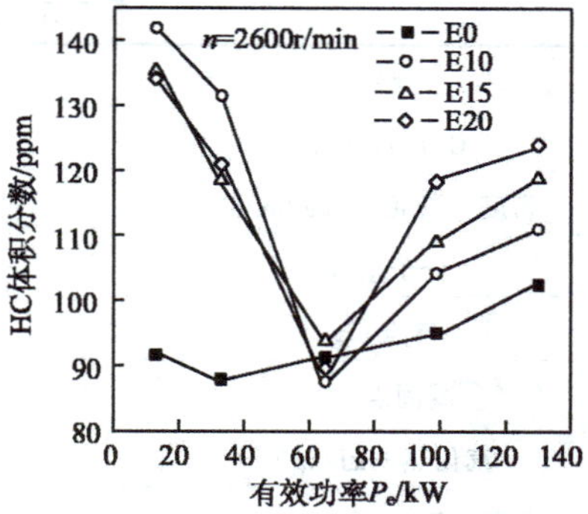

图 7-15　混合燃料负荷特性 HC 排放对比图

目前，内燃机排放中醛类物质的检测方法是利用醛、酮化合物与 2,4-二硝基苯肼（2,4-dinitrophenylldrazine，DNPH）在酸性介质中发生具有高度特异性化学反应的性质，并利用 DNPH 与醛、酮类化合物反应生成稳定的衍生物2,4-二硝基苯腙，对所生成的 DNPH 衍生物溶液萃取后进行气相色谱或液相色谱分析，从而测定大气中或发动机排放物中的醛、酮污染物的含量。

在废气中的醛、酮与酸性溶液中的 DNPH 反应生成 2,4-二硝基苯腙（橘黄色）沉淀。醛类与肼的衍生化学反应具有以下特点：

(1) 醛肼反应条件容易控制和重复，在常温下进行反应，操作简单；

(2) 反应可以定量进行，反应的转化率高且恒定，满足定性分析的要求；

(3) 反应产物具有良好的色谱行为，化学物质稳定且易于检测。

因此，该方法广泛应用于醛类等非常规物的检测。

7.5　气体燃料及其排放特性

7.5.1　天然气

1. 天然气的特点

天然气的主要成分是甲烷（CH_4），含量在 90% 以上，此外还有少量的 H_2、CO、H_2S 和更少量的 N_2、CO_2、He，其余为乙烷、丙烷、丁烷及少量其他物质。

天然气按其存在形式分为压缩天然气和液化天然气。压缩天然气（CNG）是将天然气压缩至 20MPa 存储在气瓶中，经减压器减压后供给发动机燃烧；液化天然气是将天然气液化后，存储在高压瓶中，且储气瓶的体积比 CNG 的小，续驶里程长，但技术要求高。目前用于汽车上的是 CNG。

1）天然气的规格

天然气的组成成分决定了其物理化学性质，该性能与汽油比较如表 7-5 所示。

表 7-5　天然气与汽油的理化性质

燃料		天然气（CH_4）	汽油（90#）
C/H 原子比		4	2～2.3
密度（液相）/(kg/m³)		424	700～780
分子量 *M*		16.043	96
沸点/℃		−161.5	30～90
凝固点/℃		−182.5	—
汽化热/(kJ/kg)		510	—
密度（气相）/(kg/m³)		0.715	—
化学计量比	质量比	17.25	14.8
	体积比	9.52	8.586
低热值/(MJ/kg)		50.05	43.9
混合气热值/(MJ/m³)		3.39	3.37
辛烷值（RON）		130	92
着火极限/%		537	390～420

由表 7-5 可知，天然气具有如下特点：

(1) 辛烷值高，天然气的主要成分是甲烷，甲烷的研究法辛烷值为 130，具有很强的抗爆性能，通过提高压缩比可以大幅度地提高天然气汽车的动力性和燃料经济性。

(2) 热值高。甲烷含量高的天然气的低热值比汽油高，当甲烷含量为 80% 时，天然气的低热值与汽油相当。因为天然气的密度低，所以理论混合气热值比汽油稍低。

(3) 清洁燃料。它与空气混合所需的能量很少，很容易生成均匀混合气，减少有害排放。

(4) 过量空气系数偏小。过量空气系数为 0.69～1.17，着火界限偏向浓的一侧，对混合气形成和点火定时控制要求高。

2) 压缩天然气的规格

为保证压缩天然气（CNG）汽车的正常行驶，各国都各自制定了标准，对 CNG 质量提出技术要求。我国汽车用 CNG 标准（SY/T7546—1996）如表 7-6 所示。

表 7-6　汽车用压缩天然气技术要求

项目	质量指标	试验方法
高位发热值/(MJ/m³)	≥31.4	GB/T 11062
硫化氢（H_2S）含量/(mg/m³)	≤20	GB/T 11060.1 或 GB/T 11060.2

续表

项目	质量指标	试验方法
总硫（以硫记）含量/(mg/m^3)	≤270	GB/T 11061
CO_2 含量（体积分数）/%	≤3.0	SY/T 7506
水露点	低于最高操作压力下最低环境温度5℃	SY/T 7507（计算确定）

2. 天然气的排放性能

天然气在汽车上与空气混合时是气态，因此，与汽油、柴油相比，混合气更均匀，燃烧更完全。另外，天然气的主要成分甲烷中只有一个碳原子，从理论上讲，燃烧产物中CO较少。表7-7是我国改装某压缩天然气（CNG）汽车的排放试验结果，表明CNG的CO和HC排放较汽油明显降低。但是，燃用CNG排放的甲烷增加。甲烷是一种温室气体，它对大气的加热潜力是 CO_2 的32倍，甲烷在大气中的存在时间一般为10年，比 CO_2 存在的时间短1/10。此外，使用中发现纯CNG汽车 NO_x 排放高。改装的两用燃料（汽油-CNG或柴油-CNG）汽车如果调整使用不当，各种污染物排放并不低。而且汽车动力性下降。

表7-7　压缩天然气与汽油排放的比较

污染物	轻型客车			小轿车		
	汽油	CNG	降低率	汽油	CNG	降低率
CO/%	3.0	0.5	83.3%	1.00	0.15	85%
HC/10^{-6}	1000	800	20%	200	150	25%

7.5.2　液化石油气

1. 液化石油气的特点

液化石油气（LPG）的主要成分是丙烷和丁烷。丙烷沸点低，极易汽化，冷启动性好，但热值低；丁烷沸点高，不易汽化，但热值高。因此，为了保证LPG的正常使用，要求车用LPG有足够的丙烷、丁烷含量。LPG的理化性质与其他燃料比较如表7-8所示。

表7-8　气态燃料的主要理化性质与汽油、柴油的比较

燃料	汽油	柴油	天然气	液化石油气	氢气
低热值/(MJ/kg)	44.52	43	49.54	45.31	120
理论空燃比（质量）	14.7	14.3	17.25	0.54	34.38
混合气热值/(MJ/M^3)	3.8		3.39		3.18

续表

燃料	汽油	柴油	天然气	液化石油气	氢气
沸点常压/℃	30～220	180～370	－161.5	－0.5	－253
辛烷值（RON）	90，93，95，97		120	94	
十六烷值	27	40～60			
闪点/℃	－43	60	－161.5	丙烷：－41 丁烷：0～2	
自燃点/℃	260		700	丙烷：450 丁烷：400	585
最低点火能量/MJ	0.25～0.3				0.02
分子量	100～115	226	16	丙烷：44 丁烷：58	2
在空气中的可燃范围体积比/%	1.3～7.6		5～15	丙烷：2.4～9.6 丙烷：1.8～9.6	4～75
化学计量比	14.8	14.5	16.75	丙烷：15.66 丁烷：15.45	

由表可知，LPG 的特点与天然气相似，具有辛烷值高、热值高、清洁燃料、容易与空气混合等优点。

2. *液化石油气的排放性能*

液化石油气（LPG）与空气混合时也是气态，混合充分，燃烧完全，因此，根据 LPG 特点设计的发动机可有效降低排放污染物。LPG 排放污染物较低，但它比 CNG 的排放要高。双燃料液化石油气-汽油的排放性能受改装、调整等许多因素的影响，排放性能不太稳定。另外，LPG 和 CNG 汽车必须采用电喷技术和三效催化转化技术才能取得较低的排放性能，而且必须定期检测维护才能维持其低排放性。汽车燃用汽油、LPG、CNG 排放污染物对比如表 7-9 所示。

表 7-9　汽车燃用汽油、LPG、CNG 排放污染物对比

污染物	汽油	CNG	LPG
非甲烷碳氢	1	0.1	0.5～0.7
CH_4	1	10	
CO	1	0.2～0.8	0.8～1.0
NO_x	1	0.2～1.0	1.0

7.5.3 二甲醚

1. 二甲醚的特性

二甲醚（dimethyl ether，DME）是一种化工产品，是近年来国外开发的一种极有发展前途、清洁的代用燃料。表 7-10 为二甲醚与其他燃料的物理化学性质比较。

表 7-10 二甲醚与其他燃料理化性质比较

燃料	柴油	二甲醚
分子式	—	CH_3-O-CH_3
液态密度/(kg/m^3)	840	668
理论空燃比	14.6	9
十六烷值	40～50	55～65
汽化潜热/(kJ/kg)	280	460
低热值/(kJ/kg)	42500	27600
常压下自燃温度/℃	250	235
黏度/cP	0.15	3
碳（质量分数）/%	86	52.2
氢（质量分数）/%	14	13
氧（质量分数）/%	0	34.8
沸点/℃	−24.9	180～360

二甲醚能够成为一种清洁代用燃料，与其本身的性质特点有着直接关系。从表 7-9 中可归纳出其主要特性为：

（1）二甲醚的化学分子式为 CH_3-O-CH_3，是最简单的醚类。它的分子式中没有 C-C 键的分子结构，氧的质量百分比也较高（34.8%）。无 C-C 键的分子结构减少了微粒形成的可能性，分子中较大的氧的比例对实现无烟燃烧有利。计算表明二甲醚的理论混合气热值与柴油的理论混合气热值相当，这就从理论上奠定了内燃机燃用二甲醚不会降低功率和扭矩的基础。

（2）二甲醚的十六烷值高于柴油和其他代用燃料，这意味着二甲醚具有很好的自燃性能，滞燃期短，因此最高燃烧温度和压力升高率都有所降低，既可减少 NO_x 的生成，又可减少内燃机工作的粗暴性，降低柴油机的燃烧噪声。

（3）二甲醚的热值低，只相当于柴油的 64.7%。当单独燃用时，为达到柴油机的动力水平，则必须增大甲醚的每循环供油量，每循环供油量约为柴油的 1.6～1.7 倍。为此，试验中，采取更换原机喷油泵，采用同类型、喷油量更大的喷油泵的措施。

（4）二甲醚的沸点较低，能够在燃烧室内涡流较小的情况下快速形成良好的混合气，从而缩短点火延迟期，使柴油机具有较好的冷启动性能，这也是二甲醚比较适合用于柴油机上的原因之一。发动机只需作少量的改动，其动力性就可达到原柴油机的水平，是一种理想的代用燃料。

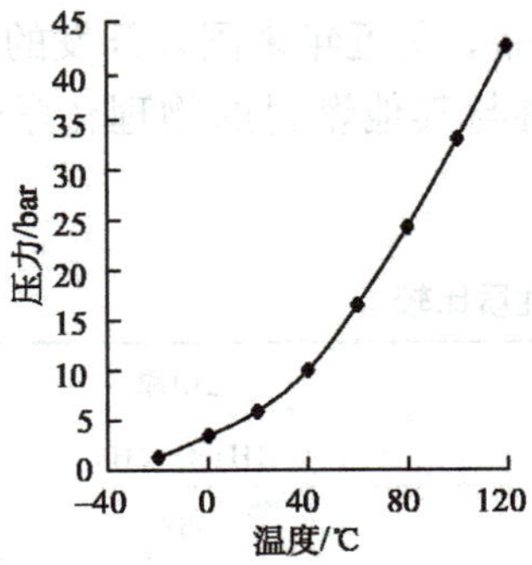

图 7-16　二甲醚的温度-压力变化曲线

(5) 二甲醚在常温下为气体，在−24.9℃时才液化，在5个大气压下液化。因此在实际应用时需要加压储存。这就使得供油系统变得比较复杂。同时，二甲醚的蒸发压力随温度的升高而升高，如图7-16所示，即使在供油系统的低压部分也需要加压到一定程度，才能防止在发动机工作中由于温度升高而使二甲醚汽化，使供油系统中产生气阻，影响工作的稳定。

(6) 二甲醚的热值比柴油低，含氧量高，燃烧时所需要理论空气较少，理论空燃比为9，二甲醚理论混合气热值为3066.7kJ/kg，而柴油的理论混合气热值为2911kJ/kg，两者相差不大。由此可知，使用二甲醚时并不影响发动机的功率。

2. 二甲醚发动机的性能及排放特性

燃用纯二甲醚时，仅对燃油供给系统进行较小的改动，发动机就能获得令人满意的性能和排放水平；发动机除具有柴油机的高热效率外，同时还具有极低的 NO_x 排放、燃烧噪声，如表7-11、表7-12所示。

表 7-11　二甲醚发动机排放与欧洲排放标准的比较　（单位：g/(kW・h)）

气体类型	欧Ⅲ排放标准	欧Ⅳ排放标准	二甲醚发动机
HC	0.66	0.46	0.20
CO	2.1	1.5	2.17
NO_x	5.0	3.5	3.85
微粒	0.10	0.02	0.05

表 7-12　二甲醚发动机（带氧化催化反应器）ESC13 工况排放测试结果　（单位：g/(kW・h)）

气体类型	欧Ⅲ排放标准	欧Ⅳ排放标准	二甲醚发动机
HC	0.66	0.46	0.512
CO	2.1	1.5	0.529
NO_x	5.0	3.5	3.966
微粒	0.10	0.02	0.042

奥地利 AVL 公司在一台货车和公共汽车柴油机上的研究表明，使用二甲醚做燃料，发动机能够在不带排气再循环（EGR）和任何排气后处理装置的情况下满足加州超低排放车辆标准（ULEV）和欧Ⅲ排放标准。

当采用 EGR 系统进一步降低 NO_x 时，发动机燃烧和热效率都没有恶化。二甲醚高的含氧量和无烟燃烧使得发动机能够承受高的 EGR 来进一步降低 NO_x 排放，而无需解决传统柴油机降低 NO_x 排放与 HC、微粒排放升高的矛盾。

通过降低启喷压力，使用 EGR 并调整喷油提前角，可使 NO_x 排放比原机降低 70%，仅为 2g/(kW·h)，而此时微粒排放为 0.04g/(kW·h)，它主要由润滑油产生。

7.5.4 氢气

1. 氢气的特点

氢气是 21 世纪的重要能源，氢气在内燃机中燃烧产物是水，有害排放物只有 NO_x。

表 7-8 所示为氢气的部分特性参数，从表中可以看出氢气作为内燃机燃料应用时的一些特点：

(1) 氢气的自燃温度高，适合在火花点火发动机使用，可以提高压缩比和热效率。

(2) 氢气的单位质量低热值高，但理论混合气热值略低于汽油。

(3) 氢气作为车用发动机燃料的主要问题是氢的能量密度很低。无论是采用低温液化、高压压缩还是金属吸附等储氢方法，燃料及附加设备的质量和体积都太大。

(4) 氢气是清洁燃料，燃烧产物是水，有害排放物只有 NO_x，后处理比较简单。

制氢的原料有天然气、煤、渣油及水等。由于水资源较丰富，目前人们正在重点研究高效率、低成本地从水中制氢的方法。但是迄今为止，制氢的成本还比较高，这是近期 H_2 不能广泛用作内燃机燃料的原因之一。

2. 氢气发动机的性能及排放特性

氢气作为代用燃料，其燃烧产物既没有 HC、CO 和碳烟等污染物，也没有造成温室效应的 CO_2，其唯一的有害排放物是 NO_x，因此氢气是理想的清洁燃料。

氢燃料发动机降低排放的研究主要有：

(1) 天然气和氢气掺燃。主要功能是抑制天然气的最高燃烧温度，使 NO_x 排放下降。在天然气中掺入 20% 的氢气，可使 NO_x 排放降低 50%，同时 CO、THC 排放也得到降低。

(2) 汽油和氢气掺燃。主要功能是利用氢气燃烧时链式反应产生大量活性组分来加速 CO、THC 的氧化，使 CO、THC 排放降低。

习　题

7-1　为什么要发展替代燃料汽车与内燃机？

7-2　目前，主要的代用燃料有哪些？

7-3　请从替代燃料的物理化学性质分析为什么绝大多数替代燃料是对环境友好的燃料？

7-4　什么是生物柴油？内燃机燃用生物柴油有哪些优点和缺点？

7-5　内燃机燃用醇类燃料有哪些优点和缺点？

7-6　常用的气体燃料发动机有哪几种？内燃机燃用气体燃料有哪些优点和缺点？

7-7　为什么说二甲醚是压燃发动机的超清洁燃料？

7-8　你认为最有前途的代用燃料是什么？它具有什么优势？

第 8 章　新一代燃烧技术对内燃机排放的影响

通过了解新一代燃烧技术——均质压燃（HCCI）的特征、燃烧控制及其对内燃机排放的影响，理解 HCCI 具有较高热效率、低 NO_x 和微粒排放等优点，由于它的着火和燃烧受化学动力学控制，因此要在实际发动机上实现 HCCI 仍面临诸多困难。本章从柴油燃料和汽油燃料两方面来介绍 HCCI 的研究和应用概况，通过学习，重点掌握内燃机实现 HCCI 的技术措施及这些措施对降低排放的影响程度。理解在 ϕ-T 图上探讨低温燃烧的路径及其对发动机 NO_x 和碳烟排放的影响，学会利用 CO-ϕ-T 图讨论低温燃烧 CO 排放及燃烧效率问题。

传统汽油机燃烧属于预混合均质火花点火燃烧。由于汽油燃料特性以及爆震等诸多因素的限制，汽油机压缩比低，热效率低，但火焰区的温度可达 2600K，排气中包含大量 NO_x 和不完全燃烧产物。另外，汽油机需要节气门控制进气量，部分负荷时的泵气损失大，机械效率低。传统汽油机的燃料利用率比柴油机低 30%。

传统柴油机燃烧属于燃料喷雾的扩散燃烧，依靠发动机活塞压缩到接近终点时的高温使混合气自燃着火。由于喷雾与空气的混合时间短，燃料与空气不能均匀混合，因此燃烧时混合气分为高温火焰区和高温过浓区。高温火焰区的温度在 2200K 以上，促成 NO_x 生成。在高温过浓区，又因缺氧而生成碳烟。这种喷雾扩散燃烧固有的特性，导致传统柴油机排气中必然存在一定数量的碳烟和 NO_x。理论研究证明，在传统的柴油机燃烧技术下，柴油机存在碳烟和 NO_x 排放的一个最低极限。

因此，制备均匀混合气、减少缸内混合气的温度和浓度分层是降低柴油机排放的关键，而减少泵气损失、改进燃烧过程，使之接近奥托循环可以提高汽油机的燃料利用率。要突破传统内燃机燃料利用率和有害排放两个极限，必须发展以均质、压燃、低温燃烧为特征的新的内燃机燃烧方式。均质压燃（homogeneous charge compression ignition，HCCI）就是这样一种燃烧方式，即均质混合气压缩到上止点附近时自燃着火燃烧。与传统的火花点火发动机相比，HCCI 燃烧方式采用均匀的空气与燃料混合气，但是用压燃代替火花塞点火方式；与传统的柴油机相比，HCCI 燃烧方式仍采用压燃着火，但混合气充量是均质的。这种燃烧方式具有较高热效率、低 NO_x 和微粒排放等优点。

8.1　均质压燃燃烧特征及其面临的挑战

HCCI 燃烧特征为多点着火、高热效率、超低 NO_x 和微粒排放，它结合了柴油机压燃和汽油机均质混合气的特点（图 8-1）。与传统的点燃式发动机相比，它取消了节气门，泵吸损失小，混合气多点同时着火，燃烧持续期短，可以得到与压燃式发动机相当的高热效率；与传统柴油机相比，由于是均质混合气，燃烧反应几乎是同步进行的，没有火焰前锋面，燃烧火焰温度低，NO_x 排放很低，几乎没有碳烟排放。表 8-1 给出了 HCCI 燃烧方式的优缺点。

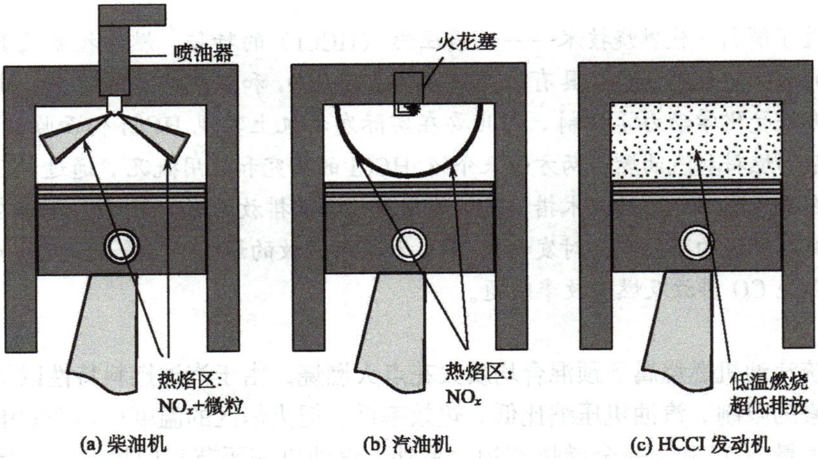

图 8-1　发动机的三种燃烧方式

表 8-1　HCCI 燃烧方式的优缺点

优缺点		原因
优点	热效率高（理论上）	泵吸损失小
	几乎为零的碳烟和 NO_x 排放	低温均质混合气
缺点	燃烧相位难于控制	缺乏直接有效控制燃烧过程的技术手段
	放热速率难于控制	混合气多点同时着火，整体燃烧，放热速率过快
	运行工况范围窄	均质混合气的特性导致： （1）小负荷工况时混合气浓度过稀，发动机“失火”； （2）大负荷工况，放热速率过快，发动机“爆震燃烧”

研究表明，HCCI 燃烧受到化学反应动力学的控制，因此，HCCI 发动机主要是通过控制缸内混合气的温度、压力、浓度和组分来间接控制着火时刻和燃烧过程的。这显然比传统汽油机通过点火时刻和柴油机通过喷油时刻控制着火时刻困难得多。所以，要在内燃机上应用 HCCI 燃烧，尚有许多理论和工程上的问题需要解决，这些问题概括起来主要有以下几个方面。

1）着火时刻的控制问题

在 HCCI 燃烧过程中，由于受到化学反应动力学的控制，着火时刻与燃料化学特性及混合气在压缩过程中所经历的温度、压力历程紧密相关。因而，HCCI 发动机与传统的汽油机或柴油机相比缺乏直接控制着火时刻的手段。而且，随着发动机负荷和转速的提高，混合气自燃化学反应速度及反应累计时间相对曲轴转角的变化，使这一问题更加突出。

2）运行工况范围的扩展问题

由于HCCI燃烧是均匀混合气压燃着火，燃烧几乎是同步进行的，发动机在大负荷工况时过快的燃烧反应速度会引起爆震燃烧，从而造成过高的燃烧压升率和噪声，引起发动机的机械负荷和热负荷过大，甚至损坏发动机，同时 NO_x 排放也会急剧增加，所以HCCI发动机存在向大负荷扩展难的问题。另一方面，对于高辛烷值燃料，在低负荷、低转速工况下，因燃烧反应速度过慢引起火焰温度过低，难以形成稳定的自燃着火条件，导致燃烧不充分，形成大量的未完全燃烧产物，燃料的利用率严重降低，有害排放物增加，怠速工况下容易出现“失火”。因而，HCCI发动机也存在着向小负荷工况扩展难的问题。

迄今为止，要在全工况范围内实现HCCI是困难的，比较实用的方法是在HCCI燃烧难以实现的工况仍采用传统的点燃式或压燃式，而在其他运行工况范围内使用HCCI燃烧，即双模式工况运行方式，并根据实际运行需要，对发动机运行模式进行切换。这样，发动机整机性能仍能满足汽车驾驶性能的要求。但发动机的双模式工作，会增加发动机控制系统的复杂性。

3）HC和CO排放的控制问题

HCCI燃烧本身的低温特性，引起相对较高的HC和CO排放，并且较低的排气温度也不利于采用后处理装置减少HCCI发动机的HC和CO排放。

为了克服上述困难，实现HCCI燃烧过程的有效控制，近年来各国研究人员对HCCI燃烧进行了大量的研究。按燃料来分类，除了柴油和汽油以外，被用来进行HCCI研究的燃料还包括天然气、液化石油气、甲醇、乙醇、二甲醚、正庚烷、异辛烷以及混合燃料等。控制HCCI燃烧所采用的方法如图8-2所示。可见，燃烧边界条件与燃料化学的协同控制是实现可控的HCCI燃烧的基本思想。

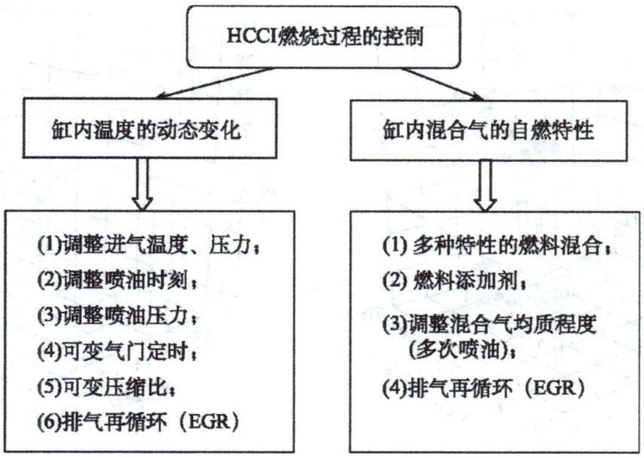

图8-2　控制HCCI燃烧的方法

8.2 柴油机均质压燃燃烧及控制技术

柴油 HCCI 燃烧过程的研究始于 20 世纪 90 年代中期。由于与汽油机相比，柴油机可靠性更高、维护成本低、经济性好，而且柴油 HCCI 发动机能够继续利用现有的加油和服务设施，无需增加新型燃料的加注设施，因此，以柴油为燃料的 HCCI 发动机的开发正逐渐受到各国研究者的重视。

但是，在柴油机上实现 HCCI 燃烧面临诸多困难。首先，因为柴油黏度大，挥发性差，形成预混均质混合气困难，燃烧开始后，微小油滴的存在都会形成当量比为 1 的扩散火焰，增加 NO_x 排放。其次，柴油作为高十六烷值燃料容易发生低温自燃反应。只要当燃烧室内温度超过 800K 就将产生快速自燃着火，结果形成过分提前的燃烧相位和粗暴的着火过程。再次，在大负荷工况时，燃烧反应速度过快，会引起爆震燃烧。因此，控制混合速率、自燃着火时刻和燃烧速率是柴油燃料 HCCI 燃烧过程的三个关键问题。目前，合理控制喷油过程以制备均匀混合气是实现柴油 HCCI 燃烧的关键技术之一。

根据均匀混合气制备方式，柴油 HCCI 燃烧技术可以分为如下三类。

8.2.1 缸外预混柴油均质压燃

缸外预混柴油 HCCI，即在进气冲程柴油被喷入进气道，与空气混合形成预混合气。这种方式与传统的气口喷射汽油机类似，是形成预混合气最直接的方法，也是最容易实现的方法。

缸外预混柴油 HCCI 运行工况对 EGR 率、压缩比和空燃比依赖很大，由图 8-3 和图 8-4 可以看到，可接受的不发生爆震的 HCCI 工况范围非常窄，NO_x 排放几乎降至零，但是 HC 排放量非常高，导致燃烧效率很低。

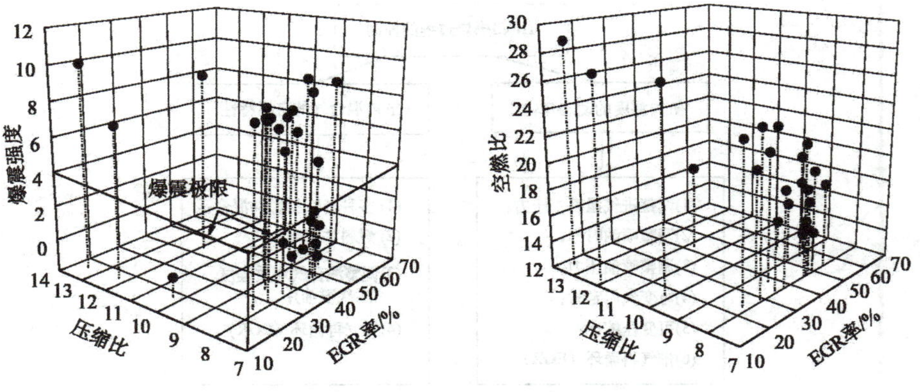

图 8-3 缸外预混柴油 HCCI 运行工况

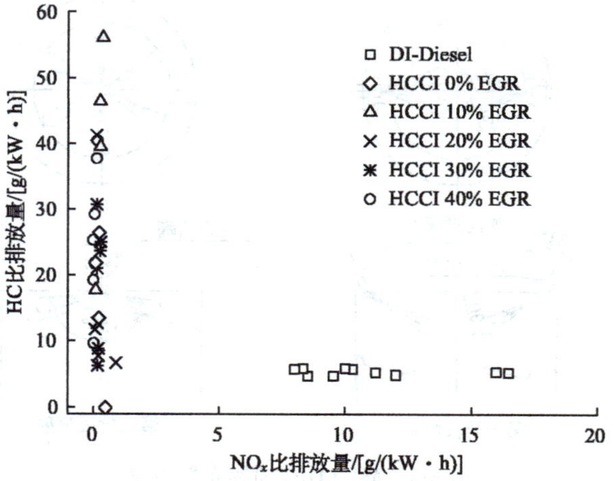

图 8-4　缸外预混柴油 HCCI 工作界限

（进气温度 190～205℃）

8.2.2　缸内早喷柴油均质压燃

缸内压缩冲程早期直喷柴油，是目前最普遍采用的柴油燃料 HCCI 预混合气形成方案。与缸外预混合柴油 HCCI 相比，早喷柴油 HCCI 具有以下几方面优点：

（1）压缩冲程气缸内的温度和压力高于进气门开启时进气管内的温度和压力，因此有助于燃油的雾化和混合。压缩冲程早期喷油，降低了对进气温度的要求，从而也减少了混合气爆燃的倾向。

（2）从原理上说，采用压缩冲程早期喷油的方案，只需要一套供油系统即可满足 HCCI 和传统直喷柴油两种燃烧方式。

缸内早喷柴油 HCCI 在实现过程中面临的主要困难是，压缩冲程留给燃油与空气混合的时间并不充裕，同时还要避免燃油撞壁的发生，而且在形成均质柴油/空气预混合气的前提下，燃烧始点的控制仍然是个严峻的问题。

日本新 ACE 研究院、日野公司、三菱公司、丰田公司、法国 IFP 等都提出了各自的柴油机缸内早喷 HCCI 燃烧方案。

日本新 ACE 研究院首先提出了柴油机 HCCI 燃烧的 PREDIC（premixed lean diesel combustion）燃烧方案。随后，为了扩展 HCCI 运行工况范围，又提出了 MULDIC（multiple stage diesel combustion）燃烧方案。图 8-5 为 MULDIC 系统示意图。由图可见，在预混燃烧阶段，为了避免缸内早期喷射油束撞壁，MULDIC系统采用了特殊的喷嘴和喷油器布置方案，即用 2 个侧置喷油器向气缸中心对喷，利用油束的碰撞减小贯穿度。在燃烧的第二阶段，即上止点附近，布置在气缸中心的喷嘴喷油，从而提高发动机的功率输出。图 8-6 为 MULDIC 的排放结果。NO_x 排放可降低到原机的一半，但 HC 排放仍然较高。

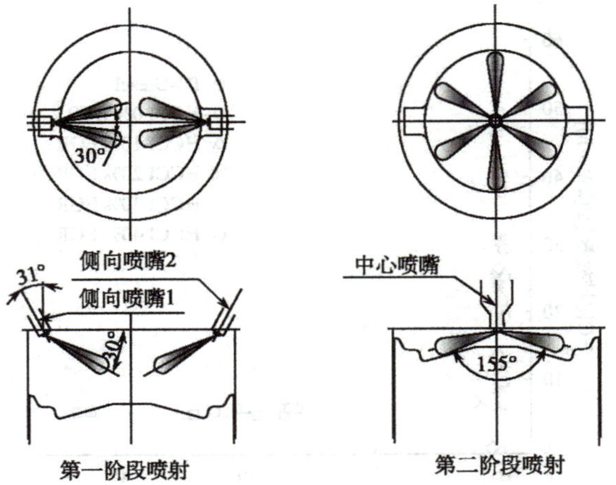

图 8-5　MULDIC 喷嘴布置方案

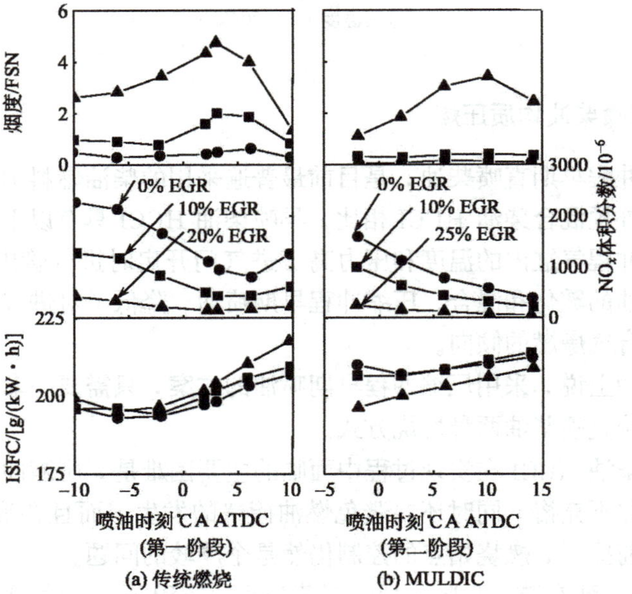

图 8-6　MULDIC 排放结果

(n=1000r/min，Q_{inj}=124mm^3/st)

日本日野公司提出了 Himics（homogeneous charge intelligent multiple injection combustion system）缸内早喷 HCCI 方案。该方案采用高压共轨燃油喷射系统，30% 的燃油在 30°CA BTDC 前喷入气缸作为预混合燃油量；70% 的燃油在压缩上止点附近喷入缸内。同时，为了避免早喷燃油撞壁，采用了特殊喷油器喷嘴：喷孔数 30，直径 0.1mm，三种喷雾锥角分别为 12×155°、12×105°、6×55°。此外，还采用热 EGR 和在燃料中加入甲基叔丁基醚（MBTE）。试验结果显示，NO_x 排放降低了一半，HC 排放降低了 1/3，碳烟排放几乎为零，燃油经济性也得到改善。

日本三菱公司采用 PCI（premixed compression-ignited combustion）方案进行缸内早喷柴油 HCCI 的研究工作。为减少油束碰壁，他们设计了一种碰撞油束喷嘴。图 8-7 和图 8-8 为这种喷嘴的示意图。两个相互干涉的油束，碰撞后能够有效地降低贯穿度。采用这种碰撞油束喷嘴的试验结果显示，NO_x 排放较低，HC 排放下降 500ppm 以上，碳烟排放接近零，油耗也有所降低。

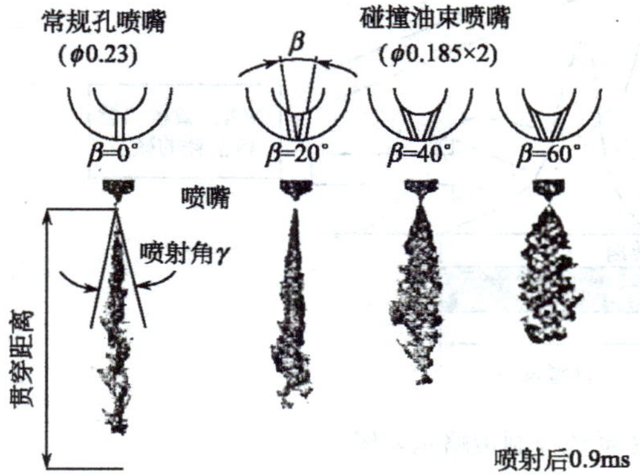

图 8-7　三菱公司的碰撞油束喷嘴及喷雾锥角对比

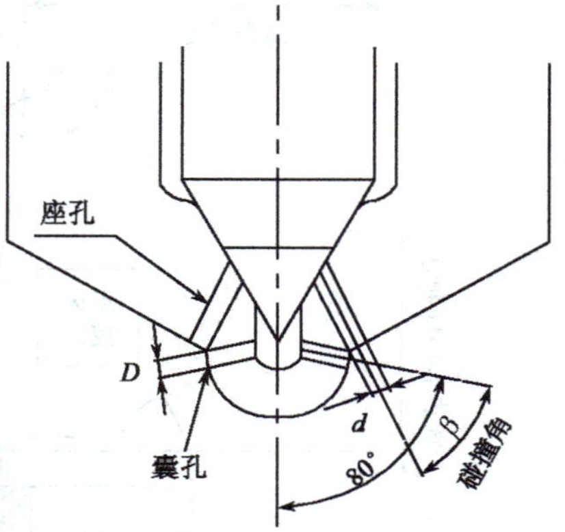

D	d	β
Φ0.2×5	Φ0.2×5	60°

图 8-8　三菱公司发动机试验使用的碰撞油束喷嘴

日本丰田公司于 1997 年提出了 UNIBUS（uniform bulky combustion system）系统。该系统与 MULDIC 类似，也采用两次喷油。图 8-9 为 UNIBUS 系统的控制策略示意图。第一次喷油的定时范围为 −54°CA BTDC～−4°CA BTDC。第一次喷油量为 5～15mm^3/次。当油量为 15mm^3/st 时，喷油定时早于 −54°CA ATDC 将发生油束碰壁。通过对第一次喷油的定时和油量的控制来抑制预喷燃油的剧烈放热，使预喷燃油在第二次喷射之前，始终处于低温反应状态。UNIBUS 是世界上最早实用化的缸内早喷柴油 HCCI 技术。图 8-10 给出了 1KD-FIV 发动机运行工况范围，可见，UNIBUS 燃烧模式主要应用于发动机的中、低负荷工况。

法国 IFP 公司在 2002 年提出了一个很有前景的缸内早喷柴油 HCCI 方案，即 NADI（narrow angle direct injection）。该方案的主要特点是：第一，采用喷锥角（nozzle cone angle）小于 100° 的高压共轨喷油器（与上述三菱公司的喷锥角优化结果较接近）；第二，燃烧室能够适应窄喷锥角喷油器以传统直喷的方式工作。图 8-11 为 NADI 燃烧系统示意图。IFP 给出的试验结果显示，对于所有的 HCCI 工况，NO_x 排放减少了 100 倍，微粒排放减少了 10 倍，HC 和 CO 排放则相当于直喷汽油机的水平，平均指示压力（IMEP）最高达到 0.6MPa。

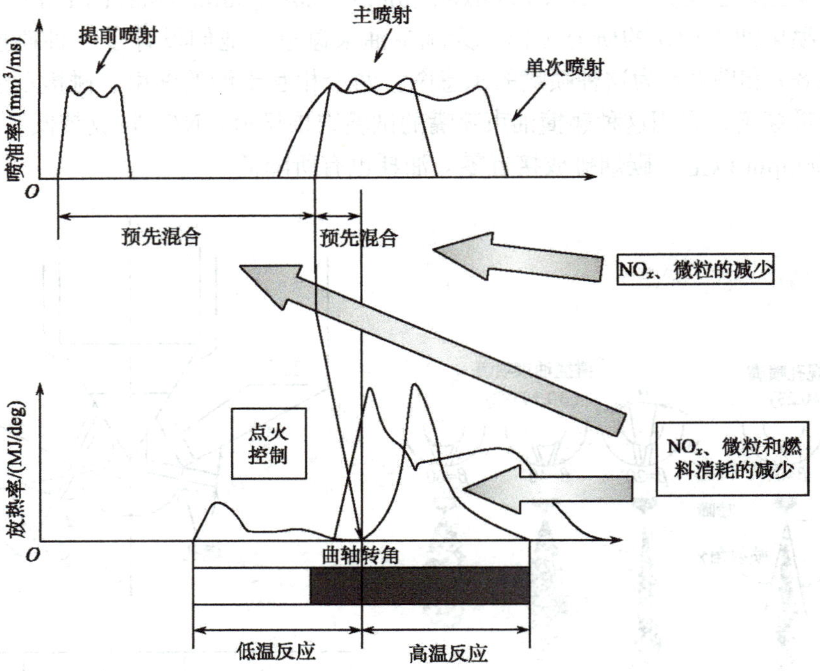

图 8-9　UNIBUS 系统控制策略示意图

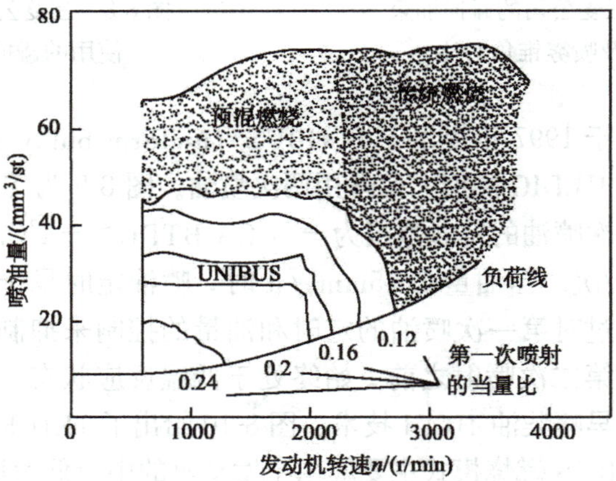

图 8-10　UNIBUS 的运行工况范围

天津大学内燃机燃烧学国家重点实验室提出了基于多脉冲喷射和 BUMP 燃烧室的复合燃烧系统（MULINBUMP）。图 8-12是多脉冲喷射的示意图，其中多脉冲喷射定时、多脉冲喷射次数、各脉冲宽度和脉冲间隔均可独立、灵活地调节，通过调整这些参数，可以控制预混合的形成过程，包括防止燃料在缸壁的黏附，控制混合气的温度和浓度分层，进而控制自燃着火速率、燃烧相位、放热率。主喷射定

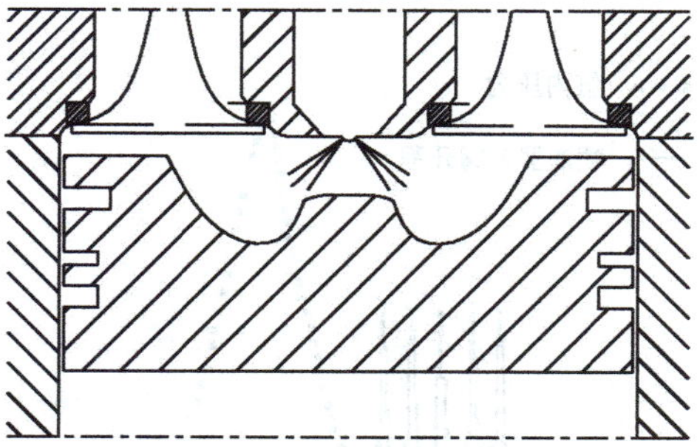

图 8-11　NADI 燃烧系统示意图

时通常选择在 3、6、8 和 10°CA ATDC。主喷射燃料在 BUMP 燃烧室高混合率作用下，形成“稀扩散燃烧”。MULINBUMP 系统是在多脉冲喷射下形成的预混燃烧与 BUMP 燃烧室内的稀扩散燃烧的结合。前者能够大幅度降低 NO_x 和碳烟排放，后者可以把前者产生的大量 HC 和 CO 触发进一步燃烧，降低了发动机 HC 和 CO 排放，同时燃烧效率大大提高。这种柴油机 HCCI 复合燃烧技术，可显著扩展发动机负荷范围，目前复合燃烧 IMEP 可达 0.93MPa。

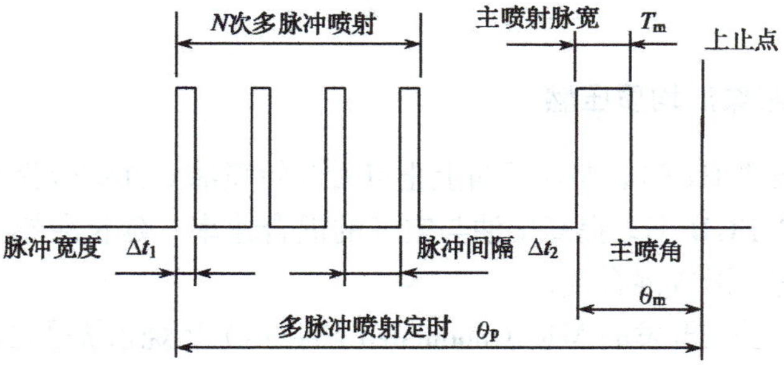

图 8-12　多脉冲喷射示意图

瑞典查尔摩斯技术大学在 Ricardo Hydra 型单缸机上也进行了早喷柴油 HCCI 研究。利用高压共轨燃油喷射系统，在压缩冲程早期 90°CA BTDC，以五次小油量的燃油喷射产生预混合气。为进一步减少燃油撞壁和改善燃油与空气的混合情况，使用的喷油器喷孔直径减小到 0.111mm，喷孔数由 5 增加到 10，喷雾锥角为 60°，图 8-13是燃油喷射过程示意图。为控制着火时刻和放热速率，采用冷却的 EGR 和降低压缩比（增加活塞到缸盖余隙）的方法。试验结果显示，相对于原机，NO_x 和碳烟排放分别减少了 95% 和 98%，但 HC 和 CO 排放急剧增加，油耗比原机增加 10%～20%。

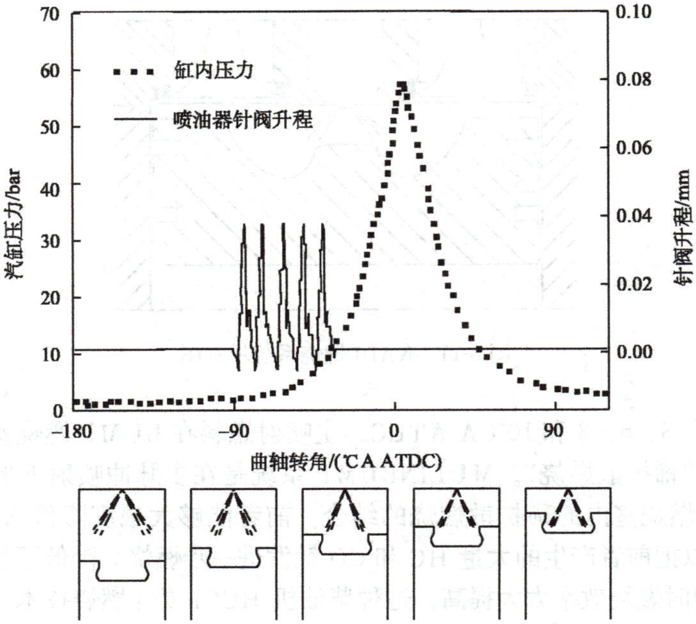

图 8-13 燃油多次喷射过程示意图

8.2.3 缸内晚喷柴油均质压燃

缸内晚喷柴油 HCCI，即在压缩上止点后开始喷油，并结合提高喷射压力和进气涡流，以及高 EGR 率，提高柴油与空气的混合速率，延长滞燃期，以保证在滞燃期内完成喷射，形成混合气。

日本 Nissan 公司开发的 MK（modulated kinetics）燃烧系统是缸内晚喷柴油 HCCI 的典型代表。其基本思想是，推迟喷油（−7～3°CA ATDC）并利用大量 EGR（氧浓度降至 15%～16%）延长着火滞燃期，使得喷油完全在着火滞燃期内完成，着火前形成比较均匀的预混合气，同时将涡流比提高到 9～12，以提高混合率。图 8-14 很好地说明了提高涡流比的效果。虽然推迟喷油，但 MK 燃烧系统的热效率相对于原机有少许的增加，热流动试验证实这是由于热交换减小造成的。然而随着负荷和转速的增加，喷油量加大，持续期加长，不可能保证在着火滞燃期内完成喷油，采用喷油泵的第一代 MK 系统的运行工况范围只能达到原机 1/3 负荷和 1/2 转速，如图 8-15 所示。第二代 MK 系统进行了多项改进，为了缩短喷油持续期，MK 系统采用了高压共轨喷油系统并通过大喷孔直径来缩短喷油持续期。为了延长着火滞燃期，将发动机的压缩比从 18∶1 降到 16∶1，并且采用冷却的 EGR。同时为了避免压缩比降低后液态油束撞壁的倾向加大，燃烧室直径被从 47mm 增加到 56mm。优化后 MK 燃烧的 NO_x 排放相对传统燃烧模式降低 90% 以上，同时微粒排放保持在 0.6g/(kW·h) 以下（图 8-16）。这显示出新一代燃烧技术实现清洁、高效燃烧的巨大潜力。

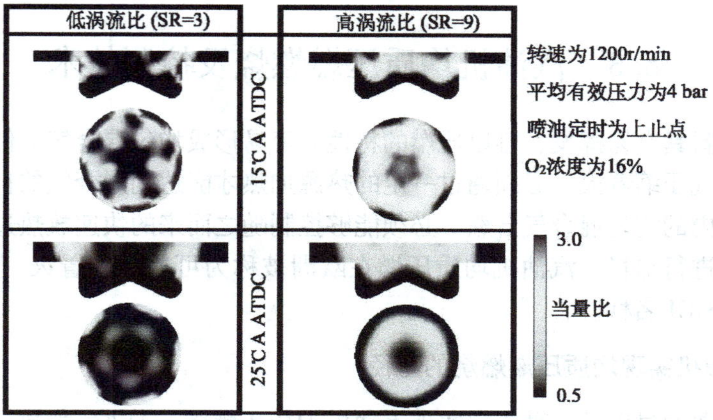

图 8-14　涡流比对缸内混合过程的影响

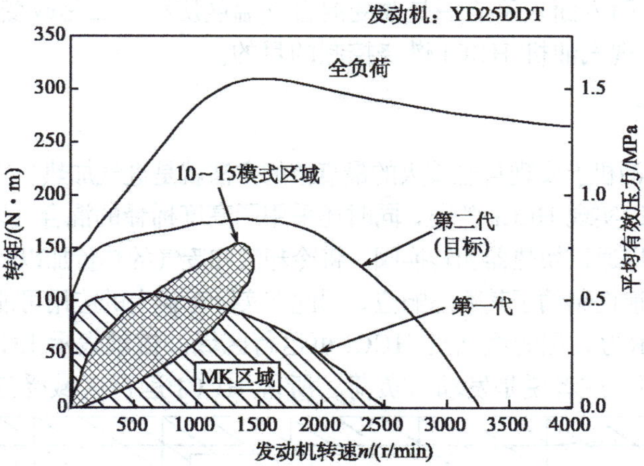

图 8-15　MK 燃烧概念的运行工况

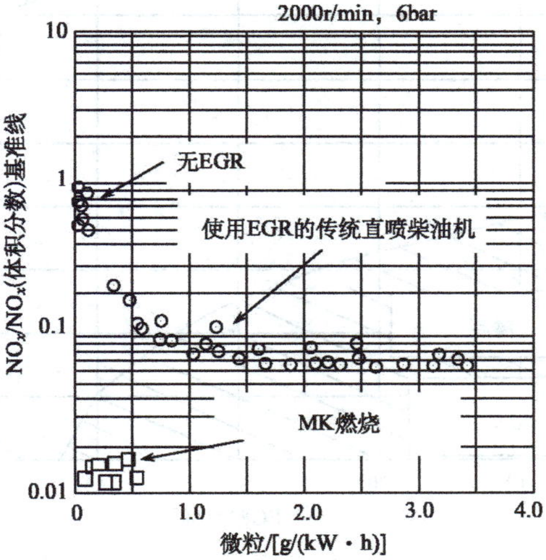

图 8-16　MK 燃烧的排放结果

8.3 汽油机均质压燃燃烧及控制技术

汽油燃料具有易挥发、难以压燃的特性，容易形成均匀混合气，但低压缩比很难实现混合气压缩着火，必须通过一定的热源加热才能达到混合气的自燃温度。另外，一旦缸内的均匀混合气自燃，必须能够控制随之而来的快速放热过程，一般需要利用废气进行稀释。汽油机均质压燃在欧洲被称为可控自燃着火（CAI），本书统一采用 HCCI 名称。

8.3.1 汽油机实现均质压燃燃烧的途径

目前主要通过以下几种方式实现汽油机 HCCI 燃烧：①进气加热；②增大压缩比；③使用更容易自燃着火的燃料；④使用 EGR 或内部残余废气；⑤缸内直喷。这些方法主要从两方面入手，一是改变混合气温度历程，二是改变混合气的自燃特性，从而达到实现汽油机 HCCI 燃烧控制的目的。

1. 进气加热

在四冲程汽油机上实现自燃着火的最直接的方法就是进气加热。在这种方法中，进气被加热至高温以实现 HCCI 燃烧，同时还采用了高度稀释的混合气以便控制放热率。实际应用中，可以通过换热器和转换阀，将冷却液和废气的热量加以利用，实现进气加热。但是系统热惯性制约了其瞬态响应，因此在实际车辆上的应用可能会受到限制。

图 8-17 所示为典型的汽油机 HCCI 可运行区域。横轴表示 EGR 稀释度，纵轴表示空燃比范围，或者说是发动机负荷。所得 HCCI 运行区域受三种边界的限制：

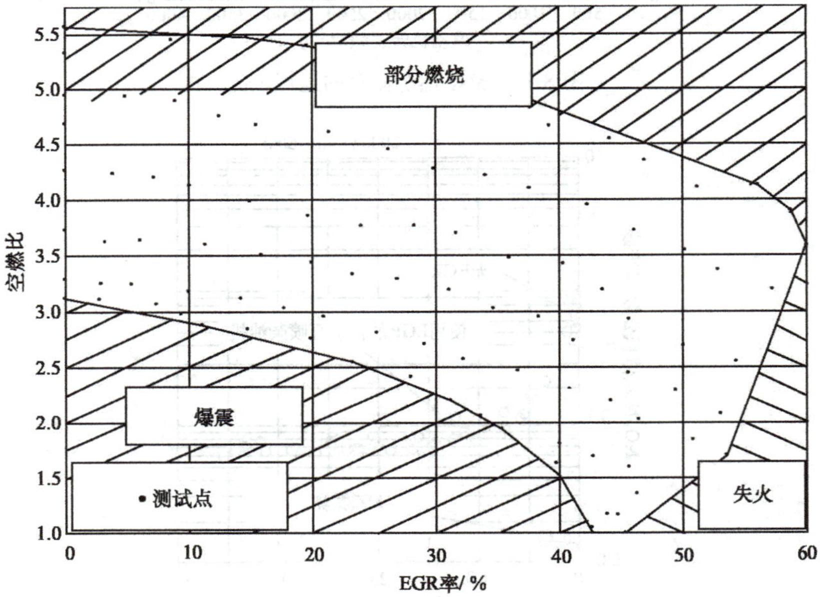

图 8-17 汽油机 HCCI 运行范围

①失火；②部分燃烧；③爆震。

失火边界出现在 EGR 率过大的情况下，随着 EGR 率增加，进气中的 CO_2 和 H_2O 显著增加，混合气的热容增大，着火时刻推迟，直至失火。增大空燃比 α 可以将 EGR 率向更高范围拓展，这是因为 α 较大时，新吸入的充量中 O_2 较多，而 CO_2 和 H_2O 较少，这样着火以及燃烧都比较稳定。

部分燃烧边界出现在稀混合气区，随着燃油量的减少，缸内燃烧温度降低，不能将燃料完全氧化，排放中出现大量部分燃烧产物，表现为高 CO 和未燃 HC 排放，并且伴随较大的循环变动。

爆震，也就是放热过快的现象，发生于运行区域的下边界（高负荷）处。在爆震边界上，如果不采用 EGR，那么 α 最大可达 3.15 左右。随着 EGR 的增加，爆震极限向 $\alpha=1.0$ 移动。

2. 增大压缩比

增大压缩比是实现汽油机 HCCI 燃烧的另一种方法。在实际应用中，要求压缩比的取值正好使混合气仅靠压缩便可达到自燃所要求的温度和压力。然而，如果要使发动机在火花点火（SI）燃烧和 HCCI 燃烧模式下均可运行，则需要引入可变压缩比机构（VCR）。遗憾的是，虽然多年来人们一直致力于 VCR 发动机的开发和研制，却始终不能解决其结构复杂、费用昂贵的问题，因此这项技术在 HCCI 发动机中的应用也一直受到阻碍。

3. 使用更容易自燃着火的燃料

研究表明，燃油组成及其物理特性对汽油机 HCCI 燃烧过程影响显著，尤其是对运行负荷范围、排放和噪声等。汽油机 SI 燃烧和 HCCI 燃烧这两种燃烧模式对燃油特性的要求是相矛盾的。在火花点燃模式中，希望使用抗爆性好的高辛烷值燃料；而在 HCCI 燃烧模式中，则要求燃料在尽可能大的发动机运行工况范围内都能够自燃，因而需要找到一种适应性好的燃料同时能够满足 SI 和 HCCI 的两种燃烧模式。

国外一些研究人员曾试图采用不同的混合燃料实现汽油 HCCI 燃烧。他们通过不同异辛烷和庚烷的配比组合，辅助以增压和进气加热，可以在较大的转速和负荷范围内实现 HCCI 燃烧。另一些人将二甲基醚与甲烷混合，在拓展 HCCI 运行范围的同时还降低了排放。这些研究都表明混合燃料在将来 HCCI 应用于产品发动机的方面具有一定潜力，但是这种方法仍然受到很多限制，如缺乏燃料供应的基础设施、双油路系统比较复杂并且成本较高等等。

4. 使用 EGR 或内部残余废气

在汽油机上实现 HCCI 燃烧最为成功可行的方法是捕捉大量已燃废气并将它们存留于气缸内或者对废气进行内部循环。这种方法利用了废气的热能加热充量，使之达到自燃温度，与此同时，废气还可以用来减缓放热速率。

采用这种方法可以在普通压缩比下实现 HCCI 燃烧，并且无需任何外部加热。利用废气实现 HCCI 燃烧主要有两种策略：

(1) 第一种策略通过排气门的早关捕捉残余废气，通常被称为捕捉残余废气法。排气冲程中排气门早关后，缸内便存留大量的已燃气体。为了防止所捕捉的废气倒流入进气歧管，进气门在上止点后适当位置打开。因此，这种方法也被称为负气门重叠角策略。

(2) 第二种策略是使已经排出的废气重新吸入气缸。在采用正气门重叠角的条件下，废气回流可以通过所谓的内部 EGR 方法实现，但是需要辅以进气加热或者增大压缩比才能达到自燃着火。要更有效促进自燃发生，还可以采用废气重吸的方法，在排气门持续期较小时二次打开排气门，或者延长排气门开启时间至进气冲程中，将排气歧管中的废气吸回气缸。

与捕捉残余废气策略相比，废气重吸策略中由于废气换气过程散失了部分热量，工质温度较低，因此更适于 HCCI 的高负荷运转。而捕捉残余废气的策略中，工质温度较高，有利于将 HCCI 燃烧向小负荷拓展；而在高负荷运转时，则会引起着火过早、压升率过大的现象。

鉴于其在研制 HCCI/SI 混合模式产品单元方面具有中期或短期的可实现性，使用废气重吸和废气捕捉的策略控制 HCCI 燃烧逐渐成为研究的一种趋势。另外，这种方法简单易行，花费较低，只需在原车或发动机结构上增加一组气门机构以及控制系统，而不用进行巨大的（当然也是昂贵的）改动，因此也将逐步得到汽车生产厂商的认可。

5. 缸内直喷

缸内直喷通过改变喷油时刻、喷油量以及多段喷射比例可以在缸内形成不同性质的可燃混合气。当喷射在负阀重叠期内进行时，液体燃料被喷入前一循环留下的残余废气中。由于废气温度较高，燃油易发生重整反应以及与 O_2 发生放热反应，产生很多中间产物。因此，负阀重叠期内的缸内“预喷”实质上是一种快速在线燃油改质的方法。研究发现，通过负阀重叠获取缸内 EGR，配合缸内直喷技术在负阀重叠期将少量燃料喷入高温废气，能够实现燃料改质，大幅度降低燃料自燃温度，提高 HCCI 燃烧稳定性。而且预喷燃料能够对 HCCI 着火始点和燃烧速率起到很好的调节作用，使 HCCI 燃烧的精确控制成为可能。

8.3.2 两种典型的汽油机均质压燃燃烧系统

1. 进排气门联动控制燃烧系统

进排气门联动控制燃烧系统由天津大学内燃机燃烧学国家重点实验室开发，该系统的特点是在发动机上安装凸轮型线切换机构（CPS），并加装两个独立的可变气门定时装置（VCT）。CPS 用来实现气门升程的转变，VCT 实现气门定时的调节。图 8-18 为 CPS 机构的结构图，CPS 机构由内外两个同轴挺柱及三个凸轮组成。中间的凸轮通过控制内部挺柱经液压腔驱动发动机的气门。两个外凸轮用相同的型线驱动外部挺柱，回位弹簧确保凸轮始终与挺柱接触。当选定的某个气缸的气门需要从外凸轮型线向内凸轮型线切换时，锁止销打开使内挺柱和外挺柱之间产生相对滑动。现在发动机的气门完全被内挺柱控制，如果加工的内凸轮升程小于外凸轮，发动机的气门升程将会减小。在正常的发动机运行状况下，锁止销被发动机机油压力控制保持在锁止位置。当需要进行低升程型线切换时，使用简单的压力调制电磁阀降低通到挺柱的机油压力，锁止销被弹簧力推向解锁位置。

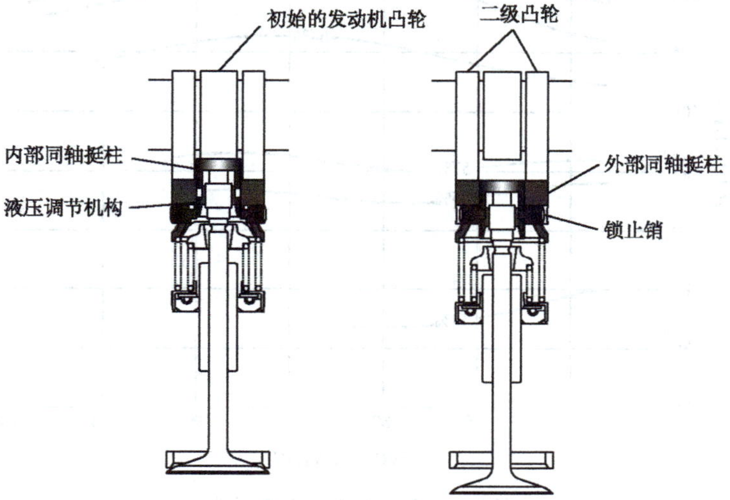

图 8-18　凸轮型线切换机构（CPS）

图 8-19 显示了平均有效压力（BMEP）在排气门关（exhaust valve closing，EVC）和进气门开（intake valve opening，IVO）平面上的等高线图。该结果是在一台四缸四冲程发动机上，转速为1500r/min、过量空气系数为1.0的条件下得到的。从图 8-19 中可以看到，当EVC从115°CA BTDC调整到75°CA BTDC，发动机的动力输出明显增加，BMEP从1.45bar增加到3.65bar。结合图 8-20 和图 8-21 可以更加清楚地理解这个现象。如图 8-20 所示，当排气门关闭时刻提前时，缸内残余废气率增加，从而造成可燃燃油和空气混合气降低，导致功率降低。如图 8-21 所示，在各转速下，发动机的动力输出与残余废气率都有线性关

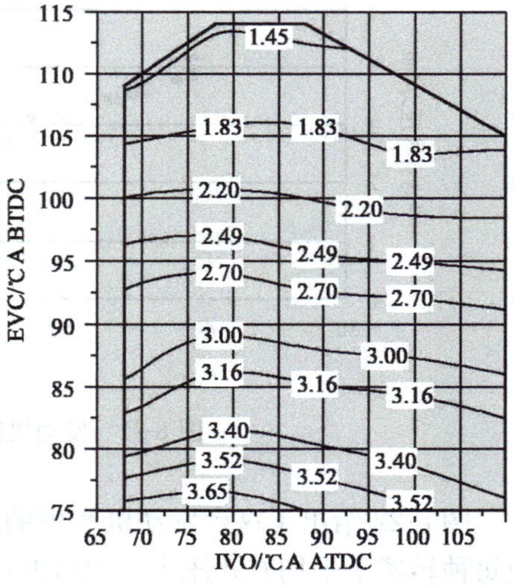

图 8-19　平均有效压力 P_{me}（kPa）与进排气门定时的关系

系。残余废气率越高，发动机扭矩越低。在 HCCI 燃烧模式下，发动机的节气门保持全开状态。缸内混合气的质量几乎不变，只有混合气的成分发生变化。缸内残余废气越多，发动机吸入的可燃混合气越少，产生的扭矩也就越小。因此，通过调整气门定时来改变缸内残余废气率是一种在 HCCI 燃烧模式下控制发动机负荷的有效手段，可以实现发动机的无节气门控制，以降低汽油机的泵气损失。

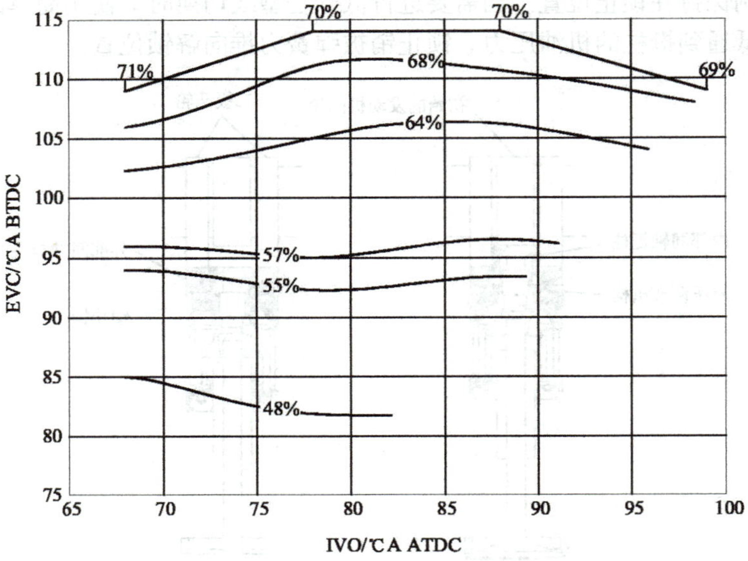

图 8-20 缸内残余废气量分布

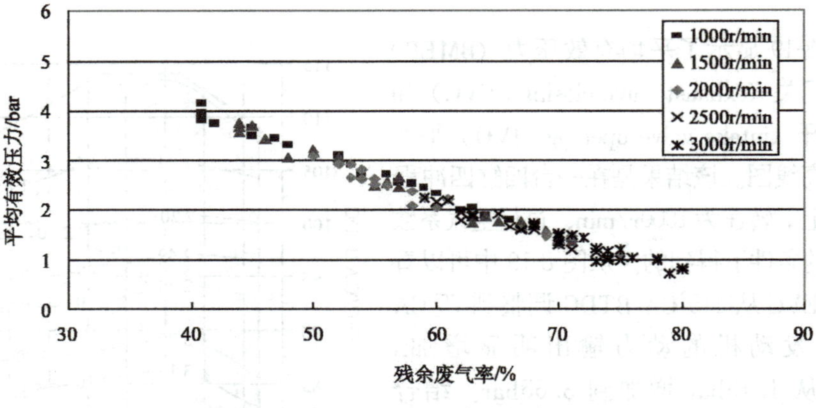

图 8-21 发动机输出与残余废气率的关系

图 8-22 给出了这台发动机实现的 HCCI 燃烧可运行工况范围。可以看出，对应每种转速下平均有效压力（BMEP）都有上限和下限。上限是由于采用低升程凸轮轴而产生的对换气过程的限制，下限是由于失火造成的扭矩输出限制。扭矩输出的范围根据转速的不同而变化。在低转速下，发动机的换气能力优于高转速，因而

可以获得较高的扭矩范围。随着发动机转速的上升，由于在低升程下的换气时间减少，发动机可吸入的新鲜充量减少，导致最大扭矩范围下降。

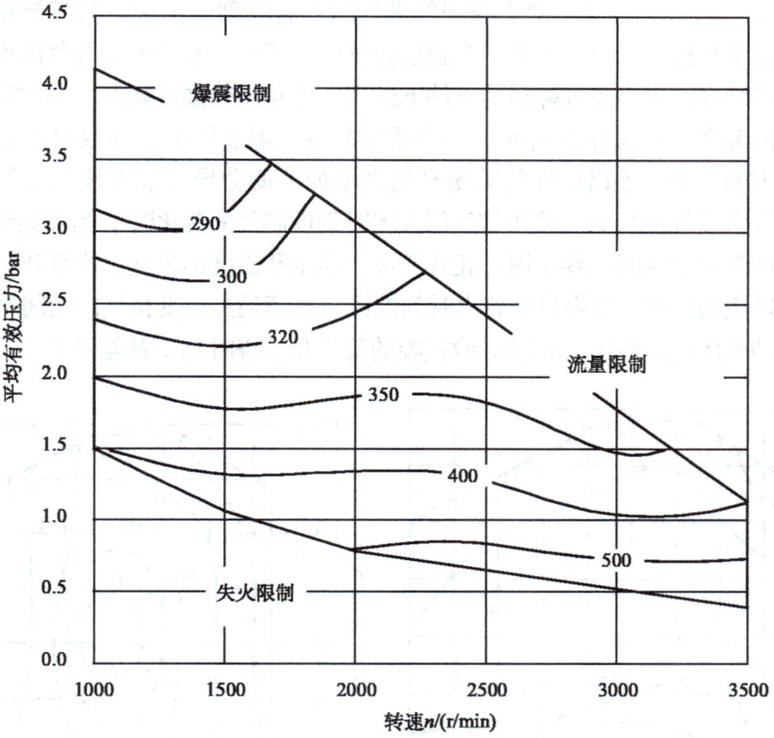

图 8-22　HCCI 燃烧工况范围与比油耗［g/(kW·h)］的关系

除了控制发动机的负荷，气门定时还会影响发动机的油耗和排放。如图 8-23 和图 8-24 所示，在 BMEP 为 3.4bar 的时候，进气门晚开启会导致油耗及 HC 排放的上升，这是由于有效压缩比的降低使燃烧进行得不完全。另外，从缸内压力曲线及进一步的燃烧放热分析可以看出，自燃着火和放热过程也受到气门定时的影响。从图 8-25 中可以看出，在 HCCI 燃烧工况范围的中间区域内，当排气门关闭和进气门开启时刻适中，自燃着火最早发生。这是因为在排气门关闭时刻相同时，也就是负荷一定时，推迟进气门开启时刻会推迟进气门关闭时刻，从而减小有效压缩比，降低可燃混合气的压缩终了温度，推迟自燃着

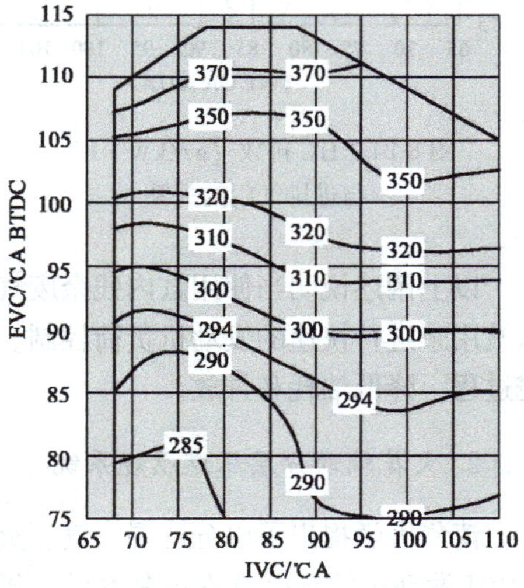

图 8-23　比油耗/［g/(kW·h)］与进排气门的关系

火时刻。早开进气门导致缸内热废气向进气道内回流。一部分废气会在进气道内损失热量，加之缸内混合气在一个较低进气初始温度下开始压缩过程，这将导致自燃着火时刻的推迟。在图 8-25 中，对于相同的进气门开启时刻，燃烧时刻与被排气门关闭时刻控制的发动机动力输出相关。当提前排气门关闭时，缸内残余废气浓度增加，负荷降低。燃烧在被更多废气稀释的条件下进行，使得燃烧温度降低，同时降低了缸内残余废气的温度。残留在缸内的上一个循环的废气温度降低，导致自燃着火时刻推迟。另一方面，通过推迟排气门关闭时刻来增加负荷会导致缸内残余废气温度的增加，但是残余废气量减少。使用排气门关闭时刻控制负荷变化时，当其达到某一值之后，废气质量的影响起主导作用，正比于废气质量和温度的废气总能量开始下降，导致 HCCI 燃烧的负荷上边界自燃着火时刻推迟。继续通过改变排气门关闭时刻来升高或降低发动机的负荷输出，都会导致过晚的着火和燃烧时刻，甚至是失火。

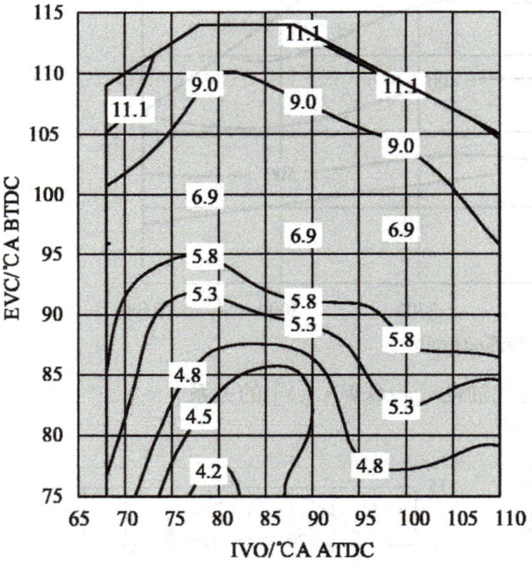

图 8-24　HC 排放［g/(kW·h)］与进排气门的关系

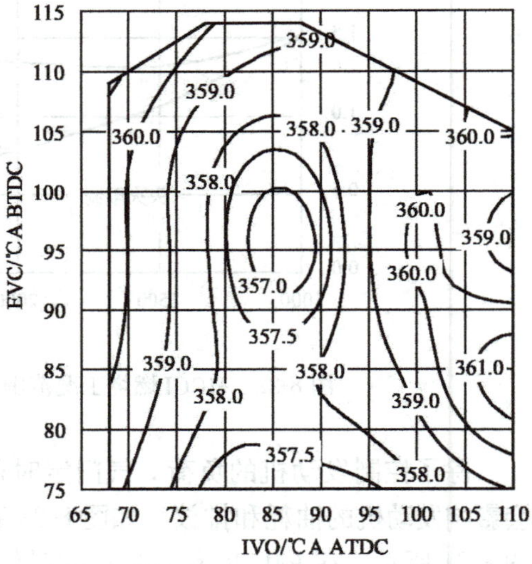

图 8-25　燃烧起始点（360 为上止点）与进排气门定时的关系

以上阐述说明当使用缸内残余废气法来实现 HCCI 燃烧时，排气门关闭时刻可以被用来进行快速的发动机负荷控制。同时应相应地调整进气门开启时刻来优化燃烧过程、降低油耗和排放。

2. 火花辅助分层压燃燃烧系统

清华大学提出了以分层混合气、火花点火辅助以及燃料重整为主要特征的汽油 HCCI 发动机的着火过程控制系统，即火花辅助分层压燃（assistant spark stratified compression ignition，ASSCI）系统，如图 8-26 所示。其中分层混合气和燃料重整（即缸内混合气成分重整）均需要在进气门和排气门关闭后喷油，因而其基础是汽油缸内直喷。由于采用缸内直喷方式，压缩比被提高到13。

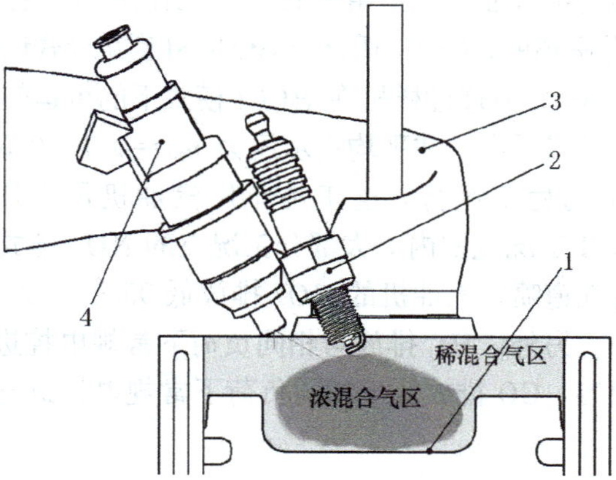

图 8-26 实现汽油 HCCI 燃烧的 ASSCI 系统

1-燃烧室；2-火花塞；3-进气道；4-喷油器

为了实现分层混合气、火花点火辅助以及燃料重整，ASSCI 系统采用了多段喷油策略，如图 8-27 所示。采用内部 EGR 方式形成足够的且温度较高的残余废气，以提高压缩终点的混合气温度和压力，因此在进排气上止点可以看到明显的缸内压力升高。在发动机状态处于理想的 HCCI 燃烧时，只需在压缩过程进行一次主喷油（I_H），形成理想的均质混合气；在需要形成分层混合气提高着火可靠性时，增加压缩过程的喷油（I_S），与 I_H 喷油组合成两次喷油；在较低负荷时为提高着火可靠性，在负阀重叠期（NVO）喷入少量燃油（I_R）以形成燃油（混合气成分）重整效应生成活性基，与 I_H 喷油组合成两次喷油。这样，根据不同的需要，可以由 I_R、I_H 和 I_S 组成不同的喷油控制策略，加之火花点火辅助，以保证 HCCI 的稳定着火。通过调整各段喷油量比例和喷油

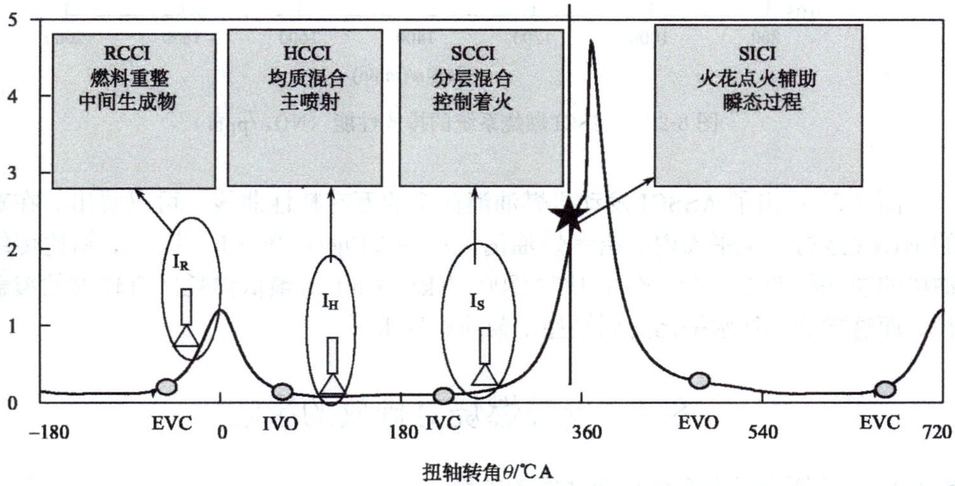

图 8-27 ASSCI 燃烧系统的喷油策略

时刻，能进一步优化混合气的温度、浓度及化学组分，从而实现对 HCCI 着火和燃烧的灵活控制。进一步研究表明，I_R+I_H 适用于 HCCI 小负荷的稳定着火控制，I_H+I_S 适用于 HCCI 向更高负荷范围拓展，I_R+I_S 适合于 HCCI/SI 燃烧模式切换。

图 8-28 给出了 ASSCI 原理性样机在 HCCI 模式下的可运转工况范围和 NO_x 排放的万有特性曲线。可以看出，在平均指示压力 $p_{mi}=0.1\sim0.5MPa$ 的负荷范围内可以实现 HCCI 燃烧的稳定运行，这正是车用汽油机最常用的中小负荷工况。ASSCI 发动机在 HCCI 工况范围内，大部分工况点的 NO_x 排放浓度都在 20×10^{-6} 以下，比常规电控进气道喷射汽油机的 NO_x 排放低 95%～99%，相当于三效催化转换器后的排放水平。另外，HC 排放与相同负荷下常规电控进气道喷射汽油机催化转换器前的水平相当，CO 排放低于相同负荷下常规电控进气道喷射汽油机催化转换器前的水平。

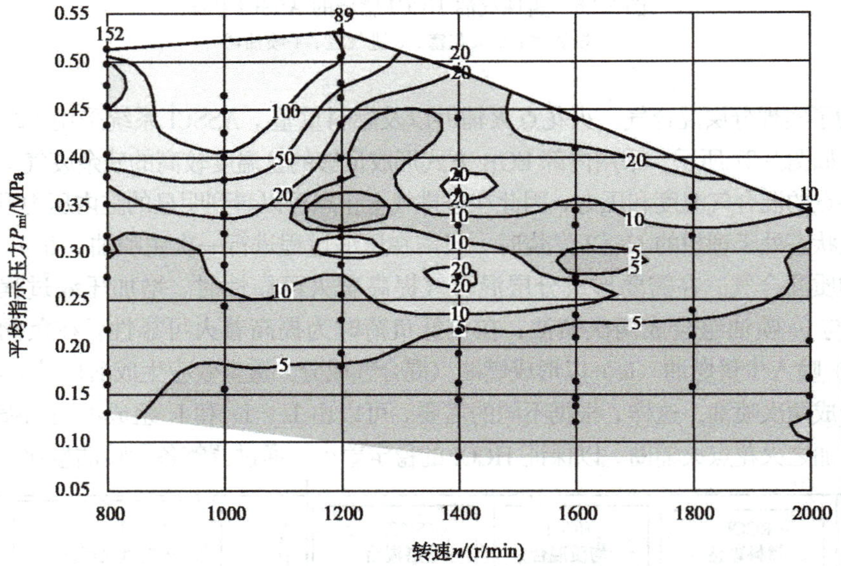

图 8-28 ASSCI 燃烧系统的排放性能（NO_x/ppm）

图 8-29 示出了 ASSCI 发动机燃油消耗率的万有特性曲线。可以看出，在宽广的 HCCI 运行工况平面内，指示燃油消耗率在 240g/(kW·h) 以下，相比传统汽油机的油耗降低 10%～30%；180～200g/(kW·h) 的最低油耗区有较大的覆盖面积，而这样的油耗水平已达到轻型车柴油机的水平。

8.4 低温燃烧对排放的影响

8.4.1 ϕ-T 图与低温燃烧排放之间的关系

内燃机的 NO_x 和碳烟排放与燃烧温度 T 和混合物的当量比 ϕ 是密切相关

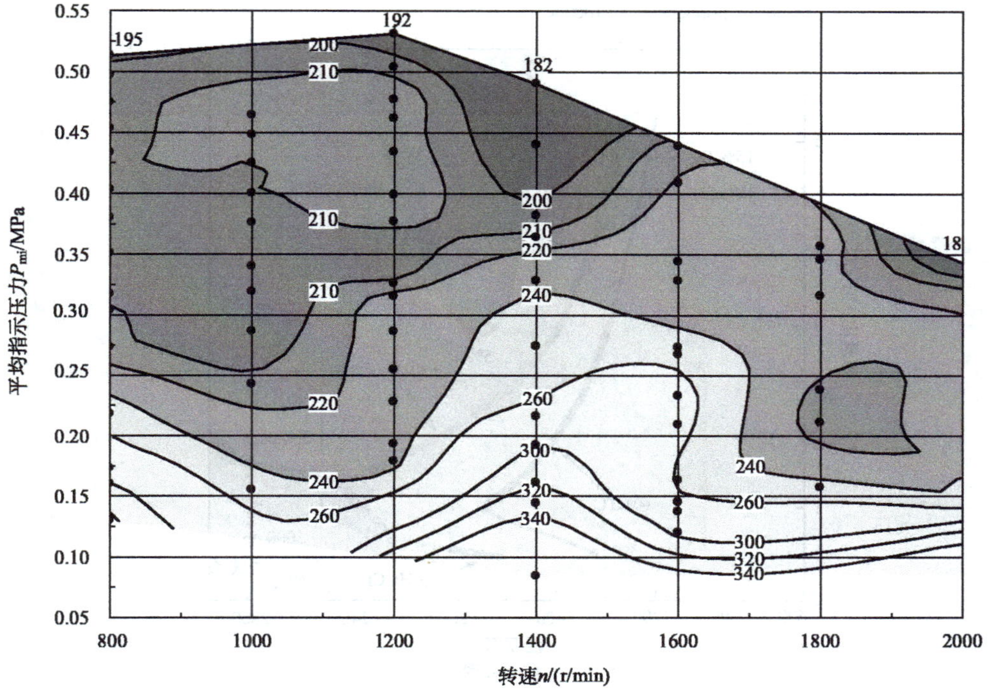

图 8-29　ASSCI 燃烧系统的燃油经济性 b_i/[g/(kW·h)]

的，如图 8-30 所示。可见，要完全避免 NO_x 和碳烟排放的产生，必须使缸内工质的当量比和燃烧温度分布满足特定的条件，即 $\phi<2$，$T<2200K$。传统柴油机燃烧路径首先经过碳烟生成区，接着又经过 NO_x 生成区（如图 8-30 中 21% 氧浓度曲线所示），因此，传统柴油机燃烧中碳烟和 NO_x 排放几乎不可避免。理论研究证明，在传统的柴油机燃烧方式下，柴油机存在一个碳烟和 NO_x 排放的最低极限。

为了突破传统柴油机的排放极限，就要寻找新的燃烧路径和实现这种路径的方法，避免碳烟和 NO_x 的生成。图 8-30 表明了两种可行的不经过碳烟与 NO_x 生成区的燃烧路径。一种是 HCCI，另一种是低温燃烧（low temperature combustion，LTC）。LTC 的特点是采用大量 EGR（或减小氧浓度）降低燃烧温度，并通过高的喷射压力加速燃油与空气混合，在滞燃期内形成预混合气，实现柴油机低温燃烧。如图 8-30 中④所示，在 10% 氧浓度 ϕ-T 路径中，LTC 燃烧温度较低，燃烧路径完全避开了碳烟和 NO_x 的主要生成区域。

柴油机低温燃烧是在 HCCI 燃烧概念的基础上进一步发展而来的。针对 HCCI 运行范围狭窄的缺点，人们从 ϕ-T 图上发现只要燃烧温度低于 1550K，即使混合气处在高浓度（当量比在 2 以上）情况下也可以避免碳烟的生成。因此，LTC 燃烧可以在较浓的混合气条件下实现，可以在更大的工况范围内实现低 NO_x 和碳烟排放。近年来，学术界和工业界对 LTC 燃烧方式都很重视。LTC 燃烧方式的优缺点如表 8-2 所示。

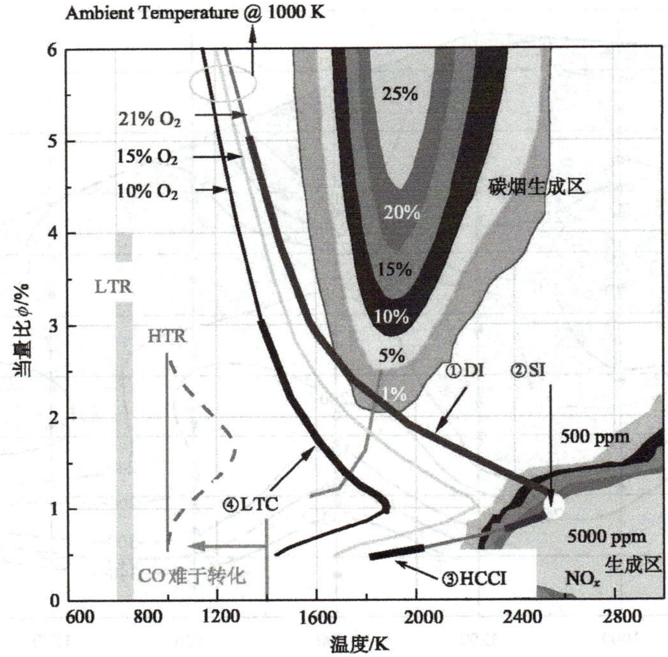

(a) ϕ-T图

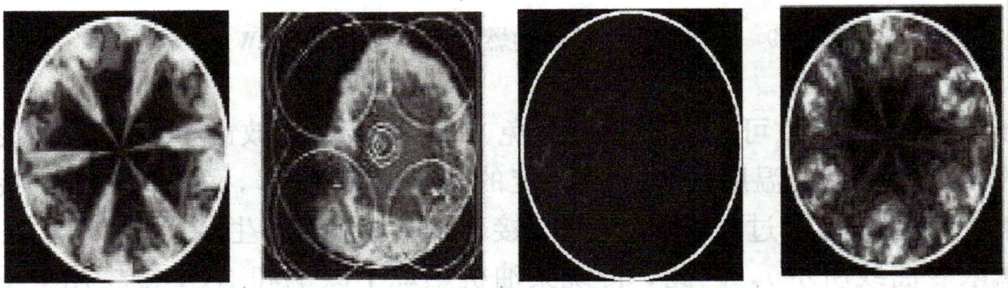

(b) DI diesel (c) SI (d) HCCI (e) LTC

图 8-30 ϕ-T 图与各种燃烧方式之间的关系

从表 8-2 中可以看到，LTC 的放热速率由混合速率决定，由于采用大量的 EGR，燃烧温度较低，CO 转化成 CO_2 的反应速率慢，导致 CO 和 HC 排放高，燃烧效率低。因此，柴油机低温燃烧与传统扩散燃烧方式一样，提高燃油与空气的混合速率是关键。在 LTC 的前期，提高混合速率的手段包括：高压喷射、小喷孔径设计、高增压、多脉冲喷射和燃烧室形状设计等，但是，在燃烧后期，由于混合能量减弱，人们面临如何保持高的混合速率等诸多难题。

表 8-2 LTC 燃烧方式的优缺点

优缺点		原因
优点	燃烧相位易控制	由喷油时刻和 EGR 率共同控制，其中喷油时刻起主要作用
	放热速率易控制	由混合速率决定
	碳烟得到有效抑制，NO_x 排放大幅降低	见 ϕ-T 原理图

续表

优缺点		原因
缺点	结构相对复杂	大量使用 EGR，为保证大负荷时 O_2 的量，需要采用高压比的增压系统
	对发动机强度要求高	大负荷时高增压度导致缸内峰值压力高
	向高负荷范围拓宽有限	均质混合气的特性导致大负荷工况放热速率过快，发动机“爆震燃烧”
	实际运行中，CO 和 HC 排放高，热效率可能较低	燃烧后缸内温度过低（<1500K），$CO \rightarrow CO_2$ 反应速率慢

8.4.2 CO-ϕ-T 图与低温燃烧排放之间的关系

LTC 后燃阶段本质上是混合控制的燃烧过程。为了分析混合对热效率和排放产物生成的影响，黄豪中和苏万华等在热力学模型和化学动力学模型研究的基础上，绘出了如图 8-31 所示的 CO-ϕ-T 图。其中 CO 的生成量是当量比和燃烧温度的函数。如图所示，由于当量比大于 1 的区域属于贫氧燃烧，计算的 CO 浓度随着当量比的升高而升高。在当量比小于 1 的区域，CO 的浓度主要决定于燃烧温度。当温度低于 1400K 时，CO 的浓度急剧上升。这是由于在此温度下，OH 活化基生成率低，而 OH 基的存在是 CO 氧化转化成 CO_2 的必要条件。当温度范围处于 1400～2000K 时，如图 8-31 所示，可实现较低的 CO 排放，从而获得高的燃烧效率，再加上相对较高的燃烧温度，使燃烧的热量获得足够高的热利用率。

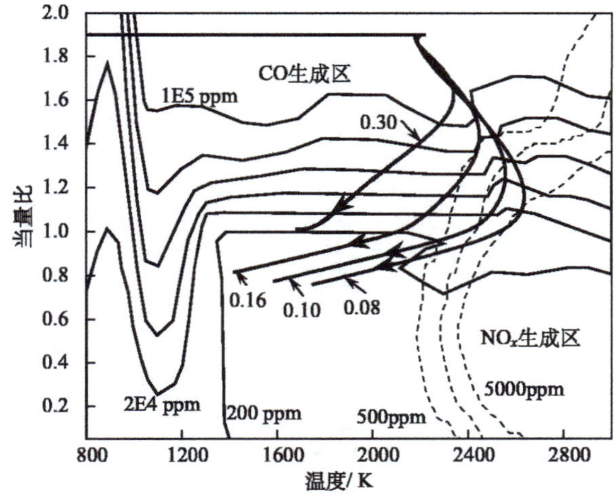

图 8-31 CO-ϕ-T 图上混合率对 LTC 的影响（EGR40%）

在后燃期，随着活塞下行，缸内温度不断下降，化学动力学计算已经确认 1400K 是 CO 向 CO_2 转化的临界温度。低于 1400K，CO 就不能向 CO_2 转化。所以

CO 等中间产物必须在缸内温度降至 1400K 之前，完成与氧分子的混合。这就要求在后燃期必须具有足够高的混合速率。但是，为了在后燃期保持较高混合率，人们面临诸多难题。首先，随着活塞下行，缸内容积增大，气流运动的强度下降，混合能量下降；第二，此时缸内氧浓度由于之前的燃烧而变得很低，中间燃烧产物必须在更大的空间内寻找氧分子；第三，后燃期本来已经比较低的缸内温度，再加上低氧浓度，化学放热量也低，留给 CO 等中间产物在温度降至 1400K 临界温度前完成氧化反应的时间有限。因此，在后燃期组织足够高的混合策略是提高热效率和燃烧效率的关键。

另一方面，后燃期混合率也不能过高，如图 8-31 所示，过高的混合率将导致后燃期燃烧路径进入 NO_x 生成区。图中小方框里的数字代表混合时间。混合时间越短，表示混合速率越快；反之，则越慢。

习　题

8-1　HCCI 燃烧方式的定义是什么？

8-2　HCCI 燃烧方式的优缺点及面临的挑战有哪些？

8-3　实现可控的 HCCI 燃烧的基本思想是什么？

8-4　在柴油机上实现 HCCI 燃烧都面临哪些困难？

8-5　柴油 HCCI 燃烧技术分为哪几类？

8-6　汽油机实现 HCCI 燃烧的途径有哪些？

8-7　低温燃烧的定义是什么？低温燃烧方式的优缺点有哪些？

8-8　如何提高低温燃烧的效率？

第 9 章　发动机排放模拟

了解发动机缸内工作过程数值模拟的发展，理解排放模型与燃烧模型的关系、NO_x 和碳烟预测的主要模型及模型的各自特点。重点掌握氮氧化物模拟中 NO 和 NO_2 的生成机理，以及碳烟排放模拟中经验模型、半经验模型和详细模型的典型代表等。

在越来越严格的排放法规限制下，设计出性能优越的发动机，成为世界各国发动机工作者的目标。依赖于试验手段和工作经验的设计方法已远远不能达到此目的，数值计算作为强而有力的辅助工具随着计算机仿真技术的发展而迅猛发展。

9.1　内燃机模型对排放的预测

20 世纪 60 年代以来，内燃机燃烧模型先后经历了放热率计算、零维模型、准维模型和多维模型的发展。

放热率计算是由实际发动机测得的示功图 $p=f(\varphi)$，通过能量守恒定律，计算出直接反应燃烧过程特征的燃烧规律，即确定单位燃烧释放能量随着曲轴转角变化的关系，其实质是把试验结果通过数学手段进一步分析，不用于预测排放。

零维模型（zero-dimensional model，ZDM）和准维模型（quasi-dimensional model，QDM）都是依据能量守恒来分析燃烧过程，对所涉及的流体动力学过程不予考虑，或只作简单的处理，其控制方程是以时间为唯一自变量的常微分方程。零维模型如林慰梓的三角形法、Wiebe 模型、Watson 模型和 Whitehouse-Way 模型等，把整个气缸视为均匀场，不考虑参数随空间位置的变化。准维模型也称现象模型（phenomenological model)，如林慰梓的油气射流模型和广安的油滴蒸发模型等，模型对空间作分区处理，每个区域都视为均匀场，即参数相同，但各区之间参数互不相同，从而能在一定程度上反映缸内参数随空间的变化。零维模型由于比较简单，运算速度快，多用于循环分析和预测优化发动机工作过程的主要性能参数，但其用简单的数学关系掩盖了燃烧过程的本质，无法从机理上揭示发动机工作过程的特性，且计算的准确性又依赖于经验系数的选取，一般不能进行排放预测。准维模型的计算精度较多依赖于初始条件的设定，能在一定程度上预测排放。

多维模型（multi-dimensional model，MDM）考虑到缸内三维空间的分布和时间变化，从质量、动量和能量守恒出发建立微分方程，更适合预测发动机多种现象耦合的、瞬变的、多维多相的、极其复杂的物理化学过程。根据空间坐标，多维模型又可分为一维、二维和三维模型。多维模型主要由模拟缸内各个物理化学过程的若干子模型组成，如气体流动模型、燃油喷雾混合模型、化学反应模型和传热模型等，计算时间较长，计算精度很大程度取决于子模型，能够对发动机各方面性能进行全面预测，对排放预测功能强大。近年来，由于高速计算机的普遍应用，多维模型的研究获得了不断的发展和深化。

9.2 内燃机缸内工作过程基本控制方程

无论内燃机的燃烧过程多么复杂，它们都遵循燃烧过程的控制方程，这些方程是计算机模拟的基础和出发点。一般来说，内燃机计算模拟可分为四个步骤进行：①依据物理模型建立微分方程组和定解条件；②将求解区域划分成许多子区域，即划分网格；③将微分方程转变为节点上物理量的代数方程，即离散方程，此步骤是数值求解过程中的重要环节；④求解代数方程组。

根据质量、组分、动量和能量守恒定律建立的微分方程组通式为

$$\frac{\partial}{\partial t}(\rho\varphi)+\frac{\partial}{\partial x_j}(\rho u_j\varphi)=\frac{\partial}{\partial x_j}\left(\Gamma_\varphi\frac{\partial\varphi}{\partial x_j}\right)+S_\varphi \tag{9-1}$$

式中，Γ_φ 和 S_φ 分别为因变量 φ 相应的交换系数和源项。

式（9-1）中，第一项为代表时间变化率的非定常项，第二项为由流体宏观运动所引起的对流项，第三项为由流体分子运动所引起的扩散项，第四项为其他源项。由上述通式为代表的方程组再加上气体混合物状态方程构成一个封闭的方程组。理论上，只要其中源项能够根据有关学科领域的知识计算出来，再加上适当的定解条件，就可以得出描述发动机整个燃烧过程的数值解。然而，发动机工程实际的流动和燃烧过程几乎是湍流过程，而上述通式所代表的基本控制方程组是针对层流状态推导出来的，如何将这些方程加以修正，依赖于热力学、流体力学、传热传质学、化学反应动力学和数值分析的学科发展，更离不开高速大容量计算机的发展和科研工作者不懈的努力。

9.3 内燃机排放模拟的研究现状

排放模拟的目标是预测发动机所排废气成分的浓度，它与燃烧模型有着密不可分的联系。排放模型既是整个燃烧模型的一个有机组成部分，又有其自身独具的特点，即排放物浓度受化学动力学机理和反应速率控制。正因此，详细化学反应动力学排放模型耦合到计算流体动力学软件（CFD）的发展遭遇到很大的困难，如图 9-1 所示。

目前，除 NO_x 外，其他各种污染物（如 C_xH_y、CO 和微粒等）形成过程的详细机理人们还缺乏透彻而全面的了解，较多使用的还是基于经验性的现象模型。近年来，对内燃机排放物的模拟主要集中在 NO_x 和碳烟排放。对于 C_xH_y 和 CO 排放预测，一般是利用化学动力学计算软件所提供的机理进行计算的。

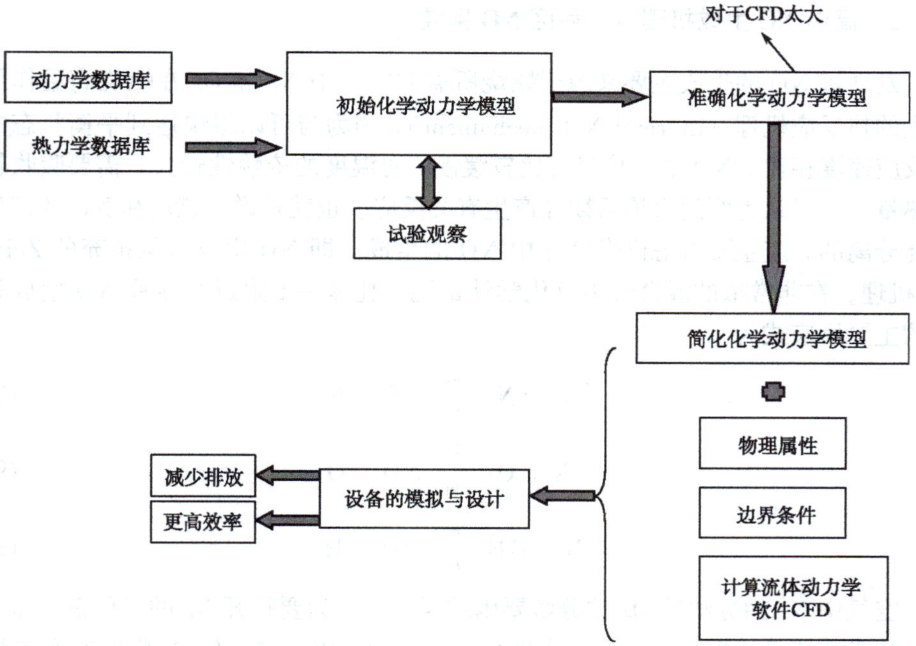

图 9-1　化学反应动力学模型耦合到 CFD 计算模拟流程示意图

9.4　NO_x 排放模拟

NO_x 是氮氧化物的总称，主要成分是 NO（占 90%～95%）和少量的 NO_2，其他 NO_x 的含量甚微。为简化计算，一般只考虑 NO 的生成。NO 主要可通过高温、瞬发、N_2O 和燃料氮四种途径生成。发动机中 NO 的生成主要以高温和瞬发途径为主，燃料氮途径生成的 NO 量极少，因为汽油和柴油本身含氮量极少，不足以产生显著的 NO_x 排放，只有重柴油和重油可能含有质量分数为千分之几的氮，可能从排气中排放一小部分所谓“燃料氮”，但这种燃油一般只用于船用低速柴油机中。

由于 NO_x 生成机理具有各自适宜的反应条件，在某些情况下可能并非其中的一种机理对 NO_x 的生成起主导作用，而是各种机理对 NO_x 的生成都具有不可忽略的贡献。一般可通过两种途径优化 NO_x 排放模型中的反应从而得到 NO_x 排放特性。第一种途径是利用试验的方法，利用激波管、混合燃烧器、激光多普勒仪、化学光谱分析仪等设备对燃料在不同的温度、压力、空燃比状况下的反应进行大量的试验研究，得到在不同反应条件下有关排放和燃烧反应的详细数据，从而优化排放模型。第二种途径是计算的方法，利用详细燃烧化学反应模型为工具，通过详细燃烧化学反应模型与简化化学反应模型进行标定和优化，这种方法要求具有描述燃烧化学反应和强大计算能力的软件。

9.4.1 高温 NO 生成机理（焰后区 NO 生成）

发动机 NO 的生成主要来源于燃烧所需的空气中 N_2 和 O_2 在燃烧高温作用下发生的热反应机理（thermal NO mechanism），因为与可以很快达到平衡状态的燃烧反应速度相比，NO 的生成过程比较缓慢，对温度的依赖性较大，需要吸收较多的热量，一般认为要到火焰后期才产生有关反应。也就是说，燃烧和 NO 的产生是彼此分离的，应主要考虑已燃气体中 NO 的生成，即 NO 生成服从扩充的 Zeldovich 机理。在非常浓的混合气中（化学计量混合比 $\phi_a=1$ 附近）导致 NO 生成和消失的主要反应式为

$$O+N_2 \underset{k_2}{\overset{k_1}{\rightleftharpoons}} NO+N \tag{9-2}$$

$$N+O_2 \underset{k_4}{\overset{k_3}{\rightleftharpoons}} NO+O \tag{9-3}$$

$$N+OH \underset{k_6}{\overset{k_5}{\rightleftharpoons}} NO+H \tag{9-4}$$

空气中 N_2 的分解比 O_2 的分解要困难得多，因为要打开 N_2 的三价键，需要非常高的激活能量和高温，且反应要进行得足够快。因为式（9-2）反应速率常数 k_1 较小，而式（9-3）和式（9-4）两个反应中的 N 主要靠式（9-2）提供，因此式(9-2)是整个 NO 生成的限速反应。上述三个式子的反应速度常数如表 9-1 所示。

表 9-1 正、逆反应速率常数

温度范围 T/K	表达式	
2000～5000	$k_1=7.6\times10^{13}\exp\left\{-\frac{38000}{T}\right\}$	(9-5)
300～5000	$k_2=1.6\times10^{13}$	(9-6)
300～3000	$k_3=6.4\times10^{9}\,T\exp\left\{-\frac{3150}{T}\right\}$	(9-7)
1000～3000	$k_4=1.5\times10^{9}\,T\exp\left\{-\frac{19500}{T}\right\}$	(9-8)
300～2500	$k_5=1.0\times10^{14}$	(9-9)
2200～4500	$k_6=2.0\times10^{14}\exp\left\{-\frac{23600}{T}\right\}$	(9-10)

NO 在火焰前锋和火焰后的已燃区产生。在内燃机中，燃烧是在高压下发生的，火焰中的反应带很薄（≈0.1mm），时间很短，燃烧期间气缸内压力不断提高，不断压缩已燃气体，使已燃气体温度达到比刚结束燃烧火焰更高的温度。这使得大部分 NO 在离开火焰带的已燃气中生成。因此，燃烧过程与 NO 生成彼此是分

离的，且后者比前者慢。根据Zeldovich机理反应式，热力NO生成主要由五种化学组分（O、H、OH、N 和 O_2）决定，而不是取决于所使用的燃料，NO生成率为

$$\frac{d[NO]}{dt}=k_1[N_2][O]-k_2[NO][N]+k_3[N][O_2]$$
$$-k_4[NO][O]+k_5[N][OH]-k_6[NO][H] \quad (9\text{-}11)$$

式中，[—] 表示组分浓度。

通常N原子原子浓度很小，对其可采用稳态假设，即

$$\frac{d[N]}{dt}=k_1[N_2][O]-k_2[NO][N]-k_3[N][O_2]$$
$$+k_4[NO][O]-k_5[N][OH]+k_6[NO][H]=0 \quad (9\text{-}12)$$

由式（9-12）可得

$$[N]=\frac{k_1[N_2][O]+k_4[NO][O]+k_6[NO][H]}{k_2[NO]+k_3[O_2]+k_5[OH]} \quad (9\text{-}13)$$

将式（9-13）代入式（9-11）得

$$\frac{d[NO]}{dt}=2k_1[N_2][O]\cdot\frac{1-\dfrac{[NO]^2}{(k_1/k_2)(k_3/k_4)[O_2][N_2]}}{1+\dfrac{k_2[NO]}{k_3[O_2]+k_5[OH]}} \quad (9\text{-}14)$$

在进行NO生成量的预测时可以认为O、O_2、H、OH、N_2 处于相应于当地压力和平衡温度的平衡状态，直到NO的冻结温度。因此，反应式（9-2）、式（9-3）和式（9-4）在平衡时的反应速率分别为

$$R_1=k_1[O]_e[N_2]_e=k_2[N]_e[NO]_e \quad (9\text{-}15)$$

$$R_2=k_3[N]_e[O_2]_e=k_4[NO]_e[O]_e \quad (9\text{-}16)$$

$$R_3=k_5[N]_e[OH]_e=k_6[NO]_e[H]_e \quad (9\text{-}17)$$

将反应式（9-15）、（9-16）和（9-17）代入式（9-14）可得

$$\frac{d[NO]}{dt}=\frac{2R_1\left(1-\dfrac{[NO]^2}{[NO]_e^2}\right)}{1+\dfrac{R_1[NO]}{(R_2+R_3)[NO]_e}} \quad (9\text{-}18)$$

因此，可根据化学平衡计算所提供的各种组分的平衡浓度，求得平衡时的 R_1、R_2 和 R_3。于是微分方程式（9-18）中只含有一个变量 [NO]。可以对时间积分，积分的范围从燃烧到冻结温度，这样就可以得到瞬时浓度。

当NO的浓度远低于其平衡值时，由式（9-18）可近似得出

$$\frac{d[NO]}{dt}=2R_1 \quad (9\text{-}19)$$

为了求解上述NO浓度，需要求解其中的N、O、OH和H等活性原子或原子

团的平衡化学反应。如 KIVA3V 提供了两种平衡反应计算方法：程序自带的六个快速平衡化学反应和用户根据实际需要自定义的平衡化学反应。程序中自带的六个化学平衡反应式为

$$H_2 \rightleftharpoons 2H \tag{9-20}$$

$$O_2 \rightleftharpoons 2O \tag{9-21}$$

$$N_2 \rightleftharpoons 2N \tag{9-22}$$

$$O_2 + H_2 \rightleftharpoons 2OH \tag{9-23}$$

$$O_2 + 2H_2O \rightleftharpoons 4OH \tag{9-24}$$

$$O_2 + 2CO \rightleftharpoons 2CO_2 \tag{9-25}$$

9.4.2 瞬发 NO 生成机理（火焰区 NO 生成）

NO 主要在焰后区生成的观点已经被普遍地接受，然而在浓混合气时，热 NO 生成机理计算得到的 NO 浓度明显低于试验值。1979 年 Fenimore C P 发现温度比已燃区低的火焰区也生成 NO，它不受高温 NO 生成机理的支配，而是通过 CH 根生成的。于是，通常将在火焰初期生成的 NO 称之为瞬发 NO 生成机理（prompt NO mechanism）或 fenimore NO mechanism，能比按照 Zeldovich 机理预测的速度更快地生成附加的 NO。该机理主要取决于火焰温度和当量比，在火焰温度较低、混合气较浓时瞬发 NO 生成机理可以成立。瞬发 NO 生成机理通式为

$$CH + N_2 \longrightarrow HCN + N \begin{cases} \rightarrow \cdots NO \\ \rightarrow \cdots N_2 \end{cases} \tag{9-26}$$

式（9-26）可用以下简化后的机理表示：

$$CH + N_2 \longrightarrow HCN + N \tag{9-27}$$

$$CH_2 + N_2 \longrightarrow HCN + NH \tag{9-28}$$

$$HCN + OH \longrightarrow CN + H_2O \tag{9-29}$$

$$CN + OH \longrightarrow NCO + H \tag{9-30}$$

$$NCO + O_2 \longrightarrow CO_2 + NO \tag{9-31}$$

第一个反应式（9-27）是整个反应组的限速反应，其反应速度常数可在文献（窄长学，2005）中查得，而其余几个反应的反应速度常数也可在文献（罗孝良等，1984a；罗孝良等，1984b）中查得。一般认为，瞬发 NO 生成机理较难准确预测 NO 生成。

9.4.3 Hewson-Bollig 的 NO 生成机理

Hewson 和 Bollig 提出了描述 NO_x 生成的两套反应机理，一套为半详细机理，另一套为在半详细机理基础上进行简化的简化机理。每套机理又都包含有两部分反

应。一部分是以甲烷为代表的烃燃料的氧化机理，以反映 NO 瞬发机理中碳氢组分的作用；另一部分则是从近年来氮化学研究中有关基元反应的大量成果中提取出来的 NO_x 生成机理。

对于半详细机理，甲烷的氧化是由涉及 C_1 和 C_2 的 61 个基元反应来描述的，而氮化学则包括 13 种组分和 52 个反应。

简化机理假设一些组分处于稳态，可得出下列五步机理：

$$3H_2 + O_2 \Longrightarrow 2H + 2H_2O \tag{9-32}$$

$$2H \Longrightarrow H_2 \tag{9-33}$$

$$CO + H_2O \Longrightarrow CO_2 + H_2 \tag{9-34}$$

$$2CO + H_2 \Longrightarrow C_2H_2 + O_2 \tag{9-35}$$

$$CH_4 + 2H + H_2O \Longrightarrow CO + 4H_2 \tag{9-36}$$

上述简化机理的第一部分反应对于描述 NO 的瞬发生成及其生成后再燃而引起的 NO 浓度减小具有关键的作用。但这两个过程在发动机中一般都不重要，仅在某些特定场合不可忽略。该机理可以方便地推广到其他烃燃料的扩散火焰，只需增加高碳分子转化为低碳 C_1 和 C_2 组分的反应步骤即可。

简化机理的第二部分反应即氮化学简化也是基于稳态假设的。在柴油机高温高压以及存在大量活性基而形成所谓“活性基潭”（radical pool）的环境下，含氮的活性基最容易与氢-氧系统的活性基发生反应，导致 NO 生成。对此，可假定 NH_2、NH、N_2H、HNO、NCO、CN 和 N 等活性基处于稳态，从而导出 NO 生成的六步机理，各反应的速率表达式及相关常数可在文献（黄豪中，2007）中查找。

$$N_2 + O_2 \Longrightarrow 2NO \tag{9-37}$$

$$HCN + H + 2H_2O \Longrightarrow NO + CO + 3H_2 \tag{9-38}$$

$$HNCO + O_2 + H_2 \Longrightarrow NO + CO + H + H_2O \tag{9-39}$$

$$NH_3 + H + H_2O \Longrightarrow NO + 3H_2 \tag{9-40}$$

$$N_2 + H_2O \Longrightarrow N_2O + H_2 \tag{9-41}$$

$$NO + H_2O \Longrightarrow NO_2 + H_2 \tag{9-42}$$

式（9-37）表示 NO_x 总的净生成率，包括了高温、瞬发和 N_2O 途径。式(9-38)、式（9-39）和式（9-40）描述束缚氮在各种有害组分（如 HCN、HNCO 及 NH_3 等）之间的游动，一般发生在火焰的富燃料一侧。其中，式（9-38）涉及瞬发机理，式(9-39）是再燃反应，式（9-40）是热分解过程。式（9-41）描述 N_2O 的形成，对扩散火焰而言，该反应在火焰内部几乎处于平衡状态，这表明 N_2O 排放与 NO 排放一样，都受控于污染物消耗反应的冻结效应。式（9-42）描述了由 NO 生成 NO_2，主要发生在反应区之外的低温区，由于在低温区内，活性基很难保持稳态，因而 NO 到 NO_2 的转化难以准确预测，但由于该反应机理只影响测量结果而不改

变 NO_x 的最终排放量，故在计算中可以忽略。

如果假定式（9-38）～式（9-41）均处于偏平衡态，同时忽略式（9-42），则六步反应机理就简化为单步总包反应机理，从而可使计算大大简化。

9.4.4 NO_2 生成机理

汽油机排气中的 NO_2 浓度可以忽略不计，但柴油机中 NO_2 可占到排气中 NO_x 总量的 10%～30%。目前对 NO_2 生成机理的研究还不透彻，大致认为 NO 在火焰区可以迅速转变成 NO_2，反应机理如下：

$$NO + HO_2 \rightleftharpoons NO_2 + OH \tag{9-43}$$

然后 NO_2 又通过下述反应式转化为 NO：

$$NO_2 + O \rightleftharpoons NO + O_2 \tag{9-44}$$

只有在 NO_2 生成后，火焰被冷的空气所激冷，NO_2 才能保存下来，因此汽油长期怠速会产生大量 NO_2。柴油机在小负荷运转时，燃烧室中存在很多低温区域，可以抑制 NO_2 向 NO 的再转化而使 NO_2 的浓度较高。NO_2 也会在低速下在排气管中生成，因为此时排气在有氧条件下停留较长时间。

9.5 碳烟排放模拟

碳烟是柴油机排放微粒的主要组成部分。碳烟是一种固态微粒，它的形成不仅要经历十分复杂的气相反应，还要经历从气态到固态的相变过程以及后续的颗粒的生长和发展过程，从而涉及颗粒动力学等相关领域。此外，碳烟生成之后，还会重新氧化。可见，碳烟形成、发展和氧化全过程的物理、化学模型及其数值模拟是一项难度极大的工作。

根据研究成果，碳烟形成过程可用图 9-2 所示的模型来描述。在高温缺氧环境下，烃燃料的分子首先发生热裂解，形成碳粒的气相前驱物（主要是多环芳香烃（PAH））及其他一些有助于碳粒生长的气相成分，简称“生长组分”。PAH 继续生长导致自由基的成核，此即粒子成核阶段，其特征是形成最终能辨认出来的凝聚态的碳烟微粒，此时其尺寸还非常小。大量的碳烟微粒是在火焰前锋高温缺氧的区域形成的，这一过程可视为碳烟形成的初始阶段。随后，进入粒子生长阶段。粒子生长主要包括表面生长和凝结生长两种机理。表面生长指上述生长组分直接附着在碳核表面，成为碳酸的一部分而使碳烟微粒逐渐增大；凝结生长指碳烟粒子在运动过程中相互碰撞，结果发生

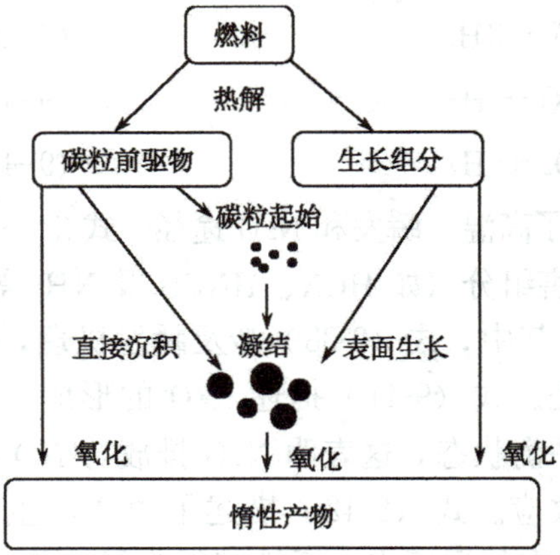

图 9-2　碳烟形成现象模型

凝结而聚合成一个大的粒子。相对而言，凝结生长占重要地位，对粒子生长起决定性作用。此外，作为碳烟前驱物的 PAH 的大分子也可能直接沉积在碳粒的表面，从而促进粒子的生长。最后，已经生成的碳粒，包括其前驱物以及生长组分在适当条件下都会发生氧化反应而形成惰性产物。因此，发动机的碳烟排放是其生成和氧化两个相反过程综合作用的结果。

碳烟模型的研究始于 20 世纪 60 年代初期，迄今提出的各类模型约有数十种。这些模型大体上分为三类，即经验模型、半经验模型和详细模型。经验模型是根据试验观测结果，提出一些简单的经验关系式；半经验模型是在一定程度上描述碳烟生成的物理和化学机理，但对这些机理作了很大的简化；详细模型则从碳烟生成的实际过程出发，分别从气相反应动力学和固体颗粒动力学两方面尽量实现接近于真实的数值模拟，其中气相过程采用详细的反应机理，颗粒动态过程则用先进的数值方法（如矩方法、蒙特卡罗方法）求解颗粒动力学的基本方程。三种模型各有优势和不足。下面简要介绍这三种模型的典型代表。

9.5.1 经验模型

预测碳烟排放的经验模型主要为 1971 年 Tesner 根据化学动力学中活性基和链式反应的思想提出的、多用于柴油机的模型，1983 年广安等提出的两步模型。

1. 广安模型

广安博之等人于 1983 年提出了一个非常简单的两步模型，即各用一个总包反应分别描述碳烟的形成和氧化，如表 9-2 所示，其反应率均采用了 Arrhenius 类型的表达式，其中碳烟的生成率与燃油蒸气的浓度成正比，而其氧化率则与氧气浓度成正比。

表 9-2 广安博之两步模型及其修正方案

模型	化学反应式	反应率
1	$\text{Fuel} \xrightarrow{R_{\text{form}}} C_{\text{soot}}$	$R_{\text{form}}=A_{\text{f}}\, m_{\text{fuel}}^{0.5}\exp\left(-\dfrac{E}{RT}\right)$ $E_{\text{f}}=8\times10^4$ [J/mol]
2	$C_{\text{soot}}+O_2 \xrightarrow{R_{\text{oxid}}} \text{Product}$	$R_{\text{oxid}}=A_0\, m_{\text{soot}}\, x_{O_2}\, p^{1.8}\exp\left(-\dfrac{E_0}{RT}\right)$ $E_0=12\times10^4$ [J/mol]
3	$A_{\text{site}}+O_2\ (g) \xrightarrow{k_A} \text{SurfaceOxide}$ $\text{SurfaceOxide} \xrightarrow{k_A k_z} 2CO\ (g)+A_{\text{site}}$ $B_{\text{site}}+O_2\ (g) \xrightarrow{k_B} 2CO\ (g)+A_{\text{site}}$ $A_{\text{site}} \xrightarrow{k_T} B_{\text{site}}$	$R_{\text{oxid}}=\left(\dfrac{k_A p_{O_2}}{1+k_Z p_{O_2}}\right)x_A+k_B p_{O_2}\,(1-x_A)$ $x_A=(1+k_T/k_B p_{O_2})^{-1}$ $k_A=20\exp(-15100/T)$ [g/(cm^2·s·atm)] $k_B=4.46\times10^{-3}\exp(-7640/T)$ [g/(cm^2·s·atm)] $k_T=1.51\times10^5\exp(-48800/T)$ [g/(cm^2·s)] $k_Z=21.3\exp(2060/T)$ [atm^{-1}]

注：模型 3 是 Nagel 氧化模型。

广安模型认为碳烟的生成是表 9-2 中模型 1 和模型 2 共同作用的结果，其中模型 1 为碳烟的生成反应模型，模型 2 为碳烟的氧化反应模型。m_{soot}、m_{fuel} 分别是碳烟和燃料蒸气的质量，x_{O_2} 是 O_2 的摩尔分数。A_f 和 A_0 为指前因子根据发动机尾气排放中碳烟含量的试验数据来确定。两个可调参数的存在使得实际应用不方便，而且计算实践表明，其浓度峰值的预测准确度不够。

广安修正的两步模型为广安的生成模型（表 9-2 模型 1）加上 Nagel 的氧化模型（表 9-2 模型 3），即使用 Nagel 等早在 1962 年提出的碳烟氧化模型（表 9-2 模型 3）代替广安氧化模型 2。模型 3 是根据石墨棒在 1000～2000℃下氧化试验总结出来的碳的总表面反应。由四个反应组成，其中除了碳与氧气的表面反应外，还涉及碳分子在碳粒表面排列方式和位置。按照 Nagel 等的观点，碳分子在碳粒表面的排列方位可按照其受氧化的难易程度分为两类，即容易反应的 A 型位置（A_{site}）和较难反应的 B 型位置（B_{site}）。随着温度的升高，A 型位置的分子将重新排列成 B 型位置，而 B 型位置的碳和氧气反应之后，除生成 CO 之外，还会转化为 A 型。其总的氧化反应速率及各相关的率常数已给出。其中，x_A 表示 A 型位置在整个碳粒表面所占比例的权数，所以，总的氧化率是两种位置的碳的氧化率的加权和。广安修正两步模型由于其计算量小，而被广泛应用于内燃机的燃烧和排放的多维计算中。

2. S-N 模型

S-N 模型由 Surovikin 碳烟生成模型和 Nagle 碳烟氧化模型（表 9-2 中模型 3）组成。Nagle 碳烟氧化模型在前面已介绍，下面重点介绍 Surovikin 碳烟生成模型。在 Surovikin 的模型中，燃油分子高温裂解后，先产生多环芬芳烃类 C_xH_y 的活性分子，碳粒从活性分子中形核，接着与油分子和活性分子发生碰撞后长大。活性分子数量变化为

$$\frac{dN_r}{dt} = N_0 + F_0 N_r - G_0 N_r^2 - K_0 N_r N_p \tag{9-45}$$

式中，右边第一项是燃油高温分解产生的活性分子数，$N_0 = N_f A_0 \exp(-E/RT)$；第二项表示其他分支反应的影响；第三项和第四项代表由于碰撞导致的活性分子数量和碳粒数量的减少。N_f 和 N_p 分别是油分子和碳粒数量。指前因子 $A_0 = 10^{13}$，活化能 E=485 kJ/mol，系数 $F_0 = 2\times10^4$。无量纲的 G_0 和 K_0 从碰撞理论获得，T 为温度（K）。

活性分子与油分子碰撞后长大。假设当活性分子直径达到临界值 (12.5×10^{-8} cm) 时，它们就转化成碳粒。Surovikin 的假想活性分子生成速率为

$$\frac{dN_{fict}}{dt} = N_0 + F_0 N_{fict} - G_0 N_{fict}^2 - K_0 N_{fict} \tag{9-46}$$

式中，N_{fict} 为假想活性分子数。碳粒生成后期活性分子的生长率 v (cm^3/s) 与诱导期的生长率 v_{ind} (cm^3/s) 不同，两个生长率的比值可表示为 $v/v_{ind} = \exp(-t)$。碳

粒生成速率为

$$\frac{\mathrm{d}N_{\mathrm{P}}}{\mathrm{d}t}=\frac{v}{v_{\mathrm{ind}}}\frac{\mathrm{d}N_{\mathrm{fict}}}{\mathrm{d}t} \tag{9-47}$$

活性分子的质量变化率（g/s）为

$$\frac{\mathrm{d}M_{\mathrm{R}}}{\mathrm{d}t}=M_{\mathrm{Rg}}+M_{\mathrm{f\text{-}R}}-M_{\mathrm{R\text{-}P}}-M_{\mathrm{ince}} \tag{9-48}$$

式中，$\frac{\mathrm{d}M_{\mathrm{R}}}{\mathrm{d}t}=m_{\mathrm{C}}n_{\mathrm{C}}N_0$，$M_{\mathrm{f\text{-}R}}=m_{\mathrm{C}}n_{\mathrm{C}}Z_{\mathrm{f\text{-}R}}\exp(-E_2/RT)N_{\mathrm{f}}N_{\mathrm{R}}$，$M_{\mathrm{R\text{-}p}}=m_{\mathrm{R}}K_0N_{\mathrm{R}}N_{\mathrm{P}}$。$M_{\mathrm{Rg}}$和$M_{\mathrm{f\text{-}R}}$分别是由于高温裂解而产生活性分子的质量生成速率（g/s）和与油分子碰撞而产生活性分子的质量生成速率。$M_{\mathrm{R\text{-}P}}$和M_{incept}则分别是由于与碳粒碰撞导致的活性分子质量减少率（g/s）和由于碳粒形核而导致的活性分子数量减少率。m_{C}和n_{C}分别是油分子中碳原子质量（g）和碳原子数，m_{R}是活性分子的质量（g）；$Z_{\mathrm{f\text{-}R}}$是油分子和活性分子之间的碰撞率。$E_2=125\mathrm{kJ/mol}$。

碳粒质量变化率（g/s）为

$$\frac{\mathrm{d}M_{\mathrm{P}}}{\mathrm{d}t}=\frac{\mathrm{d}}{\mathrm{d}t}(M_{\mathrm{P}}N_{\mathrm{P}})=M_{\mathrm{incept}}+M_{\mathrm{R\text{-}p}}+M_{\mathrm{f\text{-}p}} \tag{9-49}$$

式中，$M_{\mathrm{incept}}=\frac{v}{v_{\mathrm{ind}}}\frac{\mathrm{d}N_{\mathrm{fict}}}{\mathrm{d}t}(m_{\mathrm{P}})_{\mathrm{CR}}$；$M_{\mathrm{f\text{-}p}}=m_{\mathrm{g}}N_{\mathrm{f}}N_{\mathrm{P}}Z_{\mathrm{g\text{-}p}}\exp\left(-\frac{E_3}{RT}\right)$；$M_{\mathrm{incept}}$、$M_{\mathrm{R\text{-}p}}$和$M_{\mathrm{f\text{-}p}}$分别为碳粒形核的质量生成速率（g/s）、碳粒与活性分子碰撞导致的碳粒的质量生成速率（g/s）以及与油分子碰撞导致的碳粒的质量生成速率（g/s）；$(m_{\mathrm{P}})_{\mathrm{CR}}$为从活性分子中初生的碳粒质量（g）；$Z_{\mathrm{g\text{-}p}}$为碳粒和油分子的碰撞率。$E_3=25\mathrm{kJ/mol}$。

碳粒的总表面积A_{S}（cm^2）和体积分数f_{V}（%）分别为

$$A_{\mathrm{S}}=N_{\mathrm{P}}\pi D_{\mathrm{P}}^2=\frac{6M_{\mathrm{s}}}{\rho D_{\mathrm{P}}} \tag{9-50}$$

$$f_{\mathrm{V}}=\frac{M_{\mathrm{s}}}{\rho}=\frac{\pi}{6}D_{\mathrm{P}}^3N_{\mathrm{P}} \tag{9-51}$$

式中，D_{P}为碳粒直径（cm），N_{P}为碳粒数，ρ为密度（$\mathrm{g/cm^3}$），M_{s}为碳粒质量（g）。

9.5.2 半经验模型

预测碳烟排放的半经验模型主要为1994年Fusco等提出的八步反应模型、Kazakov和Foster在Fusco模型基础上提出的包括九个反应的模型以及1995年Moss等针对一般的层流扩散火焰提出的模型。

1. Fusco模型

Fusco等于1994年提出了一个包括八个反应的碳烟的半经验模型。其基本思想是应用尽可能少的反应步骤而又尽可能全面地描述碳烟生成的全过程，即通过总包反应以及相应的反应率表达式模拟燃料的热解、碳粒成核、表面生长、凝结和氧化这些基本环节。表 9-3 给出了该模型所包含的八个反应及其反应率表达式和相应的常数。

表 9-3 中反应 1 代表燃料中一部分通过气相化学反应转变成碳烟的前驱物的自由基（用 R 表示），而另一部分燃料通过反应 2 转化为所谓生长组分，这里假定为乙炔（C_2H_2）。该模型把前驱物的自由基和生长组分处理为两种不同的组分，但实际上它们有可能是相同的组分，特别是当碳烟形成过程刚开始时。部分前驱物自由基通过反应 3 发生氧化而生成惰性产物，而其余的则通过反应 5 转变为最初的碳粒，此即碳烟生成的起始。反应 4 描述以 C_2H_2 为代表的生长组分由于氧化而被消耗，而其余的 C_2H_2 则与碳粒发生表面反应 6 而使碳粒的体积和质量得以增加。反应 7 代表碳粒的氧化，这里也直接采用了上述 Nagel 模型。反应 8 描述碳粒在运动过程中与其他碳粒发生碰撞并凝结在一起，其后果是粒子增大而其数密度减小。

表 9-3　Fusco 八步模型

序号	过程	化学反应	反应速率	E_i /(cal/mol)	A_i/[mol/(cm・s)]
1	活性基形成	$C_mH_n \longrightarrow \frac{m}{2}R$	$r_1=\frac{m}{2}A_1\exp\left(\frac{-E_1}{RT}\right)$ [fuel]	120000	0.2×10^{12}
2	C_2H_2 形成	$C_mH_n \longrightarrow \frac{m}{2}C_2H_2$	$r_2=\frac{m}{2}A_2\exp\left(\frac{-E_2}{RT}\right)$ [fuel]	49000	2×10^{8}
3	活性基氧化	$R+O_2 \longrightarrow$ 产物	$r_3=A_3\exp\left(\frac{-E_3}{RT}\right)$ [R] [O_2]	40000	1×10^{12}
4	C_2H_2 氧化	$C_2H_2+O_2 \longrightarrow 2CO+H_2$	$r_4=A_4\exp\left(\frac{-E_4}{RT}\right)$ [C_2H_2] [O_2]	50000	6×10^{13}
5	粒子的起始	$P \longrightarrow P$	$r_5=A_5\exp\left(\frac{-E_5}{RT}\right)$ [R]	5000	1×10^{10}
6	粒子的生长	$P+C_2H_2 \longrightarrow P$	$r_6=A_6\exp\left(\frac{-E_6}{RT}\right)$ [C_2H_2] $S^{1/2}$	120000	4.2×10^{4}
7	粒子的氧化	$P+O_2 \longrightarrow P$	$r_7=\left[\left(\frac{k_Ap_{O_2}}{1+k_zp_{O_2}}\right)x+k_Bp_{O_2}(1-x)\right]S$		
			$x=\left(1+\frac{k_T}{k_Bp_{O_2}}\right)$		
			$k_A=20\exp(-E_A/RT)[g/(cm^2\cdot s\cdot atm)]$	30000	
			$k_B=4.46\times10^{-3}\exp(-E_B/RT)[g/(cm^2\cdot s\cdot atm)]$	15200	
			$k_T=1.51\times10^{5}\exp(-E_T/RT)[g/(cm^2 s)]$	97000	
			$k_z=21.3\exp(E_z/RT)[atm^{-1}]$	4100	
8	粒子的凝结	$xP \longrightarrow P$	$r_8=K_{coag}T^{1/2}f_V^{1/6}N^{11/6}$		
			$K_{coag}=1.05\times10^{-7}$ [$cm/(s\cdot K^{1/2})$]		

将这八个反应的反应率作为源项，可以建立四个重要参数的平衡方程。这些参数是碳粒的数密度 N 及其体积分数 f_V（即碳粒体积在混合物总体积中所占比例），碳粒前驱物自由基 R 和生长组分 C_2H_2 的浓度。这四个方程为

$$\frac{dN}{dt} = N_A(r_5 - r_8) \tag{9-52}$$

$$\frac{df_V}{dt} = \frac{1}{\rho_S}(r_5 M_R + r_6 M_C - r_7 M_C) \tag{9-53}$$

$$\frac{dR}{dt} = r_1 - r_3 - r_5 \tag{9-54}$$

$$\frac{d[C_2H_2]}{dt} = r_2 - r_4 - r_6 \tag{9-55}$$

式中，r_i（$i=1$，2，3，…，8）表示第 i 个反应的反应率；N_A 为阿佛伽德罗常数；M_C 和 M_R 分别为碳和前驱物的相对分子质量；ρ_S 为碳粒的密度。

Fusco 模型中前七个反应的速率都是按照 Arrhenius 公式计算的，其中碳粒的生长（反应 6）速率中包含了碳粒的总表面积，而且假定了碳粒均为直径为 25nm 的球形。而反应 8 实际上代表的是碳粒互相碰撞和凝结的物理过程，故其速率表达式中涉及粒子数密度和体积分数，同时还引入了代表碰撞概率的经验系数 K_{coag}。

2. Kazakov-Foster 模型

Kazakov 和 Foster 在 Fusko 模型的基础上做了若干改进，提出了一个包括九个反应的半经验模型，这些反应可示意性地如表 9-4 所示。

表 9-4　K-F 九步模型

R1	燃料⟶aPR＋产物
R2	燃料⟶bGR＋产物
R3	PR⟶碳粒
R4	碳粒＋GR⟶更大的碳粒＋产物
R5	碳粒＋碳粒⟶更大的碳粒
R6	PR＋O_2⟶2CO＋产物
R7	GR＋O_2⟶2CO＋产物
R8	碳粒＋O_2⟶更小的碳粒＋2CO＋产物
R9	碳粒＋PR⟶更大的碳粒

表 9-4 中，PR 和 GR 分别表示燃料热解的两种产物，即碳粒的前驱物和生长组分；反应 R1 和 R2 中对 PR 和 GR 所加系数 a 和 b 是为了对这两种产物的生成量进行平衡；反应 R_3 描述碳粒前驱物形成最初的碳粒，即碳烟的成核；反应 R_4 描述碳粒的生成，即碳粒与生长组分发生表面反应而长大；反应 R_5 是碳粒之间因相互碰撞而凝结；反应 R_6、R_7 和 R_8 分别代表 PR、GR 和碳粒的氧化反应；反应 R_9 表示前驱物组分直接在碳粒表面沉积而使碳粒增大。

K-F 模型与 Fusco 模型的主要区别有三点：一是用通用的生长组分 GR 取代了 Fusco 模型中的特定组分 C_2H_2，以适应更宽范围的燃料；二是增加了反应 R_9，其目的是使计算得出的碳粒尺寸能够趋于均匀化；三是 K-F 模型与 Fusco 模型中各反应率的计算公式不同。

K-F 模型求解前驱物、生长组分和碳粒的质量分数以及碳粒数密度这四个参数的微分方程分别为

$$\frac{\mathrm{d}y_{PR}}{\mathrm{d}t}=a\frac{w_{PR}}{w_f}r_1-r_3-r_6-r_9 \tag{9-56}$$

$$\frac{\mathrm{d}y_{GR}}{\mathrm{d}t}=b\frac{w_{GR}}{w_f}r_2-r_4-r_7 \tag{9-57}$$

$$\frac{\mathrm{d}y_S}{\mathrm{d}t}=r_3+\frac{n_C^{GR}w_C}{w_{GR}}r_4-r_8+r_9 \tag{9-58}$$

$$\frac{\mathrm{d}N}{\mathrm{d}t}=\rho\frac{N_A}{w_{PR}}r_3-r_5 \tag{9-59}$$

式中，w_f、w_{PR}、w_{GR}和 w_C分别为燃料、前驱物、生长组分和碳的相对分子质量；n_C^{GR} 是生长组分分子中所含碳原子数。反应 R1～R4 以及 R6～R7 的反应率按 Arrhenius公式计算：

$$r_1=A_1\exp(E_1/RT)y_f \tag{9-60}$$

$$r_2=A_2\exp(E_2/RT)y_f \tag{9-61}$$

$$r_3=A_3\exp(E_3/RT)y_{PR} \tag{9-62}$$

$$r_4=A_4\exp(-E_4/RT)S^{1/2}y_{GR} \tag{9-63}$$

$$r_6^{kin}=A_6\exp(-E_6/RT)y_{PR}\frac{\rho y_{O_2}}{w_{O_2}} \tag{9-64}$$

$$r_7^{kin}=A_7\exp(-E_7/RT)y_{PR}\frac{\rho y_{O_2}}{w_{O_2}} \tag{9-65}$$

式中，碳粒生长反应率 r_4 中的 S 是单位体积混合气体中碳粒的总表面积，可由碳粒直径和数密度计算得出。以上各反应率中的常数列于表 9-5 中。

表 9-5　K-F 模型反应率参数

反应	反应率 $k=A\exp(-E/RT)$	
	A/[mol/(cm·s)]	E/(kcal/mol)
R1	9.35×10^{10}	120.0
R2	3.93×10^{8}	49.0
R3	1.00×10^{10}	50.0
R4	4.20×10^{4}	12.0
R6	1.00×10^{12}	40.0
R7	6.00×10^{13}	50.0

与 Fusco 模型区别较大的是碳粒凝结速率 r_5 的计算：

$$r_5 = \frac{1}{2}\beta N^2 \tag{9-66}$$

式中，β为碰撞频率，其值为自由分子状态和接近连续介质状态这两种极限情况下碰撞频率的调和平均值：

$$\beta_n = \frac{\beta_{fm}\beta_{nc}}{\beta_{fm}+\beta_{nc}} \tag{9-67}$$

式中，β_{fm}和β_{nc}均可按分子动力论给出的公式计算。尺寸相同微粒的自由分子碰撞频率为$\beta_{fm}=4a\sqrt{\frac{6k_B T d_P}{\rho_S}}$，其中$a$是范德华增强系数，其值取为 2；$k_B$是波尔兹曼常数；$\rho_S$是碳粒密度，取为 $2g/cm^3$；d_P是碳粒直径，$d_P=\left(\frac{6y_S\rho}{\pi N\rho_S}\right)^{1/3}$。$\beta_{nc}=\frac{8k_B T}{\mu}(1+1.257Kn)$，其中$\mu$是气体的分子黏度；Knudsen 数$Kn=2l/d_P$，$l$是气体分子的平均自由程。

碳粒氧化反应 R8 的反应率仍采用 Nagel 模型。反应 R1～R4 只涉及燃料的分解和碳粒形成等化学过程，可以认为只受化学动力学控制，而与缸内湍流量混合过程无关。对于氧化反应 R6～R8，其反应率的计算应综合考虑化学动力学和湍流混合率两个因素，即实际反应率取二者的调和平均值。

$$r_i = \frac{r_i^{kin}r_i^{mix}}{r_i^{kin}+r_i^{mix}},\quad (i=6,7,8) \tag{9-68}$$

式中，r_i^{mix}按涡团耗散概念模型（EDC）计算，$r_i^{mix}=C_i y\varepsilon/k$，其中，$k$为湍能，$\varepsilon$为湍能的耗散率，$y$是被氧化组分的质量分数，即对反应 R6、R7 和 R8 分别为y_{PR}、y_{WR}和y_S；对于气相反应 R6 和 R7 系数$C_6=C_7=10$，对于碳粒氧化C_8是一可调常数。

第 9 步反应的前驱物的沉积反应率也可根据分子动力论中的气体碰撞公式计算：

$$r_9 = \sqrt{\frac{RT}{2\pi w_{PR}}}Sy_{PR} \tag{9-69}$$

式中，S为碳粒表面积。应用该模型进行实际计算时，通用组分 PR 和 GR 仍然需用特定的化学组分来代替。对于前驱物 PR 一般采用多环芳香烃，对于生长组分多采用C_2H_2。

3. Moss 模型

Moss 等于 1995 年针对一般的层流扩散火焰提出了一个较上述模型更为简单的半经验模型。其特点是忽略碳烟形成与氧化过程中各具体环节的描述，即不考虑该过程中产生的中间组分及其化学反应式，而集中求解两个重要参数，即碳粒体积分数f_V及其密度N的微分方程，至于碳粒成核、凝结、表面生长和氧化等重要环节的作用，则是以源项的形式出现在这两个方程中：

$$\frac{d(\rho_S f_V)}{dt} = \gamma n + \delta - \left(\frac{36\pi}{\rho_S^2}\right)^{1/3} n^{1/3} (\rho_S f_V)^{2/3} \omega_{OX} \tag{9-70}$$

$$\frac{d(n/N_0)}{dt} = \alpha - \beta(n/N_0)^2 \tag{9-71}$$

式中，α和β分别为碳粒成核和凝结对数密度影响的源项，γ和δ分别代表碳粒表面生长和成核对其体积分数影响的源项。其计算公式是根据层流扩散火焰的大量试验数据比较分析后总结出来的：

$$\alpha = C_\alpha \rho^2 T^{1/2} X_f \exp(-T_\alpha / T) \tag{9-72}$$

$$\beta = C_\beta T^{1/2} \tag{9-73}$$

$$\gamma = C_\gamma \rho T^{1/2} X_f \exp(-T_\gamma / T) \tag{9-74}$$

$$\delta = C_\delta \alpha \tag{9-75}$$

式中，X_f 为燃料的摩尔分数；T_α 和 T_γ 分别为成核和表面生长反应的活化温度，其值连同各经验系数的取值为

$$C_\alpha = 6 \times 10^6 [\mathrm{m^3/(kg^2 \cdot K^{1/2} \cdot s)}]$$

$$C_\beta = 2.25 \times 10^{15} [\mathrm{m^3/(K^{1/2} \cdot s)}]$$

$$C_\gamma = 6.3 \times 10^{-14} [\mathrm{m^3/(K^{1/2} \cdot s)}]$$

$$C_\delta = 144$$

$$T_\alpha = 4.61 \times 10^4 (\mathrm{K})$$

$$T_\gamma = 1.26 \times 10^4 (\mathrm{K})$$

式（9-70）右端最后一项是碳粒氧化对其体积分数产生的源项，其中 ω_{OX} 是碳粒氧化反应率，可以适用不同的模型。Moss 等推荐了三种常用的氧化模型，第一种为前文介绍过的 Nagel 模型，第二种是 Lee 等的模型

$$\omega_{OX} = 1.085 \times 10^5 p_{O_2} T^{-1/2} \exp(-19778/T) \quad (\mathrm{kg/m^2}) \tag{9-76}$$

第三种是 Fenimore 和 Jones 模型

$$\omega_{OX} = 1.27 \times 10^3 \beta p_{OH} T^{-1/2} \quad [\mathrm{kg/(m^2 \cdot s)}] \tag{9-77}$$

以上两式中 p_{O_2} 和 p_{OH} 分别是 O_2 和 OH 基的分压；β为碰撞频率，取值为 0.1。

9.5.3 详细机理模型

碳粒详细的动力学模型由两大部分组成，即气相化学动力学和颗粒动力学（包括碳粒表面反应和碰撞等物理过程）。除了详细的反应机理外，详细机理模型所面临的另一个重要问题是数值计算方法，这主要是针对颗粒动力学而言的，因为气相组分都可按标准的组分输运方程求解。由于计算的复杂性，详细机理模型应用较少。预测碳烟排放的详细机理模型主要为 Frenklach 和 Mauss 领导的两个研究组提出的 F-M 模型，Tao、Golovitchev 和 Chomiak 专门针对柴油机高温高压环境和扩散燃烧的特点提出的较 F-M 模型简单些的碳烟排放模型。

习　题

9-1　试述发动机工作过程模拟的发展。

9-2　试述发动机排放模型与燃烧模型的关系。

9-3　化学反应动力学排放模型在 CFD 计算中的作用是什么？

9-4　试述通过试验方法和计算方法两种途径得到 NO_x 排放特性的优缺点。

9-5　NO 生成机理有哪些？发动机 NO 的主要生成机理是什么？

9-6　为什么说碳烟排放是其生成和氧化两个相反过程综合作用的结果？

9-7　预测碳烟排放的经验模型、半经验模型、详细机理模型之间的关系。

9-8　预测碳烟排放的广安生成模型与广安修正模型之间的关系。

9-9　碳烟详细的动力学模型应用遇到的主要困难有哪些？

第 10 章　内燃机排放污染物测量

理解与掌握发动机排放污染物的直接取样系统、稀释取样系统，不分光红外线气体分析仪，化学发光分析仪，氢火焰离子型分析仪，顺磁分析仪，气相色谱仪等的基本结构与原理；理解微粒质量测量、成分分析方法；理解滤纸式烟度计和消光式烟度计的基本结构与原理等。

随着各国汽车排放标准的不断发展和严格实施，对内燃机排放污染物的测量已成为重要的技术基础。车用内燃机排放物测量的目的主要有：①对新设计车型的形式认证试验；②对已批量生产的车辆进行产品一致性试验；③内燃机产品研究开发过程的试验；④电控内燃机的 ECU 优化标定。

内燃机排放污染物的浓度一般都低，需要测量设备有很好灵敏度和准确度。另外，车用内燃机的使用条件变化很大，要在实验室内尽可能真实地模拟内燃机的实际使用条件，需要复杂的工况模拟设备和取样系统。

10.1　内燃机排放污染物测试系统

目前，世界各国的排放法规都把车用内燃机分为轻型车用内燃机和重型车用内燃机两大类。一般将总质量在 400～3500kg 范围内、乘员在 9～12 人以下的车作为轻型车，而总质量在 3500kg 以上的作为重型车。

轻型车的排放检测要求以整车在底盘测功机上进行，底盘测功机的路面模拟是通过滚筒转鼓来实现的，被测车辆在转鼓试验台上按规定的测试循环运转。由于底盘测功机在试验时能通过控制试验条件，使周围环境影响减少，同时，通过功率吸收加载装置来模拟道路行驶阻力，控制行驶状况，故能进行符合实际的复杂循环试验，因而得到了较广泛应用。底盘测功机按转鼓个数可分为单鼓和双鼓，目前以单鼓电力测功机为主流，其滚筒直径大、制造安装费用多，但其测试精度高。

对于在底盘测功机上进行的轻型车排放测试循环的取样系统，目前世界各国都规定采用定容取样系统，被测车辆在转鼓试验台上按规定的工况法测试循环运转，全部排气排入稀释风道中与空气混合、稀释，形成流量恒定的稀释排气，将其中的一小部分收集到采样气袋中。测试循环结束后，用规定的分析仪器测量气袋中各污染物的浓度，再乘以定容取样系统中流过的稀释排气总量，就可以得到各种成分的总排放量，然后分别除以测试循环的总运转里程，就可以得到比排放量（g/km）。

重型车的排放检测只要求在发动机台架上进行，因为能进行重型车试验的底盘测功机太昂贵，其结果用发动机的比排放量表示。

对于气态成分，一般采用直接取样分析方法，即被测样气不经稀释直接进行分析。为防止一些气体成分在常温下发生冷凝，必须对取样管等部分加热，并保持在130℃（汽油机）或190℃（柴油机）。但对微粒进行测量时，必须对排气进行稀释，以保持滤纸表面温度在一定范围内。

世界各国的排放法规中，对测试装置、取样方法和分析仪器基本是一致的。

10.2 内燃机排放污染物取样系统

在汽车排放测试系统中，取样的正确与否对测量结果的正确性关系极大。取样系统的功能在于使样气经过预处理，以便按一定要求送入分析系统。按取样方法分，目前常采用的取样系统有直接取样系统和稀释取样系统。

10.2.1 直接取样系统

直接取样法是将取样探头插入发动机的排气管中，用取样泵连续抽取一定量气体不经稀释直接送入分析系统进行分析。由于直接取样法设备简单，操作方便，被广泛用于许多国家和地区的各种用途发动机的排放测量中。

为简化排放测量程序、提高测量精度，重型车辆排放气态污染物一般均在稳定工况下测量。图10-1所示为适用于重型车辆气态排放物的直接取样分析系统流程图。

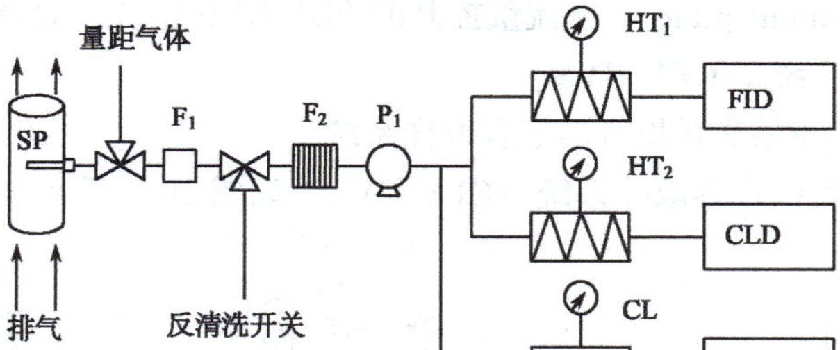

图10-1 直接取样分析系统流程图

CL-冷却器；F_1、F_2-过滤器；HT_1、HT_2-加热器；P_1-采样泵；SP-取样探头

发动机在测功机台架上稳定运行，分析用样气直接从发动机的排气管抽取。因为未经稀释的排气污染物浓度较高，保证了较高的测量精度。采样泵 P_1 把排气经加热器 HT_1（保温453～473K）输送到氢火焰离子型分析仪FID分析HC，经加热器 HT_2（保温368～473K）输送到加热型化学发光分析仪CLD分析，另外排气经取样管输送到不分光红外线气体分析仪NDIR分析CO和 CO_2。为了排除水蒸气对NDIR工作的干扰，用温度保持273～277K的槽型冷却器CL来冷却和凝结排气样气中的水分。

取样探头一般为一端封闭、多孔、平直的不锈钢探头，垂直插入排气管内，插入长度不少于排气管内径的 80%。探头处的排气温度不应低于 343K，进行 NG（natural gas）发动机测试时，取样探头应安装在距排气歧管或增压器法兰盘出口 1.5～2.5 米的位置。

10.2.2 稀释取样系统

由于汽车排气温度很高，直接取样不可避免地要解决取样过程中水冷凝的问题，同时由于汽车发动机排气量随工况的不同会产生剧烈变动，特别是瞬态工况时的排气污染物浓度采用直接取样法很难精确测量，更难计算在整个测试过程中汽车的比排放浓度。为了满足汽车在各种瞬态工况下排放的精确测试，发展了稀释取样系统，实现了对汽车排气进入大气情况的近似模拟。

稀释取样系统分为全流稀释取样系统（full flow dilution sampling system，FFDSS）和分流稀释取样系统（partial flow dilution sampling system，PFDSS）。前者将全部排气引入稀释风道里，测量精度高，但体积庞大，价格昂贵；后者仅将部分排气引入稀释风道中，因而体积小，应用广泛。

1. 全流稀释取样系统

全流稀释取样系统通常为定容取样，按测量流量方法的不同，取样系统一是用文丘里管（critical flow venturi）作流量控制的 CFV-CVS 系统，二是用容积泵（positive displacement pump）作流量控制的 PDP-CVS 系统。而当前应用最多的汽车瞬态排放取样系统是 CFV-CVS。

1）采用临界流量文丘里管的定容取样系统

采用文丘里管的定容取样系统（CFV-CVS）如图 10-2 所示。发动机的全部排

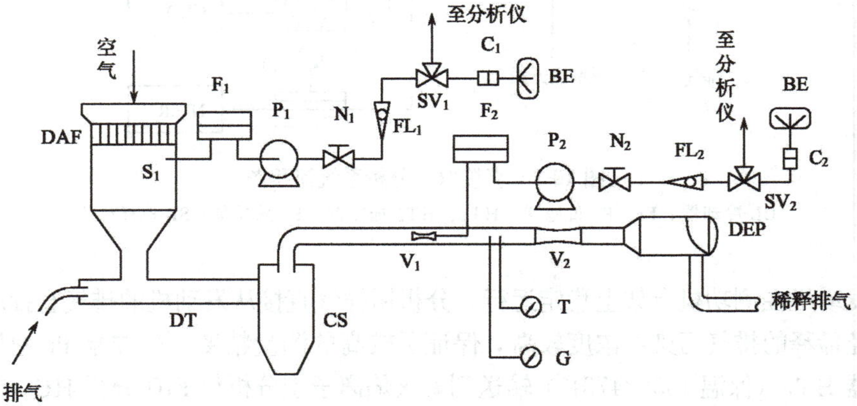

图 10-2 采用临界流量文丘里管的定容取样（CFV-CVS）系统

BE-衡释排气取样袋；C_1、C_2-管接头；DAF-稀释空气滤清器；DEP-鼓风机；DT-稀释风道；F_1-过滤器；FL_1、FL_2-流量计；G-压力表；N_1、N_2-流量控制器；P_1、P_2-取样泵；S_1-取样探头；SV_1、SV_2-三通阀；T-温度表；V_1-稀释排气取样探头；V_2-文丘里管；CS-旋风分离器

气引入混稀释风道 DT，用经过稀释空气滤清器 DAF 过滤的环境空气稀释，形成流量恒定的稀释排气，经排气与稀释空气充分混合后，通过取样探头 V_1 将其中一小部分采集到采样袋 BE 中。

在稀释排气抽气泵 DEP 的作用下，文丘里管出口压力不断下降，当文丘里管进口和出口的压差达到临界状态时，喉口处的流速达到声速，同时它的流量达到最大。控制文丘里管进口处的温度和压力就可以实现流量控制和比例取样。该系统根据车辆瞬态排气量自动调整环境空气的吸入量，在混合室充分混合后进入稀释通道，通过稀释取样探头按比例收集部分排气在取样袋内，分析取样袋内的气体组分和浓度，结合文丘里管测得废气体积流量就可以计算出整个测试过程中污染物的排放量。

该系统受温度影响较小，结构相对简单，其流量由一临界文丘里管 V_2 来确定，可通过切换文丘里管来改变流量。

2）带容积泵的定容取样系统

带容积泵的定容取样系统如图 10-3 所示。容积泵（PDP）每转的抽气体积是一定的，只要转数不变，总流量就不变。PDP 系统可使流量无级变化，但结构庞大，且流量受温度影响大。

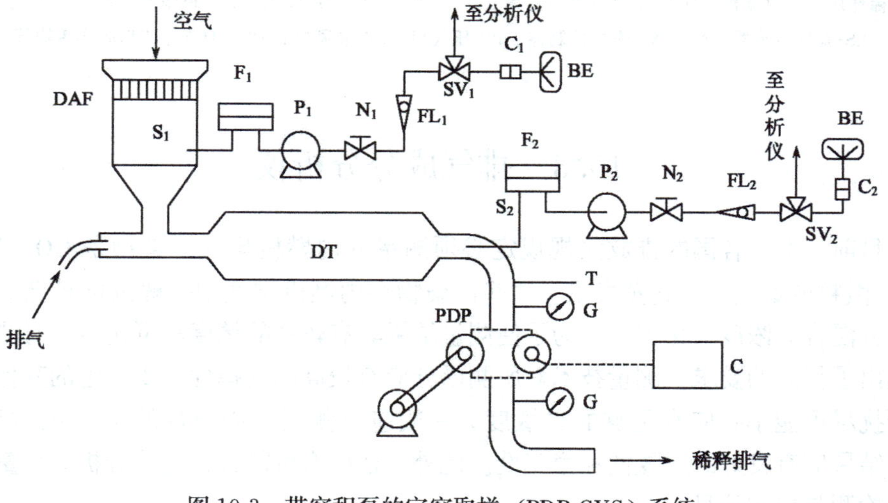

图 10-3　带容积泵的定容取样（PDP-CVS）系统

BE-衡释排气取样袋；C-转速计数器；C_1、C_2-管接头；DAF-稀释空气滤清器；DEP-鼓风机；DT-稀释风道；F_1、F_2-过滤器；FL_1、FL_2-流量计；G-压力表；N_1、N_2-流量控制器；P_1、P_2-取样泵；PDP-容积泵；S_1、S_2-取样探头；SV_1、SV_2-三通阀

2. 分流稀释系统

全流稀释取样系统设备笨重，占地面积大，测试功耗也大。随着汽车污染物排放浓度的降低、测试要求的提高和流量测量技术的进步，开发了分流稀释取样系

统，如图 10-4 所示。它将汽车的部分排气通过传输管 TT 输送到稀释通道 DT 中进行稀释，同时测量发动机的排气流量，并将此信号作为控制取样阀取样比例的依据。该系统由于采用了先进的流量测量技术因而可实现定比稀释，按汽车排气流量比例取样。由于稀释比较小，稀释后的气体浓度利于分析仪器的测量。

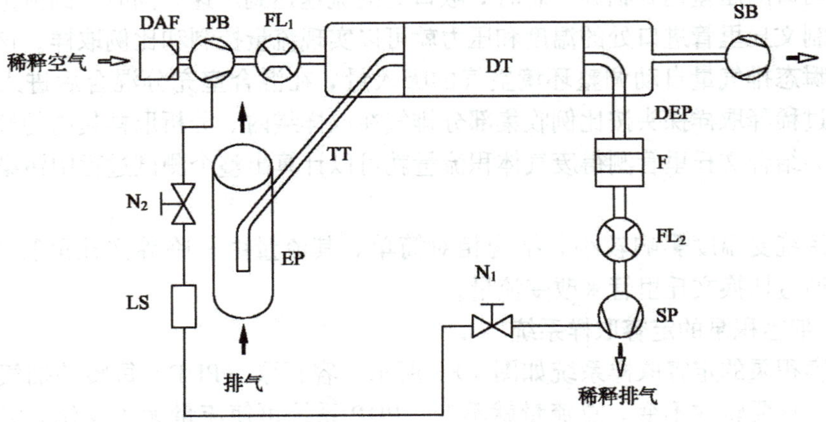

图 10-4　分流稀释取样系统

DAF-稀释用空气过滤器；DEP-稀释排气取样管；DT-稀释通道；EP-排气管；F-过滤器；FL_1、FL_2-流量计；LS-流量传感器；N_1、N_2-流量控制器；PB-压气机；SB-抽风机；SP-取样泵；TT-取样传输管

10.3　排气成分分析仪

目前，世界各国的排放法规规定必须测量的内燃机排放污染物是 CO、NO_x、HC、微粒或烟度、燃料蒸发量，这些污染物在内燃机排气中一般浓度较低，且多种成分混合，浓度变化很快，为了使测量结果具有较高的精度和可比性，对测量技术提出了很高的要求。测量技术对所测成分应有较高的选择性，受伴生的其他成分的干扰尽可能小；应有足够的灵敏度，一般应能测到体积分数的 10^{-6} 的数量级；测量结果应有良好的重复性和稳定性。此外，还应有可能进行连续分析，测量值可作为检测与控制信号。

世界各国的排放法规已把内燃机排放物的测量技术标准化，即：CO 和 CO_2 用不分光红外线气体分析仪测量，NO_x 用化学发光分析仪测量，HC 用氢火焰离子型分析仪测量。当需从总 HC 中分离出非甲烷碳氢化合物时，一般用气相色谱仪测量甲烷；发动机排气中的 O_2 多用顺磁分析仪测量。这些测量技术都基于光、电、热等物理方法的应用，具有较好的动态特性。

10.3.1　不分光红外线气体分析仪

不分光红外线气体分析仪（non-dispersive infra-red analyser，NDIR）的工作

原理是基于待测气体对特定波长红外线辐射能的吸收而提出的，是目前测量 CO 和 CO_2 浓度的最好方法。

红外线是波长为 0.8～600μm 的电磁波，多数气体（如 CO、NO、CO_2、NO_2、H_2O 等）具有吸收特定波长红外线的能力。如 CO 能吸收 4.5～5μm 的红外线，CO_2 能吸收 4～4.5μm 的红外线，NO 能吸收 5.3μm 的红外线，CH_4 能吸收 2.3μm、3.4μm、7.6μm 的红外线等。NDIR 是指所用的红外线的波长是一定的，通过被测气体吸收特定波长段的红外线来鉴别气体分子的种类，以及吸收红外线辐射能的程度来确定气体的浓度。

NDIR 工作原理如图 10-5 所示。红外线光源 1 射出的红外线经过旋转的截光盘 2 把连续的红外线周期性的投入气样室 7 和装有不吸收红外线的气体（如 N_2）的参比室 4。由于被测气体吸收红外线，使透射过气样室的红外线能量减少；而参比室内的气体不吸收红外线，使透射过的红外线能量不变。两室透射出的红外线周期的进入检测器 5，检测器有两个接收气室，里面充有与被测气体成分相同的气体，中间用兼作电容器极板的金属膜片 6 隔开。接收气室中的气体周期性地被红外线加热，因而产生周期性的压力变化。由于来自气样室和参比室的红外线出现能量差，使膜片两侧产生了压差，膜片向气样室一侧凸起，从而改变了两极之间的距离，电容量减少，电容量的变化正比于被测气体的浓度。由于电容的变化与截光盘的频率同步，因此便产生充、放电电流。此电流信号经放大成为分析仪的输出信号。

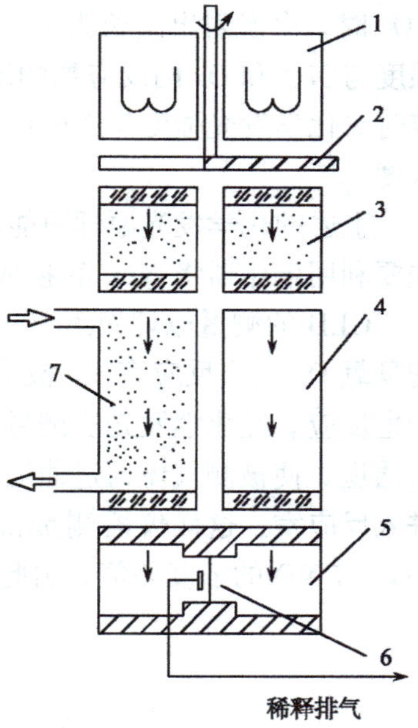

图 10-5　NDIR 工作原理图

1-红外光源；2-截光盘；3、8-滤波室；4-参比室；5-检测器；6-电容器薄膜；7-气样室

为防止其他气体成分对被测成分测量的干扰，在光路上设置了滤波室 3 和 8，滤掉干扰气体能吸收的波段。如分析 CO，在滤波室中充以 CO_2 和 CH_4 等，分析时就不会受排气中的 CO_2 和 CH_4 成分的干扰；分析 CO_2 时，则应充入 CO、CH_4 等。

NDIR 采用直接取样系统时，水蒸气对 CO 和 NO 的测定有干扰，在取样流程中应串联有冷却器或除湿器，以尽量除去水分。

NDIR 测量 NO 时，由于输出信号非线性且易受干扰，其测量精度低；测量 HC 时，只能检测某一波长段的 HC，且精确度较差。

10.3.2　化学发光分析仪

化学发光分析仪（chemical luminescence detector，CLD）是目前测量内燃机排放 NO_x 浓度较理想的方法，其优点是灵敏度高，检测体积分数可达 10^{-7}；响应快，检测时间可达2～4秒；线性关系好，在$0\sim10^{-2}$浓度范围内呈线性输出特性；适用于低浓度的连续分析。

用CLD测量NO_x的原理是基于NO与O_3的反应：

$$NO + O_3 \longrightarrow NO_2^* + O_2 \tag{10-1}$$

$$NO_2^* \longrightarrow NO_2 + h\nu \tag{10-2}$$

式中：h为普朗克常数，ν为光量子的频率。

当NO与O_3反应生成NO_2时，大约有10%处于激发态（NO_2^*），激发态NO_2^*占总NO_2的比例与被测气体中NO的浓度无关，在激发态NO_2^*衰减回基态NO_2时，会发射出波长为0.6～3μm的光量子$h\nu$，即化学发光。这种化学发光的强度与NO和O_3两反应物的浓度乘积成正比。当O_3浓度比NO高很多且几乎恒定时，化学发光强度与NO成正比，因而通过检测光强度就可确定被测气体NO的浓度。

上述的化学发光原理只能测量NO，无法测量NO_2，因此，在实际测量中，首先要利用催化器将NO_2转换成NO，然后才能进行检测。

CLD的测量原理如图10-6所示。样气从入口1不断进入臭氧发生器2，产生的臭氧O_3进入反应室3。被测气体经通道A直接进入反应室，气体中的NO与O_3产生反应，经化学发光法测量得到NO的浓度。而测量NO_2浓度的方法是，关闭A通道，使被测气体通过通道B进入催化转换器7中，NO_2在此被转化成NO，再进入反应室。这样仪器测量得到的是NO和NO_2的总和NO_x。NO_2浓度则等于NO_x与NO的浓度差值，由此确定了被测气体中NO_2的浓度。

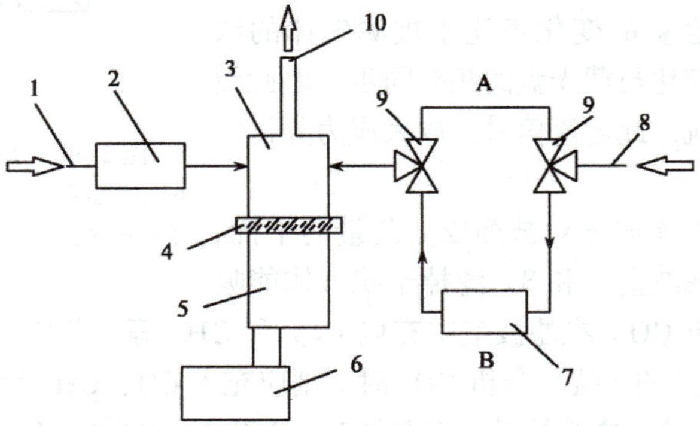

图10-6　CLD工作原理图

1-氧气入口；2-臭氧发生器；3-反应室；4-滤光片；5-光电倍增管检测器；6-信号放大器；7-催化转化器；8-样气入口；9-转换开关；10-反应室出口

设置滤光片4是为了让光电倍增管检测器5只记录波长在0.60～0.65μm的光，以避免其他气体成分对测量的干扰。

在实际测量中常会出现NO_2测量值过低的问题，主要原因有二：一是催化转化器老化，NO_2 向 NO 转化的转化率下降；二是 NO_2 可能冷凝在水中。因此，在 NO_2 浓度较高的排放测量中（如直接取样测量柴油机排放时），必须将取样系统加热。另外，为使 NO_2 尽可能完全地转化成为 NO，催化转化器中的温度必须在 920K 以上。

10.3.3 氢火焰离子型分析仪

氢火焰离子型分析仪（flame ionization detector，FID）是目前测量内燃机排放中 HC 的最有效手段。FID 灵敏度高，可测到 10^{-9} 数量级，且线性范围宽，对环境温度和压力也不敏感。

FID 的工作原理是利用 HC 在氢火焰燃烧时的高温（2000℃）环境下，使 HC 化学电离形成自由离子和电子，而离子数与碳原子数基本成正比。如图 10-7 所示，被测气体与含有 40% 的 H_2（其余为 He）混合后，由入口 1 进入燃烧器，由喷嘴 8 喷出，在氢火焰的高温下，HC 在缺氧的氢扩散火焰中裂解成碳离子 C^+。这些碳离子在 100～300V 的电压作用下形成离子流，分别向两极定向运动而产生微电流，通过对微电流的测量就可测得碳原子的浓度，从而得到相应的 HC 的浓度。

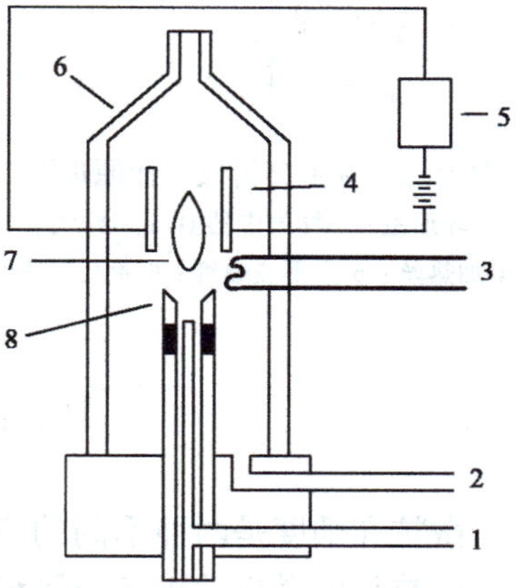

图 10-7　FID 工作原理图

1-氢气和待测气体入口；2-助燃空气入口；3-极化极及点火器；4-离子收集极；5-信号放大器；6-检测器壳体；7-火焰；8-喷嘴

FID 的测量结果不受样气中水蒸气、H_2、CO 和 CO_2 等气体的影响，但可能受其中碳氢化合物分子结构的影响。不同的 HC 分子结构对 FID 的影响不同。FID 显示的 C 原子数与实际的原子数之比，烷烃不低于 0.95，环烷烃和烯烃一般不低于 0.90，而对芳香烃特别是含氧有机物（如醇、醛、醚、酯等）响应的偏离较大。

为避免高沸点的 HC 在取样过程中发生凝结，需要对采样管路加热。测量汽油机排气时应加热到 130℃左右，而测量柴油机排气时要用加热式（190℃）氢火焰离子型分析仪（HFID）。

10.3.4 顺磁分析仪

O_2 浓度的测量常用顺磁分析仪，原理是利用 O_2 的顺磁性，即氧分子在磁场作用下带上磁性，可被磁场所吸引。气体受不均匀磁场的作用时会受到力的作用，如果该气体是顺磁性的，此力指向磁场增强的方向；如果是反磁性的，则指向磁场减弱的方向。大多数气体是反磁性的，只有少数气体是高度顺磁性的。O_2 是一种强顺磁性气体，NO_x 有较弱的顺磁性，NO 和 NO_2 的顺磁性分别为 O_2 的 44% 和 29%，而 CO_2 为 −0.6%。因为内燃机排放中，氧的浓度要比 NO_x 高得多，所以

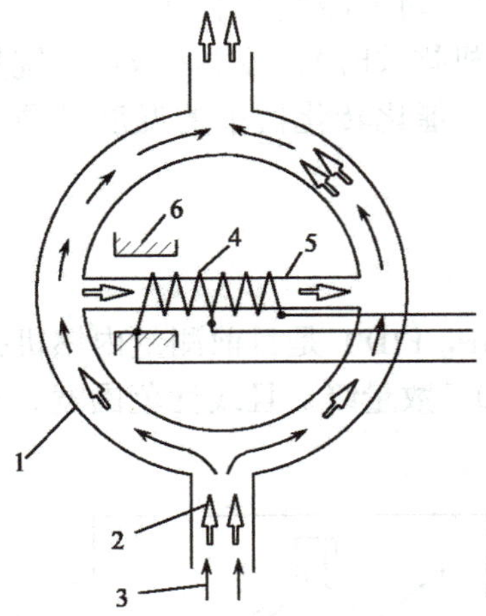

图 10-8 顺磁分析仪工作原理图
1-环形室；2-样气中的 O_2；3-样气；4-加热丝；5-水平玻璃管；6-永久磁铁

可用顺磁分析仪测量排气中的氧浓度。

顺磁分析仪（paramagnetic analyser，PMA）的工作原理如图 10-8 所示。不含氧的气体进入环型室 1，环室气路中间的水平管道 5 因两端气压相同，不形成气流。当有氧的混合气体进入环室时，样气中的氧气 2 在永久磁铁 6 产生的磁场下被吸入水平管道中。由于在水平管道上绕有电热丝 4（敏感元件），进入的 O_2 被加热而温度升高。加热后的 O_2 顺磁性下降，磁场对它的吸引力小于冷态的 O_2。冷的样气被吸到磁极中心，挤走热的样气。冷的样气被加热后又被挤走。这样在水平管道 5 中就形成了气体流动，也称磁风，其速度与样气中的浓度成正比，并使电热丝 4 不同程度的冷却。电热丝 4 与桥臂电阻组成测量电桥，通过二次仪表，可精确地测量样气中的氧浓度。

10.4 微粒测量与分析

微粒和烟度是两种不同的表征指标，两者之间有着密切的关系但又不完全对应。微粒是内燃机的排气经稀释后，在最高温度为 52℃的环境中，在滤纸上收集到的所有物质，它是由碳粒（soot）、可溶性有机物（SOF）和硫酸盐构成的。烟度表征的是排气可见的特征，排气越黑，烟度越大。

10.4.1 微粒的采集和质量测量

微粒的采集是通过全流稀释系统或者分流稀释系统进行的。目前，国内外汽车排放法规中都规定了必须应用的稀释系统测量微粒排放。

内燃机排出的废气进入稀释风道，与经过滤清的空气混合形成稀释样气，稀释比一般为 7～10，这种稀释方法模拟了汽车排气在实际环境空气中的稀释状况，可以防止 HC 凝结。稀释样气在微粒取样泵的抽吸下以确定的流量流过微粒收集滤纸，微粒即被收集在过滤纸上。用微克级精密天平称得过滤纸在收集微粒前后的质量差，就可获得微粒排放的质量，并按一定的计算程序计算出微粒的比排放量（g/km 或 g/(kW·h)）。

为了保证测量的精度，微粒测量采用的空白滤纸和有微粒滤纸的质量测量必须在调温调湿的洁净小室内进行。空白滤纸至少在取样前 2h 放入小室内的滤纸盒中，待稳定后测量和记录质量，然后仍放在小室内直到使用。如果从小室取出后 1h 内没有使用，则在使用前必须重新测量质量。收集微粒后的滤纸放回小室内至少 2h，但不得超过 36h，然后测量总质量。微粒滤纸与空白滤纸的质量差就是微粒质量。

10.4.2 微粒成分分析

由于微粒生成过程中的组成成分及所占比例受到内燃机形式、燃烧过程和运行工况的影响，因此，分析其产生的原因，对发动机和排气后处理技术的研究等都具有重要的指导意义，尽管这项工作并不是排放法规所要求的。

1. 热解质量分析法

热解质量分析法（thermo gravimetry，TG）是在惰性气体（如 N_2）中，将微粒样品按规定加热速率加热到650℃，保温5min。使其中可挥发部分蒸发掉，用热天平对微粒加热前后的质量进行测量，所测得的微粒质量减小量就代表其中可挥发部分（volatile fraction，VF），用此法测得的 VF 部分主要是高沸点 HC 和硫酸盐，基本与 SOF 相吻合。然后将气体换成空气，在相同温度下，微粒中的碳烟部分被空气中的 O_2 氧化，样品进一步减少的质量对应被氧化的碳烟组分，残留的则是微量灰分。

该方法的优点是能准确快捷地测出样品质量损失率变化的连续曲线，可据此定量分析 VF 中的不同馏分，可测量碳烟在各种条件下的氧化速率。缺点是热解质量分析仪昂贵，一次只能处理一个样品，且需要 1h 左右。

TG 把微粒样品与取样滤纸一起加热，法规规定的涂四氯乙烯的滤纸，往往不能满足耐热性要求，所以要采用耐热的滤纸专门采样，如无涂层的玻璃纤维滤纸能基本满足要求。此外，必须考虑取样滤纸的质量损失。

2. 真空挥发法

真空挥发法（vacuum volatilization，VV）是将微粒样品置于真空干燥箱内，在温度 200℃以上，真空度 95kPa 以上，加热 3h 左右，其微粒中的 VF 挥发，质量变化即为微粒中 VF 含量。

此方法设备简单，操作方便，真空干燥箱具有较大的容积，一次可同时处理几十个样品。缺点是不能连续记录质量的变化，收集 VF 较困难。

3. 索氏萃取法

用萃取法采集微粒中的 SOF 是通用的方法，索氏萃取法（soxhlet extraction，SE）应用相似相溶的原理对微粒中的 SOF 进行萃取，所用装置如图 10-9 所示。

用盛有有机溶剂二氯甲烷的烧瓶 4 置于恒温浴缸 3 中，用水加热使溶剂蒸发，上升到冷凝管 8 中，冷凝物回到样品室 7 中浸泡样品，进行萃取。萃取液达到一定体积时，经虹吸管 5 流回烧瓶。这样，溶剂在萃取器中循环流动，不断将微粒中的 SOF 带到烧瓶中，直到萃取完全。二氯甲烷的沸点为 315K，比样品中的 SOF 低得多。萃取一般连续 8h 就可完成，然后将溶剂蒸发掉，所剩物质即为 SOF。或者用样品原始质量与残渣质量（在吸附的溶剂挥发完全后测量）之差就是 SOF 质量。

发动机排放微粒中的 SOF 成分复杂，可通过气相色谱仪（GC）进一步分析，以弄清其中各种 HC 的来源。一般低于 C_{19} 的 HC 来自柴油，高于 C_{28} 的则来自润滑油。如果色谱仪与质谱仪联用（色质联机分析 GC-MS），则可对复杂有机物进行更细致的分析。

从原理上说，SE 法是测量柴油机排放微粒中 SOF 最准确的方法，且萃取液可多次使用；缺点是耗时多，操作较复杂。

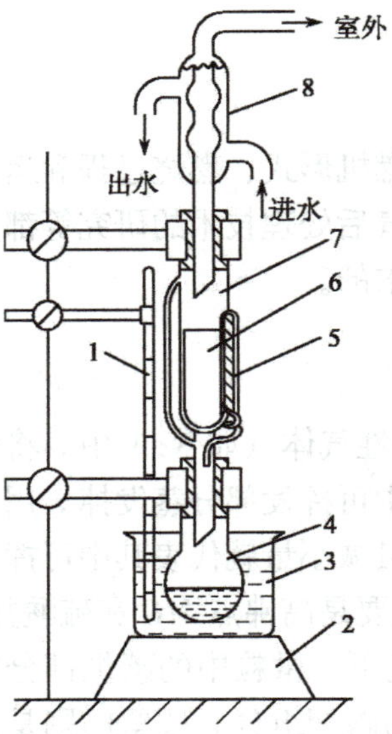

图 10-9 索氏萃取装置简图

1-温度计；2-电炉；3-浴缸；4-烧瓶；5-虹吸管；6-样品；7-样品室；8-冷凝管

10.5 烟度测量与分析

长期以来，以表征碳烟浓度的排气烟度的测量方法一直得到广泛应用，主要原因是：首先，微粒质量的测量方法所需要量设备复杂，场地要求高，操作费时费力。而烟度测量设备简单、便宜、操作方便；其次，柴油机微粒的生成以碳粒为核心，在中等以上负荷碳烟的比例大，SOF 比例较小。因此，烟度的测量可满足科研与生产过程中排放品质的对比检测；第三，烟度测量可以实现碳烟的瞬态排放特性测量。综上所述，我国规定对柴油机的烟度进行测量。

烟度的测量方法主要有两类：一类是先用滤纸收集一定的排气黑烟，再通过比较滤纸表面对光反射率的变化来测量烟度，所用的测量仪器为滤纸式烟度计；另一类是透光法或消光法，是利用烟气对光的吸收作用，即通过光从烟气中的透过度来测量烟度，所用的测量仪表为不透光烟度计。

10.5.1 滤纸式烟度计

滤纸式烟度计主要由定容采样泵和检测仪两部分组成。抽气泵从柴油机排气中抽取一定容积的气样，让气样通过装在夹具上的滤纸，排出的碳烟被隔离在滤纸上，形成一块黑斑。由于抽取的气样数量恒定，故滤纸被染黑的程度能反映气样中所含碳烟的浓度。

滤纸烟度计的结构和工作原理如图 10-10 所示。它由反射光检测器与指示器组成，由白炽电灯泡光源射向已取样滤纸的光线，一部分被滤纸上的微粒吸收，一部分被反射给光电元件，从而产生相应的光电流，并由指示器指示输出。光电流的大小反映了滤纸反射率的大小，滤纸反射率取决于滤纸被染黑的程度。光电越小，滤纸的反射率越低，即滤纸的黑度越高，表明被测碳烟的浓度越高。滤纸的染黑度用 0～10 波许单位表示，规定白色滤纸的波许单位为 0，全黑滤纸的波许单位为 10，从 0～10 均匀分度。

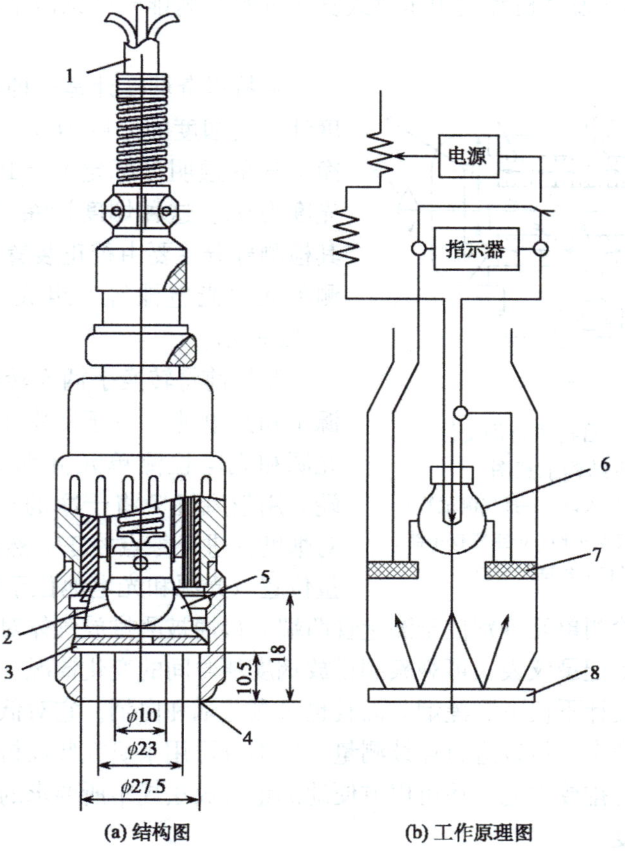

图 10-10　滤纸式烟度计检测仪

1-电线；2-灯泡；3、7-光电元件；4-滤纸接合面；5-灯室；6-光源；8-滤纸

滤纸式烟度计结构简单，使用方便。但不能用于对变工况下的瞬态和连续的测量，也不能测定由油雾造成的蓝烟与白烟。由于柴油机微粒中各种成分对光线的吸收能力不同，不同柴油机在不同工况下测得的滤纸烟度值与微粒质量之间没有完全一一对应关系。

10.5.2　不透光烟度计

不透光烟度计基于烟气的以光吸收的物理原理。它在测量仪的两侧安装有光源发射装置和光源接收装置，中间有一定长度的通道，当废气进入通道时，接收装置接收的光强度将被削弱，接收光强度大小就代表碳烟排放的多少。比较典型的不透光烟度计有美国国家环保局推荐的 PHS 全流式烟度计、英国哈特里奇（Hartridge）和奥地利 AVL 等分流式不透光烟度计。

不透光烟度计已被国际标准化组织（ISO）所推荐，其基本技术要求已在我国国标 GB《压燃式发动机和装用压燃式发动机的车辆排气可见污染物限值及测试方法》中作了规定。

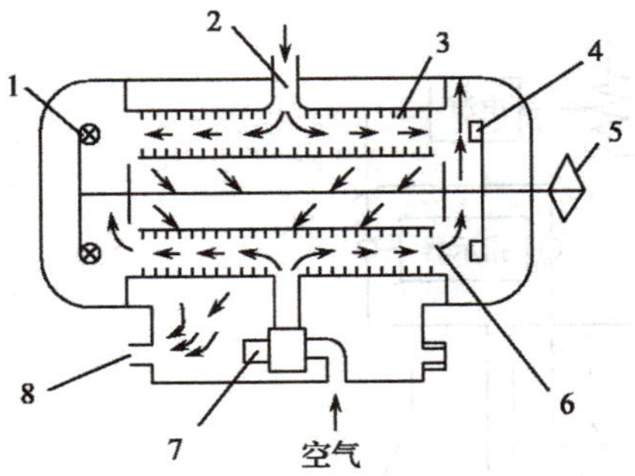

图 10-11　哈特里奇烟度计基本结构示意图

1-光源；2-排气入口；3-排气测试管；4-光电池；5-转换手柄；6-空气校正器；7-鼓风机；8-排气出口

哈特里奇烟度计是一种典型的不透光烟度计，其烟度的分度为 0（无烟，通常用干净空气的透明度标定）～100%（全黑，透光度为 0）。这种烟度计除烟度显示部分外，其检测部分主要由校正装置、光源与光电检测单元（光电池等）组成，基本结构如图 10-11 所示。

测量前将转换手柄 5 转向校正位置（光源 1 和光电池 4 位于图中虚线位置），此时光源和光电检测单元分别位于校正管的两端，用鼓风机 7 将干净的空气引入校正管，对烟度计进行零点校正，然后将手柄转向测量位置（光源和光电池位于图中实线位置），使光源和光电检测单元分别位于测量管两端，接通被测排放气体对光源发射光的透光度，通过显示记录仪表，可观察到排放烟度随时间的变化情况。

不透光烟度计不仅可测黑烟，而且也可测蓝烟和白烟。它对低浓度的可见污染物有较高的分辨率，可以进行连续测量。它不仅可用来研究柴油机的瞬态碳烟和其他可见污染物的排放性能，还可以方便地测量排放法规中所要求的自由加速烟度和有负荷加速烟度。

10.6　轻型车非排气污染物的测量与分析

10.6.1　曲轴箱排放物

我国国家标准 GB18352.2-2005《轻型汽车污染物排放限值及测量方法（中国Ⅲ、Ⅳ阶段）》附录 E《曲轴箱气体排放试验（Ⅲ型试验）》已对其试验方法作了详细规定。让发动机在怠速、对应车辆以（50±2）km/h 速度行驶的转速和负荷以及同样转速但负荷加大 70% 三种工况下运转，在适当位置测量曲轴箱内的压力，如在机油标尺孔处使用倾斜式压力计进行测量。在上述各测量工况下，测得的曲轴箱内的压力均不得超过测量时的大气压力。

10.6.2　蒸发排放物

我国国家标准 GB18352.2-2005《轻型汽车污染物排放限值及测量方法（中国Ⅲ、Ⅳ阶段）》附录 F《装点燃式发动机车辆蒸发排放试验密闭室法（Ⅳ型试验）》已对其实验方法作了详细规定。

蒸发排放测量用密闭室是一个气密性很好的矩形测量室，试验时可用来放置车辆。车辆与密闭室内的各墙面应留有距离，封闭时应能达到气密性的相关要求，内表面不应渗透碳氢化合物。至少有一个墙内表面装有柔性的不渗透材料，以平衡由于温度的微小变化而引起的压力变化。墙的设计应有良好的散热性，在试验过程中墙上任何一点的温度不应低于 293K。

试验时应使用符合规定的基准燃料，车辆技术状况良好，试验前已经进行至少 3000km 的走合行驶，装在车辆上的蒸发控制系统，在此期间工作正常，炭罐经过正常使用，未经异常吸附和脱附。

密闭法测试程序的主要过程如下：首先把车辆的燃油箱加到标称容量的 40%±2%，在室内经 60min±2min 把燃油温度从 289K±1K 均匀加热温升 14K±0.5K，测量加热前后室内的 HC 浓度，确定昼间换气损失。然后把车辆从密闭室取出，在底盘测功机上进行一个市区运转循环和一个市郊运转循环，再回到密闭室内（温度范围为 296～304K）热浸 1h，测量热浸损失。由于运转蒸发损失很小，在试验过程中未测量。将昼间换气损失和热浸损失测定的碳氢化合物的排放质量相加，就是蒸发排放物的试验结果。

习　题

10-1　汽车排放物测试系统采用的取样系统有哪些？它们各有何特征？

10-2　试述全流稀释取样系统和分流稀释取样系统工作原理有何区别？

10-3　不分光红外线气体分析仪的工作原理及适用范围。

10-4　氢火焰离子型分析仪的工作原理及适用范围。

10-5　排气微粒成分分析的主要方法有哪些？各有何特点和适用范围？

10-6　分别阐述滤纸式烟度计与不透光烟度计的工作原理。

第 11 章　汽车的排放标准

了解欧洲汽车排放限值标准和美国汽车的排放限值标准，了解我国轻型汽车排气污染物排放标准的发展进程和与欧洲标准的差距，掌握汽油车怠速污染物的排放标准及简要的检测方法，掌握柴油车的排放标准和检测方法。

为了抑制汽车排放有害气体的产生、促使汽车生产厂商注重产品技术的改进，以降低有害气体产生的源头，世界各国都制定了相关的汽车环保排放标准，通过严格的法规推动汽车排放控制技术的进步。汽车保有量的快速增长和汽车尾气污染的日益严重，促使各国对汽车尾气排放提出更高的控制要求。这里介绍欧洲、美国的汽车排放标准和我国的汽车排放标准与检测方法。

11.1　国外汽车排放标准

11.1.1　欧洲汽车排放限值

欧洲排放标准是由欧洲经济委员会（ECE）的排放法规和欧盟（EU）的排放指令共同实现的。其中，排放法规由 ECE 参与国自愿认可，而排放指令是 EU 参与国强制实施的。欧洲法规标准的计量以汽车发动机单位行驶距离的排污量（g/km）计算，并将汽车分为总质量不超过 3500kg（轻型车）和总质量超过 3500kg（重型车）两类。属于轻型车的，在底盘测功机上进行整车试验；属于重型车的，则在发动机台架上用所装发动机进行试验。汽车排放的欧洲法规标准 1992 年前已实施若干阶段，从 1992 年起开始实施欧Ⅰ，1996 年起实施欧Ⅱ，2000 年起实施欧Ⅲ，2005 年起实施欧Ⅳ。按照计划，2009 年 9 月实施欧Ⅴ标准，2014 年实施欧Ⅵ标准。各阶段的排放标准可以参见表 11-1。

表 11-1　欧州汽车排放标准　　(单位：g/km)

标准类别		开始实施时间	CO	NO_x	HC	HC＋NO_x	微粒
柴油	欧洲Ⅰ号标准	1992 年 7 月	2.72（3.16）	—	—	0.97（1.13）	0.14（0.18）
	欧洲Ⅱ号标准	1996 年 1 月	1	—	—	0.7	0.08
	欧洲Ⅲ号标准	2000 年 1 月	0.64	0.5	—	0.56	0.05
	欧洲Ⅳ号标准	2005 年 1 月	0.5	0.25	—	0.3	0.025
	欧洲Ⅴ号标准	2009 年 9 月	0.5	0.18	—	0.23	0.005
	欧洲Ⅵ号标准	2014 年 9 月	0.5	0.08	—	0.17	0.005

续表

标准类别		开始实施时间	CO	NO_x	HC	$HC+NO_x$	微粒
汽油	欧洲Ⅰ号标准	1992年7月	2.72（3.16）	—	—	0.97（1.13）	—
	欧洲Ⅱ号标准	1996年1月	2.2	—	—	0.5	—
	欧洲Ⅲ号标准	2000年1月	2.3	0.15	0.2	—	—
	欧洲Ⅳ号标准	2005年1月	1	0.08	0.1	—	—
	欧洲Ⅴ号标准	2009年9月	1	0.06	0.1	—	0.005
	欧洲Ⅵ号标准	2014年9月	1	0.06	0.1	—	0.005

注：括号内的数字为生产一致性（conformity of production，COP）排放限值。

2008年11月欧盟议会通过了以轿车为代表的 CO_2 排放法规总体规划，2012年要达到130g/km。尽管汽车企业提出存在种种困难，但仍认为要坚持实施。到2020以轿车为代表的 CO_2 排放达到95g/km。各种标准的详细数据如表11-2～表11-7所示。

表11-2　欧Ⅰ型式认证排放限值　（单位：g/km）

车辆类别		基准质量（RM）/kg	CO	$HC+NO_x$	微粒
第一类车		全部	2.72	0.97（1.36）	0.14（0.20）
第二类车	1级	RM≤1250	2.72	0.97（1.36）	0.14（0.20）
	2级	1250<RM≤1700	5.17	1.40（1.96）	0.19（0.27）
	3级	RM>1700	6.90	1.70（2.38）	0.25（0.35）

表11-3　欧Ⅱ型式认证和生产一致性排放限值　（单位：g/km）

车辆类别		基准质量（RM）/kg	CO		$HC+NO_x$			微粒	
			汽油机	柴油机	汽油机	非直喷柴油机	直喷柴油机	非直喷柴油机	直喷柴油机
第一类车		全部	2.2	1.0	0.5	0.7	0.9	0.08	0.10
第二类车	1级	RM≤1250	2.2	1.0	0.5	0.7	0.9	0.08	0.10
	2级	1250<RM≤1700	4.0	1.25	0.6	1.0	1.3	0.12	0.14
	3级	1700<RM	5.0	1.5	0.7	1.2	1.6	0.17	0.20

表 11-4　欧Ⅲ型式认证和生产一致性排放限值　　(单位：g/km)

车辆类别		基准质量 (RM)/kg	CO		HC	NO_x		$HC+NO_x$	微粒
			汽油机	柴油机	汽油机	汽油机	柴油机	柴油机	柴油机
第一类车		全部	2.3	0.64	0.2	0.15	0.50	0.56	0.05
第二类车	1级	RM≤1305	2.3	0.64	0.2	0.15	0.50	0.56	0.05
	2级	1305<RM≤1760	4.17	0.80	0.25	0.18	0.65	0.72	0.07
	3级	1760<RM	5.22	0.95	0.29	0.21	0.78	0.86	0.10

表 11-5　欧Ⅳ型式认证和生产一致性排放限值　　(单位：g/km)

车辆类别		基准质量 (RM)/kg	CO		HC	NO_x		$HC+NO_x$	微粒
			汽油机	柴油机	汽油机	汽油机	柴油机	柴油机	柴油机
第一类车		全部	1.00	0.50	0.10	0.08	0.25	0.30	0.025
第二类车	1级	RM≤1305	1.00	0.50	0.10	0.08	0.25	0.30	0.025
	2级	1305<RM≤1760	1.81	0.63	0.13	0.10	0.33	0.39	0.04
	3级	1760<RM	2.27	0.74	0.16	0.11	0.39	0.46	0.06

表 11-6　欧Ⅴ标准排放限值（草案）　　(单位：mg/km)

类别	级别	基准质量 (RM)/kg	CO		THC		NMHC		NO_x		$HC+NO_x$		微粒		微粒①	
			L1		L2		L3		L4		L2+L4		L5		L6	
			PI	CI	PI	CI	PI	CI	PI	CI	PI	CI	PI②	CI	PI	CI
M		全部	1000	500	100	—	68	—	60	180	—	230	5.0	5.0		
N1	Ⅰ	RM≤1305	1000	500	100	—	68	—	60	180	—	230	5.0	5.0		
	Ⅱ	1305<RM≤1760	1810	630	130	—	90	—	75	235	—	295	5.0	5.0		
	Ⅲ	1760<RM	2270	740	160	—	108	—	82	280	—	350	5.0	5.0		
N2			2270	740	160	—	108	—	82	280	—	350	5.0	5.0		

注：NMHC：非甲烷碳氢化合物；PI：点燃式；CI：压燃式。

① 数量标准应尽快制定并最迟在欧Ⅵ阶段实施。

② 仅适用于使用直喷发动机的车辆。

表 11-7 欧 VI 标准排放限值（草案） （单位：mg/km）

类别	级别	基准质量（RM）/kg	CO		THC		NMHC		NO_x		$HC+NO_x$		微粒		微粒[①]	
			L1		L2		L3		L4		L2+L4		L5		L6	
			PI	CI	PI	CI	PI	CI	PI	CI	PI	CI	PI[②]	CI	PI	CI
M		全部	1000	500	100	—	68	—	60	80	—	170	5.0	5.0		
N1	Ⅰ	RM⩽1305	1000	500	100	—	68	—	60	80	—	170	5.0	5.0		
	Ⅱ	1305<RM⩽1760	1810	630	130	—	90	—	75	105	—	195	5.0	5.0		
	Ⅲ	1760<RM	2270	740	160	—	108	—	82	125	—	215	5.0	5.0		
N2			2270	740	160	—	108	—	82	125	—	215	5.0	5.0		

注：PI：点燃式；CI：压燃式。

① 数量标准在该阶段应已制定。

② 仅适用于使用直喷发动机的车辆。

11.1.2 美国汽车排放限值

美国加利福尼亚州在排放控制方面一直引领美国排放标准的发展，其标准也最严格。表 11-8 给出了美国加州颁布的小型通用汽油机排放标准。

表 11-8 美国加州颁布的小型通用汽油机排放标准限值

型式年	排量分类/mL	$HC+NO_x$/[g/(kW·h)]	CO/[g/(kW·h)]
2005 及以后	<50	50	536
	>50⩽80	72	536
2006	>80<225	16.1	549
	⩾225	12.1	549
2007	>80<225	10.0	549
	⩾225	12.1	549
2008 及以后	>80<225	10.0	549
	⩾225	8.0	549

1994 年加州颁布了清洁燃料和低排放汽车计划 CF/LEV，规定从 1995 年起实施严格的低排放汽车标准。适用到 2003 年型的低排放汽车排放标准用的类别为：过渡期低排放汽车（TLEV）、低排放汽车（LEV）、超低排放汽车（ULEV）、特超低排放汽车（SULEV）和零排放汽车（ZEV）。

表 11-9 是加利福尼亚州轻型汽车排放限值，表 11-10 概括了中型汽车排放标准。

表 11-9　加州轻型汽车排放标准，联邦试验规程　　(单位：克/英里)

类别	5 万英里/5 年					10 万英里/10 年				
	NMOG①	CO	NO_x	微粒	HCHO	NMOG	CO	NO_x	微粒	HCHO
乘用车										
TLEV	0.125	3.4	0.4	—	0.015	0.156	4.2	0.6	0.08	0.018
LEV	0.075	3.4	0.2	—	0.015	0.090	4.2	0.3	0.08	0.018
ULEV	0.040	1.7	0.2	—	0.008	0.055	2.1	0.3	0.04	0.011
轻型载重车 1（车辆装载后总质量＜3750 磅②）										
TLEV	0.125	3.4	0.4	—	0.015	0.156	4.2	0.6	0.08	0.018
LEV	0.075	3.4	0.2	—	0.015	0.090	4.2	0.3	0.08	0.018
ULEV	0.040	1.7	0.2	—	0.008	0.055	2.1	0.3	0.04	0.011
轻型载重车 2（车辆装载后总质量＞3750 磅）										
TLEV	0.160	4.4	0.7	—	0.018	0.200	5.5	0.9	0.10	0.023
LEV	0.100	4.4	0.4	—	0.018	0.130	5.5	0.5	0.10	0.023
ULEV	0.050	2.2	0.4	—	0.009	0.070	2.8	0.5	0.05	0.013

注：① NMOG：非甲烷有机气体；HCHO：甲醛。

② 1 磅＝0.454kg。

表 11-10　加州中型汽车排放标准，联邦试验规程　　(单位：克/英里)

类别	5 万英里/5 年					12 万英里/11 年				
	NMOG	CO	NO_x	微粒	HCHO	NMOG	CO	NO_x	微粒	HCHO
中型汽车 1（车辆额定总质量：0～3750 磅）										
LEV	0.125	3.4	0.4	—	0.015	0.180	5.0	0.6	0.08	0.022
ULEV	0.075	1.7	0.2	—	0.008	0.107	2.5	0.3	0.04	0.012
中型汽车 2（车辆额定总质量：3751～5750 磅）										
LEV	0.160	4.4	0.4	—	0.018	0.230	6.4	0.6	0.10	0.027
ULEV	0.100	4.4	0.4	—	0.009	0.143	6.4	0.6	0.05	0.013
SULEV	0.050	2.2	0.2	—	0.004	0.072	3.2	0.3	0.05	0.006
中型汽车 3（车辆额定总质量：5751～8500 磅）										
LEV	0.195	5.0	0.6	—	0.022	0.280	7.3	0.9	0.12	0.032
ULEV	0.117	5.0	0.6	—	0.011	0.167	7.3	0.9	0.06	0.016
SULEV	0.059	2.5	0.3	—	0.006	0.084	3.7	0.45	0.06	0.008
中型汽车 4（车辆额定总质量：8501～10000 磅）										
LEV	0.230	5.5	0.7	—	0.028	0.330	8.1	1.0	0.12	0.040

续表

类别	5 万英里/5 年					12 万英里/11 年				
	NMOG	CO	NO_x	微粒	HCHO	NMOG	CO	NO_x	微粒	HCHO
ULEV	0.138	5.5	0.7		0.014	0.197	8.1	1.0	0.06	0.021
SULEV	0.069	2.8	0.35		0.007	0.100	4.1	0.5	0.06	0.010
中型汽车 5（车辆额定总质量：10001～14000 磅）										
LEV	0.300	7.0	1.0		0.036	0.430	10.3	1.5	0.12	0.052
ULEV	0.180	7.0	1.0		0.018	0.257	10.3	1.5	0.06	0.026
SULEV	0.090	3.5	0.5		0.009	0.130	5.2	0.7	0.06	0.013

注：NMOG：非甲烷有机气体；HCHO：甲醛

1998 年 11 月 5 日，加利福尼亚州空气资源委员会通过了 2004～2010 年执行的低排放汽车排放标准（Ⅱ）。在低排放汽车排放标准（Ⅱ）中，总质量低于 8500 磅的轻型载重车和中型汽车类别重新进行了分类，必须达到乘用车排放要求（表 11-11）。因此，大部分皮卡和运动型多用途车必须达到乘用车排放标准。重新分类到 2007 年逐步执行完毕。车辆额定总质量高于 8500 磅的中型汽车（原来的 MDV4 和 MDV5）仍然遵循中型汽车标准（表 11-12）。

表 11-11　加州低排放汽车排放标准（Ⅱ），乘用车和轻型汽车（低于 8500 磅）

（单位：克/英里）

类别	50000 英里/5 年					120000 英里/11 年				
	NMOG	CO	NO_x	微粒	HCHO	NMOG	CO	NO_x	微粒	HCHO
LEV	0.075	3.4	0.05	—	0.015	0.090	4.2	0.07	0.01	0.018
ULEV	0.040	1.7	0.05	—	0.008	0.055	2.1	0.07	0.01	0.011
SULEV	—	—	—	—	—	0.010	1.0	0.02	0.01	0.004

表 11-12　加州低排放汽车排放标准（Ⅱ），中型汽车，使用期限 12 万英里

（单位：克/英里）

车辆额定总质量/磅	类别	NMOG	CO	NO_x	微粒	HCHO
8500～10000	LEV	0.195	6.4	0.2	0.12	0.032
	ULEV	0.143	6.4	0.2	0.06	0.016
	SULEV	0.100	3.2	0.1	0.06	0.008
10001～14000	LEV	0.230	7.3	0.4	0.12	0.040
	ULEV	0.167	7.3	0.4	0.06	0.021
	SULEV	0.117	3.7	0.2	0.06	0.010

低排放汽车排放标准（Ⅱ）显著提高了所有排放类别的 NO_x 和微粒排放标准。同样的标准适用于汽油车和柴油车（在 2001 年 11 月 15 日通过的修订中，汽油车不再免除微粒排放标准）。轻型低排放汽车和超低排放汽车遵循 0.05 克/英里的

NO_x 排放标准（从 2004 年型式开始逐步执行）。遵循低排放汽车、超低排放汽车和特超低排放汽车标准的车辆额定总质量低于 8500 磅的轻型柴油车和载重车在整个使用期限中执行 0.010 克/英里的微粒排放标准。过渡期低排放汽车排放类别已经废除。因此，可以说，只有应用先进排放控制技术（例如微粒滤清器和氮氧化物催化剂）的汽车才能达到排放标准。

低排放汽车排放标准（Ⅱ）也扩展和提高了车队平均排放标准，要求汽车制造商每年降低车队排放。另外，低排放汽车排放标准（Ⅱ）也进一步提高了蒸发排放物标准。

11.2　我国汽车排放标准

我国汽车排放控制标准从 1983 年开始陆续制定并颁布。随着将近 27 年的发展，我国的汽车排放标准体系已经逐步健全，对主要的污染物均有限制且测试方法更加科学实用。我国汽车排放标准的实施由松至紧，起初先对 CO、HC 作限制，后提出 NO_x 的限值，先轻型车后重型车，先汽油车后柴油车；检测方法由怠速、双怠速逐步向各种简易工况法进行转变，对汽油车先实行“怠速法”控制，再实施“强制装置法”，对柴油车则是先实行“自由加速法”及“全负荷法”控制，然后再与汽油车同步实施工况法，而后又制定了柴油车颗粒物的排放标准。但受国情所限，与发达国家相比，我国对汽车排放污染物的控制总体水平还不高。我国现行的汽车排放标准仅相当于欧洲 20 世纪 90 年代初期的水平，比现在美国的标准宽 3～15 倍；标准的修订周期比国外的长，大约需要 10 年。

我国相关汽车排放法规政策对于机动车排放污染物的控制与检测分为两个层面：一个层面是针对汽车制造厂新车“型式核准”认证和“生产一致性检查”的；另一层面的法规标准与技术革新要求是针对客户所使用的新生产汽车和正在使用汽车的。一般而言，型式核准排放限值严于生产一致性检查排放限值，目前两种排放限值基本合二为一，但判定方法有所差异。新生产汽车的排放限值严于在用汽车的排放限值，但比型式核准及生产一致性检查限值稍宽松些。我国现行的排放标准为国家环境保护总局和国家质量监督检验检疫总局于 2005 颁布的九项国家污染物排放新标准，其中七项为汽车排放污染物排放限值及测量方法标准，如表 11-13 所示。

表 11-13　我国汽车排放限值标准体系

序号	标准项目	标准编号	标准适用范围	实施日期
1	车用压燃式、气体燃料点燃式发动机与汽车排放污染物排放限值及测量方法	GB17691—2005	设计车速≥25km/h压燃式发动机	2007-07-01
2	车用压燃式发动机和压燃式发动机汽车排气烟度排放限值及测量方法	GB3847—2005	压燃式发动机	2005-07-01
3	点燃式发动机汽车排气污染物排放限值及测量方法（双怠速法及简易工况）	GB18285—2005	点燃式发动机（新生产汽车和在用汽车）	2005-07-01

续表

序号	标准项目	标准编号	标准适用范围	实施日期
4	轻型汽车污染物排放限值及测量方法(中国Ⅲ、Ⅳ阶段)	GB18352.3—2005	点燃式、压燃式发动机轻型汽车	2007-07-01
5	装用点燃式发动机重型汽车燃油蒸发污染物排放限值及测量方法	GB14763—2005	点燃式发动机重型汽车	2005-07-01
6	装用点燃式发动机重型汽车曲轴污染物排放限值及测量方法	GB11340—2005	—	2005-07-01
7	摩托车和轻便车排气烟度排放限值及测量方法	GB19758—2005	—	2005-07-01

11.2.1 轻型汽车污染物排放标准及检测方法

1989年，我国颁布了《轻型汽车排气污染物排放标准》，即GB11641—1989，2001年提出并实施《轻型汽车污染物排放限值及测量方法（Ⅰ）》（GB 18352.1—2001），2004年实施国Ⅱ标准（GB 18352.2—2001），2007年实施国Ⅲ标准（GB 18352.3—2005），原定2010年采用国Ⅳ标准，随后启动国Ⅴ标准。国Ⅴ标准在国Ⅳ标准（表11-14、表11-15）（《轻型汽车污染物排放限值及测量方法（中国Ⅲ、Ⅳ阶段）》（GB 18352.3—2005））的基础上，参考欧洲相关排放法规的最新要求，并充分考虑我国国情以及标准实施的可行性，提出进一步加严排放限值，提高排放耐久性要求，完善车载诊断（OBD）功能等。标准的实施将促进轻型汽车的排放控制水平达到一个新的高度。

表11-14 常温下冷启动后排气污染物排放试验限值

阶段	类别	级别	基准质量(RM)/kg	限值/(g/km)								
				CO		HC		NO_x		HC+NO_x		微粒
				*L*1		*L*2		*L*3		*L*2+*L*3		*L*4
				汽油	柴油	汽油	柴油	汽油	柴油	汽油	柴油	柴油
Ⅲ	第一类车	—	全部	2.3	0.64	0.2	—	0.15	0.5	—	0.56	0.05
	第二类车	Ⅰ	RM≤1305	2.3	0.64	0.2	—	0.15	0.5	—	0.56	0.05
		Ⅱ	1305<RM≤1760	4.17	0.8	0.25	—	0.18	0.65	—	0.72	0.07
		Ⅲ	1760<RM	5.22	0.95	0.29	—	0.21	0.78	—	0.86	0.1
Ⅳ	第一类车	—	全部	1	0.5	0.1	—	0.08	0.25	—	0.3	0.025
	第二类车	Ⅰ	RM≤1305	1	0.5	0.1	—	0.08	0.25	—	0.3	0.025
		Ⅱ	1305<RM≤1760	1.81	0.63	0.13	—	0.1	0.33	—	0.39	0.04
		Ⅲ	1760<RM	2.27	0.74	0.16	—	0.11	0.39	—	0.46	0.06

表 11-15　低温下冷启动后排气中 CO 和 HC 排放试验的排放限值

类别	级别	基准质量（RM）/kg	CO（L_1）	HC（L_2）
第一类车	—	全部	15	1.8
第二类车	I	RM≤1305	15	1.8
	II	1305＜RM≤1760	24	2.7
	III	1760＜RM	30	3.2

注：试验温度 266K（−7℃）。

11.2.2　汽油车怠速污染物排放标准及检测方法

汽油车怠速污染物指汽油车发动机在怠速工况下排气管排出的 CO、HC 的容积排放浓度。1983 年，我国制定了《汽油车怠速污染物排放标准》（GB3842—83）及《汽油车怠速污染物测量方法》（GB3845—83），在 1993 年修订形成 GB14761.5—93 及 GB/T3845—93，2005 年用《点燃式发动机汽车排气污染物排放限值及测量方法（双怠速法及简易工况法）》（GB18285—2005）代替以上标准及《在用汽车排气污染物排放限值及测量方法》（GB18285—2000）中的点燃式发动机汽车部分。

根据 GB182585—2005，新生产汽车及在用汽车排气污染物排放限值如表 11-16、表 11-17 所示（《点燃式发动机汽车排气污染物排放限值及测量方法（双怠速法及简易工况法）》（GB18285—2005））。

表 11-16　新生产汽车排气污染物排放限值（体积分数）

车型	类别			
	怠速		高怠速	
	CO/%	HC/ppm	CO/%	HC/ppm
2005 年 7 月 1 日起新生产的第一类轻型汽车	0.5	100	0.3	100
2005 年 7 月 1 日起新生产的第二类轻型汽车	0.8	150	0.5	150
2005 年 7 月 1 日起新生产的重型汽车	1.0	200	0.7	200

检测条件：受检车辆或发动机进气系统应装有空气滤清器，排气系统应装有排气消声器，并不得有泄漏；汽油应符合 GB484 的规定；测量时发动机冷却水和润滑油温度应达到汽车使用说明书所规定的热车状态。

检测方法：发动机从怠速状态加速至 70% 额定转速，运转 30s 后降至高怠速状态。将取样探头插入排气管中，深度不少于 400mm，并固定于排气管上。维持 15s 后，读取 30s 内的最高值和最低值，其平均值即为高怠速污染物测量结果。发动机从高怠速状态降至怠速状态15s后，读取30s内的最高值和最低值，其平均值即为怠速污染物测量结果。若为多排气管时，取各排气管测量结果的算术平均值作为测量结果。

表11-17 在用汽车排气污染物排放限值（体积分数）

车型	类别			
	怠速		高怠速	
	CO/%	HC/ppm	CO/%	HC/ppm
1995年7月1日前生产的轻型汽车	4.5	1200	3.0	900
1995年7月1日起生产的轻型汽车	4.5	900	3.0	900
2000年7月1日起生产的第一类轻型汽车	0.8	150	0.3	100
2001年10月1日起生产的第二类轻型汽车	1.0	200	0.5	150
1995年7月1日前生产的重型汽车	5.0	2000	3.5	1200
1995年7月1日起生产的重型汽车	4.5	1200	3.0	900
2004年9月1日起生产的重型汽车	1.5	250	0.7	200

11.2.3 柴油车的排放标准及检测方法

国家环境保护总局和国家质量监督检验检疫总局发布的现行标准《车用压燃式发动机及压燃式发动机汽车排气烟度排放限值及测量方法》（GB3847—2005）代替《压燃式发动机和装用压燃式发动机的车辆排气可见污染物限值及测量方法》（GB 3847—99）、《柴油车自由加速烟度排放标准》（GB 14761.6—93）、《汽车柴油机全负荷烟度排放标准》（GB 14761.7—93）、《柴油车自由加速烟度的测量滤纸烟度法》（GB/T 3846—93）、《汽车柴油机全负荷烟度测量方法》（GB/T 3847—83），部分代替《在用汽车排气污染物排放限值和测量方法》（GB 18285—2000）。根据GB3847—2005，在发动机型式核准试验中，采用全负荷稳定转速试验不透光烟度测试方法时，规定的烟度限值如表11-18所示（《车用压燃式发动机和压燃式发动机汽车排气烟度排放限值及测量方法》（GB3847—2005），其中按名义流量G（L/s）分档，从≤42到≥200分成33档次，每个档次对应着不同的光吸收系数k（m^{-1}），最大光吸收系数2.26，最小光吸收系数1.065。而采用自由加速试验不透光烟度方法，对于自然吸气的发动机的烟度限值取实测值与校正值之和，对于涡轮增压发动机则选取用稳定转速试验中的最大值+0.5 m^{-1}。

表 11-18　稳定转速试验的烟度排放限值

名义流量 G/(L/s)	光吸收系数 k/m^{-1}	名义流量 G/(L/s)	光吸收系数 k/m^{-1}	名义流量 G/(L/s)	光吸收系数 k/m^{-1}	名义流量 G/(L/s)	光吸收系数 k/m^{-1}
≤42	2.26	85	1.62	130	1.32	175	1.14
45	2.19	90	1.575	135	1.30	180	1.125
50	2.08	95	1.535	140	1.27	185	1.11
55	1.985	100	1.495	145	1.25	190	1.095
60	1.90	105	1.465	150	1.225	195	1.08
65	1.84	110	1.425	155	1.205	≥200	1.065
70	1.775	115	1.395	160	1.19		
75	1.72	120	1.37	165	1.17		
80	1.665	125	1.345	170	1.155		

注：虽然表中数值均修约至最接近的 0.01～0.005，但这并不意味着测量也需要精确到这种程度。

我国 2005 年制定、2007 年实施的标准《车用压燃式、气体燃料点燃式发动机与汽车排气污染物排放限值及测量方法（中国Ⅲ、Ⅳ、Ⅴ阶段）》（GB 17691—2005），是对《车用压燃式发动机排气污染物排放限值及测量方法》（GB17691—2001）的修订，排气污染物排放限值更加严格，增加了以天然气或液化石油气作为燃料的点燃式发动机汽车及其点燃式发动机的气态污染物的排放限值及测量方法，改变了测量方法，试验工况由稳态循环（ESC）、负荷烟度试验（ELR）和瞬态循环（ETC）工况构成，针对不同车种或不同控制阶段，应用不同的试验工况。根据 GB17691—2005，ESC 及 ELR 试验限值和 ETC 试验限值如表表 11-19、表 11-20 所示（《车用压燃式、气体燃料点燃式发动机与汽车排气污染物排放限值及测量方法（中国Ⅲ、Ⅳ、Ⅴ阶段）》（GB 17691—2005））。

在试验工况 ESC 中，包含 13 个稳态工况的循环。在规定试验循环的每个工况中，从经过预热的发动机排气中直接取样，并连续测量。在每个工况运行中，测量每种气态污染物的浓度、发动机的排气流量和输出功率，并将测量值进行加权；而 ELR 工况，包含不同转速下的依次变化的负荷，构成一个整体试验循环并连续运行。在规定的负荷烟度试验中，采用不透光烟度计测量经过预热的发动机的排气烟度。试验包括在三种不同的恒定转速下，将发动机的负荷由 10% 突加到 100% 的试验循环；ETC 包含逐秒变化的瞬态工况。在规定的瞬态试验循环期间，发动机的全部排气用经过调节的环境空气稀释，并从经过稀释的排气中取样测量排气污染物。

表 11-19　稳态循环（ESC）和负荷烟度试验（ELR）限值

阶段	CO/[g/(kW·h)]	HC /[g/(kW·h)]	NO_x/[g/(kW·h)]	微粒 /[g/(kW·h)]	烟度/m^{-1}
Ⅲ	2.1	0.66	5.0	0.10，0.13①	0.8
Ⅳ	1.5	0.46	3.5	0.02	0.5
Ⅴ	1.5	0.46	2.0	0.02	0.5
EEV②	1.5	0.25	2.0	0.02	0.15

注：① 对每缸排量低于 0.75dm^3 及额定功率转速超过 3000r/min 的发动机。

② 环境友好汽车，一种车型。

表 11-20　瞬态循环（ETC）试验限值　　(单位：g/（kW·h))

阶段	CO	非甲烷碳氢化合物（NMHC）	$CH_4$①	NO_x	微粒②
Ⅲ	5.45	0.78	1.6	5.0	0.16，0.21③
Ⅳ	4.0	0.55	1.1	3.5	0.03
Ⅴ	4.0	0.55	1.1	2.0	0.03
EEV	3.0	0.4	0.65	2.0	0.02

注：① 仅对 NG（天然气）发动机。

② 不适用于第Ⅲ、Ⅳ和Ⅴ阶段的燃气发动机。

③ 对每缸排量低于 0.75dm^3 及额定功率转速超过 3000r/min 的发动机。

习　题

11-1　简述欧Ⅲ、欧Ⅳ和欧Ⅴ的主要区别。

11-2　对于机动车排放污染物的控制与检测，我国汽车排放法规政策分为哪几个层面？分别指出我国现行的排放标准中，国家环境保护总局和国家质量监督检验检疫总局于 2005 颁布的七项汽车排放污染物排放限值及测量方法标准。

11-3　简述我国轻型汽车排气污染物排放标准的发展进程。

11-4　根据 GB182585—2005，我国汽油车怠速污染物排放标准的检测条件及检测方法有哪些？

参考文献

北京市汽车研究所．2005．装用点燃式发动机重型汽车曲轴箱污染物排放限值及测量方法（GB11340—2005）．北京：中国环境科学出版社

北京市汽车研究所．2005．装用点燃式发动机重型汽车燃油蒸发污染物排放限值及测量方法（GB 14763—2005）．北京：中国环境科学出版社

常英杰，刘伟，金海，等．2004．我国重型车用柴油机满足欧Ⅲ排放标准的对策．车用发动机，(3)：1-4

陈家瑞．2006．汽车构造．北京：人民交通出版社

陈育春，付名利，叶代启，等．2005．柴油机排气 PM 与 NO_x同时催化净化技术．车用发动机，(1)：49-52

程至远，解建光．2004．内燃机排放与净化．北京：北京理工大学出版社

崔毅，刘康耀，邬静川．2001．车用柴油机瞬变工况排放测试方法与控制措施初探．内燃机工程，(4)：1-5

董红义，帅石金，李儒龙，等．2007．柴油机排气后处理技术最新进展与发展趋势．小型内燃机与摩托车，36 (3)：87-92

方俊华，刘忠长，黄震，等．2002．车用柴油机微粒排放测量的稀释取样系统．车用发动机，(5)：30-33

宫艳峰，刘圣华，郭和军．2005．一种含氧燃料对柴油机性能的影响．燃烧科学与技术，(2)：171-174

龚金科．2007．汽车排放及控制技术．北京：人民交通出版社

韩永强，刘忠长，许允，等．2002．增压中冷轻型车用柴油机 HC 与 SOF 排放的关系．内燃机学报，(3)：235-237

郝吉明，傅立新，贺克斌，等．2000．城市机动车排放污染控制——国际经验分析与中国的研究成果．北京：中国环境科学出版社

胡俊巍，程志远，孙柏刚．2002．直喷式柴油机的碳烟预测模型．柴油机，(3)：21-24

黄豪中．2007．柴油均质压燃（HCCI）发动机燃烧过程数值模拟和实验研究．天津大学博士学位论文

黄豪中，陈晖，裴毅强，等．2010．温度分层均质压燃发动机燃烧和排放数值模拟．农业机械学报，(4)：20-25

黄豪中，苏万华，裴毅强．2009．基于 CO-ϕ-T 图研究混合速率对柴油低温燃烧的影响．内燃机学报，27 (2)：97-102

黄锦成，刘海峰，张全长，等．2006．柴油机燃用生物柴油和柴油混合燃料的试验研究．广西大学学报，(3)：185-189

黄锦成，刘海峰，尧命发，等．2006．进气温度和燃料辛烷值对 HCCI 发动机排放的影响．车用发动机，(6)：29-34

蒋德明．2002．内燃机燃烧与排放学．西安：西安交通大学出版社

蒋德明，陈长佑，杨嘉林，等．2006．高等车用内燃机原理．西安：西安交通大学出版社

蒋德明，黄佐华．2007．内燃机替代燃料燃烧学．西安：西安交通大学出版社

金国栋．1991．内燃机燃烧学．武汉：华中理工大学出版社

李昌珠，蒋丽琪，程树棋．2005．生物柴油——绿色能源．北京：化学工业出版社

李芳，陈敏东，张爱民，等．2009．柴油发动机颗粒排放物研究进展．环境科学与技术，(4)：81-85

栗工，李理光．2006．汽油机冷启动 HC 排放的机理与控制策略．农业机械学报，(6)：151-154，158

刘江唯，刘忠长，刘巽俊，等．2002．车用直喷柴油机递增负荷工况下的微粒排放特性．内燃机学报，(6)：492-496

刘孟祥．2008．三效催化转化器高效长寿低排放优化设计理论及方法研究．湖南大学博士学位论文

刘启华，虞金霞，霍宏煜．2010．满足欧Ⅴ排放法规增压汽油机的设计和研究．车用发动机，2 (1)：48-55

刘巽俊．2005．内燃机的排放与控制．北京：机械工业出版社

刘增勇．2003．降低汽油机有害排放物 NO_x 的分层废气再循环的研究．天津大学博士学位论文

刘峥，王建昕．2001．汽车发动机原理教程．北京：清华大学出版社
刘忠长，赵佳佳．2004．车用柴油机电控高压喷油系统与欧Ⅲ排放标准．车用发动机，(4)：5-9
罗孝良，戴元声．1984a．化学反应速度常数手册．第二分册．成都：四川科学技术出版社
罗孝良，戴元声．1984b．化学反应速度常数手册．第一分册．成都：四川科学技术出版社
莫春兰，张煜盛，石宇．2006．二甲基醚发动机 HCCI 燃烧与排放的计算．华中科技大学学报，(11)：103-106
莫春兰，张煜盛，张辉亚，等．2005．二甲基醚发动机工作过程的数值模拟研究．华中科技大学学报，(6)：38-40
莫春兰，张煜盛，张辉亚，等．2007．基于详细化学反应机理的 DME 发动机三维湍流燃烧模拟．工程热物理学报，(3)：525-527
平银生，张逸敏，蔡东波，等．2000．利用 EGR 降低柴油机排放的研究．内燃机工程，(4)：6-10
丘先文．2002．降低车用稀燃汽油机有害排放物 NO_x 的排气再循环的研究．天津大学博士学位论文
邱群麟，高蕴珊，韩秀坤，等．2003．汽油车稀释排放连续采样系统的分析与应用．车用发动机，(4)：21-24
任毅，黄佐华，董红义．2003．车用多缸直喷柴油机燃用二甲醚的燃烧和排放特性研究（英文)．内燃机学报，(5)：298-302
苏万华，赵华，王建昕，等．2010．均质压燃低温燃烧发动机理论与技术．北京：科学出版社
孙玉伟，王瑞君．2004．柴油机微粒捕集技术研究进展．柴油机，(6)：25-29
唐开元，欧阳光耀．2008．高等内燃机学．北京：国防工业出版社
田国弘．2007．缸内直喷汽油机 HCCI 燃烧瞬态过程的研究．清华大学博士学位论文
汪映，周龙保，董红义．2003．车用多缸直喷柴油机燃用二甲醚的燃烧和排放特性研究（英文)．西安交通大学学报，(5)：298-302
王贺武，周龙保．2001．含氧燃料添加剂对柴油机性能和排放的影响．内燃机学报，(1)：1-4
王建昕，傅立新，黎维彬．2000．汽车排气污染治理及催化转化器．北京：化学工业出版社
王建昕，闫小光，程勇，等．2002．乙醇柴油混合燃料的燃烧与排放特性．内燃机学报，20 (3)：225-229
王莉．2003．准均质稀薄燃烧发动机的建模与控制．天津大学博士学位论文
王韬．2004．内燃机配气系统的非线性动力学研究．天津大学博士学位论文
王天友．2002．四气门汽油机稀混合气燃烧及降低 NO_x 排放的研究．天津大学博士学位论文
威德尔 D．2006．汽车发动机构造与诊断维修．北京：机械工业出版社
韦为，莫春兰，黄锦成，等．2009．生物柴油掺燃不同比例乙醇对发动机性能影响的试验研究．广西大学学报，(6)：764-768
解茂昭．2005．内燃机计算燃烧学．大连：大连理工大学出版社
夏淑敏，于善颖，孟昭昕，等．2005．涡流室柴油机燃用乙醇柴油的试验研究．拖拉机与农用运输车，(2)：49-51
熊可嘉，张万平．2007．内燃机排放动态测量技术新进展．上海汽车，(2)：33-36
杨林，卓斌，肖文雍，等．2004．高压共轨电控柴油机燃油预喷射控制研究．柴油机，(3)：1-4，24
姚春德．2010．内燃机先进技术与原理．天津：天津大学出版社
姚春德，程传辉，段峰，等．2005．柴油/甲醇的组合燃烧对废气涡轮增压柴油机排放的影响研究．内燃机学报，(2)：119-123
于吉超．2007．低温等离子体汽油重整及对汽油机稀薄燃烧影响的研究．天津大学博士学位论文
窄长学．2005．生物制气-柴油双燃料发动机的燃烧及 NO_x 排放模拟计算．江苏大学博士学位论文
张立军，姚春峰，廖祥兵，等．2000．燃油品质对柴油机颗粒及多环芳香烃形成影响的研究．内燃机工程，(4)：35-38
张平．2007．一种新型燃油喷射技术体系 FAI 的研究．天津大学博士学位论文
张晓宇．2007．MULINBUMP 复合燃烧过程中物理、化学因素耦合作用的研究．天津大学博士学位论文
张志华，周松，黎苏．1999．内燃机排放与噪声控制．哈尔滨：哈尔滨工程大学出版社

赵校伟，韩秀坤，何超，等．2007．生物柴油排放特性试验研究．车用发动机，(1)：64-66

中国环境科学研究院，济南汽车检测中心．2005．车用压燃式、气体燃料点燃式发动机与汽车排气污染物排放限值及测量方法（中国Ⅲ、Ⅳ、Ⅴ阶段）(GB 17691—2005)．北京：中国环境科学出版社

中国环境科学研究院，交通部公路科学研究所．2005．点燃式发动机汽车排气污染物排放限值及测量方法（双怠速法及简易工况法）(GB18285—2005)．北京：中国环境科学出版社

中国环境科学研究院．2005．车用压燃式发动机及压燃式发动机汽车排气烟度排放限值及测量方法(GB3847—2005)．北京：中国环境科学出版社

中国汽车技术研究中心，北京市汽车研究部，中国兵器装备集团公司．2005．轻型汽车污染物排放限值及测量方法（中国Ⅲ、Ⅳ阶段）(GB 18352.3—2005)．北京：中国环境科学出版社

周龙保．2005．内燃机学．北京：机械工业出版社

周庆辉．2010．现代汽车排放控制技术．北京：北京大学出版社

周松，肖友洪，朱元清．2010．内燃机排放与污染控制．北京：北京航空航天大学出版社

周响球，杨晨．2007．选择性催化还原脱硝反应器数学模型及仿真．重庆大学学报（自然科学版），(6)：39-43

周小松，郎静．2005．定容取样系统简介．柴油机设计与制造，(4)：39-42

朱崇基，周有平，何文华．2001．汽车环境保护学．杭州：浙江大学出版社

朱坚．2005．燃烧系统结构参数对柴油机性能影响的试验研究．广西大学硕士学位论文

Ajav E A, Akingbehim O A. 2002. A study of some fuel properties of local ethanol blende with diesel fuel. Agric Eng Int, (4): 1-9

Andrew P, Walker R A, Phili P G. 2003. The development and performance of the comPact SCR-TraP system: A4-way diesel emission Control System. SAE Paper 2003-01-0778

Can O, Celikten I, Usta N. 2004. Effect of ethanol addition on performance and emission of a turbocharged indirect injection diesel engine running at different injection pressures. Energy Conversion and Management, (45): 2429-2440

Dieter H E. Seher, Reiehelt M L, Wiekert S. 2003. Control strategy for No_x-emission reduetion with SCR. SAE Paper 2003-01-3362

Hartmut L, Peter S, Sam G. 1999. Diesel exhaust treatment-new approaches to ultra low emission diesel vehicles. SAE Paper 1999-01-0108

Hewson J C, Bollig M. 1996. Reduced mechanisms for NO_x emissions from hydrocarbon diffusion flames. Twenty-Sixth Symposium (International) on Combustion: 2171-2179

Huang H Z, Su W H. 2005. A new reduced chemical kinetic model for autoignition and oxidation of lean n-heptane /air mixtures in HCCI engines. SAE Paper 2005-01-0118

Huang H Z, Su W H. 2008. Experimental and numerical study of diesel HCCI combustion by multi-pulse injection. SAE Paper 2008-01-0059

Huang J C, Wang Y D, Li shuangding. 2009. Experimental investigation on the performance and emissions of a diesel engine fuelled with ethanol-diesel blends. Applied Thermal Engineering, (29): 2484-2490

Huang J C, Wang Y D. 2010. Comparative study of performance and emissions of a diesel engine using Chinese pistache and jatropha biodiesel. Fuel Processing Technology, (6): 1761-1767

Johnson T V. 2004. Diesel emission control technology-2003 in review. SAE Paper 2004-01-0074

Kowalski J, Tarelko W. 2009. NO_x emission from a two-stroke ship engine: part 2-laboratory test. Applied Thermal Engineering, 29 (11-6): 2160-2165

Lapuerta M, Armas O, Herreros J. 2008. Emissions from a diesel-bioethanol blended in an automotive diesel engine. Fuel, (87): 25-31

Maiboom A, Tauzia X. 2009. Influence of EGR unequal distribution from cylinder to cylinder on-PM tradeoff